电动汽车锂电池及模块组关键技术及应用

林泽民 任好玲 林元璋 陈其怀 编著

机械工业出版社

叉车是物流机械化系统中的重要设备，随着双碳目标的提出，市场对电动叉车的需求日趋高涨。本书针对电动叉车，结合实验室的研究成果和典型案例，详细介绍了其总体构型及关键零部件特性，针对电动叉车的行走系统、重力势能电气式和液电复合式能量回收及电动重型叉车的关键技术等展开详细介绍，并对电动叉车的发展趋势从系统构型、关键零部件及控制等方面进行了详细阐述。

本书适合从事电动叉车及其他电动工程机械和能量回收等行业的设计、开发、使用与维护人员使用，也可作为机械类专业本科生、研究生的教材或主要参考书，还可作为专业技术人员和管理人员的专业培训用书。

图书在版编目（CIP）数据

电动叉车绿色双碳节能关键技术及应用／林添良等编著. -- 北京：机械工业出版社，2024. 11. -- ISBN 978 - 7 - 111 - 76934 - 7

Ⅰ. TH242

中国国家版本馆 CIP 数据核字第 2024CQ2939 号

机械工业出版社（北京市百万庄大街 22 号　邮政编码 100037）

策划编辑：王春雨　　　　　　　责任编辑：王春雨　田　畅
责任校对：宋　安　李小宝　　　封面设计：马精明
责任印制：李　昂
河北环京美印刷有限公司印刷
2024 年 12 月第 1 版第 1 次印刷
169mm×239mm・18. 25 印张・375 千字
标准书号：ISBN 978-7-111-76934-7
定价：89. 00 元

电话服务　　　　　　　　　　网络服务
客服电话：010-88361066　　　机　工　官　网：www. cmpbook. com
　　　　　010-88379833　　　机　工　官　博：weibo. com/cmp1952
　　　　　010-68326294　　　金　书　网：www. golden-book. com
封底无防伪标均为盗版　　机工教育服务网：www. cmpedu. com

前　　言

物流业是集运输、仓储、货运、信息等产业于一体的复合型服务业，是支撑我国国民经济发展的基础性、战略性产业，被称为"21 世纪最大的行业"，而叉车是物流机械化系统中最重要的设备。在能源危机与全球环保的大背景下，我国也在"十四五"规划中明确提出要推进能源革命，在 2030 年前实现碳达峰，2060 年前实现碳中和。在此背景下，电动叉车在港口、码头、仓库等场所需求日趋高涨，对其开展相关研究，尤其是能量回收方面，对节能减排具有十分重要的战略意义。本书的各位作者在电动叉车领域，尤其是能量回收领域进行了十余年的相关研究，将系统构型、关键零部件、行走系统及能量回收等方面的成果进行梳理编著了本书，以期为致力于从事电动叉车设计和研发等的科研人员和技术人员提供参考与借鉴。

本书针对电动叉车的关键技术及应用展开，力求全面、系统地分析电动叉车的构型、关键零部件特性、行走系统与举升系统节能等关键技术及典型案例。本书共分 7 章，第 1 章介绍了叉车的相关概念，重点针对叉车的结构特点、性能参数、工作模式和工况分析、应用及选型等方面展开，力求使读者对叉车有一个总体概念；第 2 章主要介绍了电动叉车的集中式和分布式两种构型，并针对电动叉车不同类型的储能单元特性进行了讨论，分析了叉车电机的特性并对典型电机进行了介绍；第 3 章主要针对高压锂电电动叉车的行走系统，分析了行走的三种典型驱动系统，介绍了其动力总成的基本构型、动力总成的能量分配控制与上下电流程控制及动力总成控制策略，并通过仿真与试验进行了能耗测试与热平衡测试；第 4 章针对电动叉车的重力势能电气式回收系统展开，详细分析了举升系统的方案设计，建立了举升系统的数学模型，讨论了压差闭环泵阀复合调速系统及基于操控性与节能性的变压差控制策略，并通过仿真与试验进行了调速性能分析，以及系统操控性与节能性研究；第 5 章针对电动叉车的重力势能液电复合式回收系统展开，讨论了系统方案、制定了控制策略，并通过仿真与试验验证了液电复合能量回收的节能效果；第 6 章针对电动重型叉车，讨论了其系统构型、能量管理及分配策略，针对重型叉车的能量回收，从回收系统方案、控制策略及仿真与试验验证方面详细展开，突出重型叉车与普通电池叉车的不同；第 7 章针对电动叉车的发展趋势，从系统构型、关键零部件发展与应用、能量管理与控制、自动换挡技术、转向技术及新型变转速电液控制等方面展开详细阐述。

本书内容是编者及所在团队在电动叉车领域及工程机械电动化与能量回收领域 10 余年的研究经验和成果积累，书中所提方案和成果均为研究团队的研发成果，经过了试验验证及样机测试。期待读者能够从本书中找到合适的电动叉车构型方案、行走系统方案及能量回收方案与控制方法，也期待与读者一起探讨电动叉车的发展趋势。

具体编写分工：林添良编写了第 1、4、5 和 7 章，任好玲编写了第 6 章，林元正编写了第 3 章，陈其怀编写了第 2 章，全书由林添良统稿。

本书在编写过程中，获得了国内外相关专家学者的支持和肯定，感谢所有从事电动叉车、能量回收研究的专家学者，尤其是本书列举的相关研究者为本书的写作提供的基本素材。感谢本书编者所在团队的老师和研究生为本书提供的数据、图片等素材，感谢他们对初稿提出的一些建设性意见，以及在绘制插图和文字校订工作中付出的辛勤劳动。由于本书的字数较多，参考文献众多，对一些相近的研究只给出了部分的参考文献，而没有一一进行罗列，恳请相关作者谅解。

感谢浙江大学流体动力基础件与机电系统全国重点实验室杨华勇院士、王庆丰教授、徐兵教授、谢海波教授和北京航空航天大学焦宗夏院士、王少萍教授、严亮教授等长期对华侨大学移动机械绿色智能驱动与传动创新团队成员的栽培和支持；感谢太原理工大学权龙教授课题组、哈尔滨工业大学姜继海教授课题组、燕山大学孔祥东教授课题组、日本日立建机株式会社（Hitachi Construction Machinery Co., Ltd.）、苏州力源液压有限公司、徐工集团工程机械股份有限公司、宁波海天驱动有限公司、中联重科股份有限公司、广西柳工集团有限公司、福建华南重工机械制造有限公司、厦门厦工机械股份有限公司等对华侨大学移动机械绿色智能驱动与传动创新团队成员的支持与关心！

限于编者水平，本书难免存在疏漏与不足，恳请读者批评指正！

目　　录

第 1 章 叉车的相关概述

1.1 叉车电动化背景与意义

物流业是集运输、仓储、货运、信息等产业于一体的复合型服务业，是支撑我国国民经济发展的基础性、战略性产业，被称为"21 世纪最大的行业"。2023 年 1–5 月份，全国社会物流总额 129.9 万亿元，按可比价格计算，同比增长 4.5%，5 月当月增长 4.8%。物流业的迅速发展，对我国经济建设和国家综合实力的提高具有非常深远的意义。国家先后出台的《物流业调整和振兴规划》《服务业发展"十二五"规划》《物流业发展中长期规划（2014—2020 年）》《"十四五"现代物流发展规划》等发展规划，将物流产业作为我国重点发展产业。近些年，政府提出《推动共建丝绸之路经济带和 21 世纪海上丝绸之路的愿景与行动》的纲领性重大发展措施，将物流业发展作为其最核心、最重要的发展内容。

在物流运输过程中，物流装备装卸货物耗时巨大，以远洋海运为例，美日之间的远洋海运，在 25 天的总时间中，装卸货物耗时占 12 天，占货物运输总时长的 48%；其次，物流装卸费用也极其昂贵，以国内铁路运输为例，装货和卸货的费用占总费用的 20%，船运的装卸费用更是占了总费用的 40%，提高物流装备装卸效率是实现低成本、高效率物流运作的重要环节，它决定了现代物流技术水平的高低。

叉车作为物流业仓储、搬运环节的关键装备，在物流搬运装备中占据核心地位，物流业的发展必然会导致重视叉车产业建设。在所有工业用车辆总销量中，仅叉车就占了 94% 以上，占据绝对的核心地位。

近年来，全球范围的气候变化越发变得不可忽视，各国政府及人民均对此高度重视，而诸如石油煤炭等化石燃料燃烧后的产物便是导致气候恶化的罪魁祸首。传统叉车由柴油机提供源动力，通过液压系统控制各个执行器，完成各种复合的动作。然而在动作期间，通常存在大量由调速引起的能量损失，如节流损失、溢流损失等，导致其效率较低。随着绿色能源的现实需求越来越高和不可再生能源的日益枯竭，具备能量转换效率高、无污染、低噪声等突出优点的电动叉车的应用日益广泛，特别适用于车间、仓库等高要求的环境。尤其是叉车长期处于频繁起停工况和低速运转工况，致使内燃叉车燃料燃烧不充分，效率较低，并且排放出大量污染气体，所以电动叉车在绿色能源的倡导下被广泛应用。目前，电动叉车在国际上的总产量已经占到了全球叉车总产量的 40%，在德、日、美等国家电动叉车的市场占比其至超过65%，而且占比呈现逐渐上升的发展趋势，但是就我国国内市场而言，电动叉车总量仅占了叉车市场份额的20%。我国的叉车经过50多年的发展，特别是自2004年以来，叉车产量从2万台上升到近30万台，连续十余年以年均30%的速度高速增长，仅我国叉车年生产量就占全球叉车总产量的30%之多。然而，随着产量和需求的高速增长，在叉车高端技术上存在很大的瓶颈，尤其是在逐渐取代内燃叉车的电动叉车领域。

随着国内经济腾飞，人民生活逐渐多样化，内燃机车数量的增加和对能源的消耗量也进一步提高，我国目前已然是世界最大的石油进口国和第二大石油消耗国。因此，越来越多的叉车用户将目光投入到电动叉车上，但由于电动叉车供给能源容量所限，单辆叉车单次工作时间受到极大的限制，达不到日常作业所需时长。常规电动叉车单次充电可连续工作的时间约为8h，若为卸载工况，工作时间仅为5~6h，此后，需要经过长达8h的充电时间或更换蓄电池组方可再次工作。这可能会使部分用户在无形之中增加了作业成本，降低了作业效率。其次，电动叉车所用蓄电池2~3年需更换一次，更换一次费用在1万~5万元不等，极大程度上增大了叉车的维护成本。

综上所述，随着环境污染问题日益严峻，能源危机越发紧张，我国相关的排放法律也日趋严格，国内工程机械制造商面临的技术升级问题也就越发急迫。随着时间推移，节能减排指标势必将成为工程机械市场的准入基本条件。因而在这样的技术转型升级大背景中，进一步开展节能减排相关研究，提高我国工程机械保有量最多、普及最广的中小型电动叉车的产品竞争力将具有较大的社会效益和经济效益。

1.2　叉车的定义和分类

1.2.1　叉车的定义

叉车是工业搬运车辆，是指对成件托盘货物进行装卸、堆垛和短距离运输作业的各种轮式搬运车辆，国际标准化组织ISO/TC110称之为工业车辆，常用于仓储大型物件的运输，通常使用燃油机或者电池驱动。叉车是一种通用的起重运输、装卸堆垛车辆，主要应用于铁路、港口、仓库、工厂、机场，可以用来装卸和搬运成件包装货物，还能在相应工作属具协助下用于散堆状货物和非包装的成件货物的装卸作业，是现代化口岸和工业企业装卸搬运货品的重要设备之一。

尽管叉车从诞生到现在大约有100年了，但给叉车下一个准确的定义还是很难的，因为到现在为止，全世界还没有一个被普遍接受的定义出现。在我国，目前仍把叉车作为工程机械中的一个细分行业，这是由于历史的原因造成的，叉车确实可应用于工程领域，但在叉车所发挥作用的场景中占比很小，身份不是很名副其实；另外，按照现在世界同行的惯例，叉车是属于工业车辆范畴的，这同样也存在历史局限性。叉车因工业的需要而诞生，但现在的叉车已经广泛地应用于整个国民经济的每一个行业、领域和需要物料搬运的地方，有医院、餐馆和超市等等，所以从以上分析看，叉车不应该划分在工程机械领域（这种划分给很多从事生产工程机械的企业造成了一些误解，比如全球工程机械的巨头卡特彼勒公司也曾经进入了叉车领域，但最后的结果不尽如人意），至于叉车是不是需要在前面加一个"工业车辆"的称号，也是值得商榷的事（因为这种归类，人为地限制了使用叉车的行业，也在无形中妨碍了叉车人的创新思维空间）。最后，根据国内 20 世纪 80 年代的教科书，摘录以下文字作为对叉车的定义，仅供参考：

叉车又称叉式装卸车，以货叉作为主要的取物装置，依靠液压起升机构实现货物的托取和升降，由轮式运行机构实现货物的水平搬运。叉车除使用货叉外，可更换各种类型的取物装置，即叉车属具。因此，叉车可以装卸搬运各种不同形状和尺寸的货物，包括装卸搬运集装箱。在使用货斗或货箱的条件下，还可以装卸搬运散货。叉车依靠驾驶人的操纵，能够自行取货、卸货、堆垛、拆垛和运行，无须装卸工人的辅助劳动。

1.2.2　叉车的分类

1. 按照世界工业车辆统计协会（WITS）的分类

按照 WITS 的分类规定，工业车辆划分为九种类型：

（1）第 Ⅰ 类　电动平衡重乘驾式叉车。

（2）第 Ⅱ 类　电动乘驾式仓储叉车。

（3）第 Ⅲ 类　电动步行式仓储叉车。

1）Class31 为低起升托盘搬运车和平台搬运车，包括电池在内的车身质量小于或等于 250kg。

2）Class32 为低起升托盘搬运车和平台搬运车，包括电池在内的车身质量大于250kg，以及其他三类车。

（4）第 Ⅳ 类　内燃平衡重式叉车（实心轮胎）。

（5）第 Ⅴ 类　内燃平衡重式叉车（充气轮胎）。

（6）第 Ⅵ 类　牵引车。

（7）第 Ⅶ 类　越野叉车。

（8）第 Ⅷ 类　手动和半动力车辆　有手动托盘搬运车、半动力托盘搬运车、插腿式手动托盘堆垛车、插腿式半动力托盘堆垛车。

（9）第 Ⅸ 类　其他工业车辆　有固定平台搬运车、电动游览车、电动观光车。

2. 按照动力特点分类

（1）内燃叉车　由燃油机（包括柴油机、汽油机和液化石油气发动机）提供叉车所需的所有能源。考虑尾气排放和噪声问题，通常用在室外、车间或其他对尾气排放和噪声没有特殊要求的场所。由于燃料补充方便，因此可实现长时间的连续作业，而且能胜任在恶劣的环境下（如雨天）的工作。

（2）电动叉车 由电池（铅酸蓄电池、锂离子电池和氢燃料电池等）提供叉车所需的所有能源。由于没有污染、噪声小，因此广泛应用于室内操作和其他对环境要求较高的工况，如医药、食品等行业。随着人们对环境保护的重视，电动叉车正在逐步取代内燃叉车。由于每组电池一般在工作约 8h 后需要充电，因此对于多班制的工况需要配备备用电池。

（3）手动叉车 以人力作为动力来操作叉车的行走和升降。

电动叉车和内燃叉车的比较见表 1.1。随着近几年物流、快递业的迅猛发展，室内仓储也随之迅速发展，内燃叉车由于尾气排放、噪声大等原因已不适用于室内仓库，所以叉车电动化的发展较汽车电动化更快速。

表 1.1 电动叉车和内燃叉车的比较

项目	电动叉车	内燃叉车
噪声	小	大
排放	无	有废气排放
使用场合	室内室外兼用	只适合室外
动力	随着电池电量的降低而降低	充足
能量补充时间	充电时间长	加油时间短

与内燃叉车相比，电动叉车除了噪声低和零尾气排放的特点外，还具有诸多优点，如大量使用电子控制系统，使电动叉车操作更为简单，操作强度更低，有利于提高工作效率和工作的安全性；采用电机驱动，电机体积小，便于缩小叉车体积，更适宜于小空间作业，灵活性好；采用电能为动力源，替代传统化石燃料能源，便于维护和提高能源利用率，从而有效降低了使用成本。受益于现代电力电子技术、电机驱动技术、控制技术的逐步完善，电动叉车的操作性、使用性变得越来越强，促使其可以进一步拓宽应用领域，进入工业生产的各个领域。另一方面，当下全球高度重视资源短缺和环境污染，我国推出了一系列发展新能源的优惠补贴政策，并在国内取得巨大的反响，新能源企业数量呈现井喷式增长。所以，不管是技术上还是政策上的发展，都为电动叉车的普及提供了非常有利的大环境。

3. 按照货叉的安装位置分类

（1）正面式叉车 这种叉车的特点是货叉朝向叉车运行的方向。

（2）侧面式叉车 这种叉车的特点是货叉朝向叉车运行的侧面。

（3）多面式叉车 这种叉车的特点是门架或货叉架可绕垂直轴线旋转，货叉的朝向不固定。

4. 按照叉车的使用区域分类

叉车可分为室内作业、室外作业和野外作业。

5. 按照叉车的功能分类

叉车可分为仓储叉车、水平搬运叉车、窄巷道叉车、拣货叉车、装卸车用叉车、集装箱叉车、防爆叉车、特殊用途叉车。

6. 按照叉车的结构分类

叉车可分为平衡重式叉车、插腿式叉车、前移式叉车、伸缩臂式叉车。

7. 按照叉车的操作分类

由于近几年来无人叉车的发展速度很快，所以叉车又可以分为有人操作的叉车、人机协同作业的叉车和实现完全无人化的叉车。

1.3　叉车的结构特点、性能参数和基本组成

1.3.1　叉车的结构特点

1）动力装置。动力装置的作用是给叉车提供所需的能源，驱动车辆运行，驱动工作装置的液压系统和动力转向系统，以及满足叉车其他能量的需要。目前主要用于叉车的动力装置有三种，第一种是电力驱动，即电池与电机驱动系统；第二种是内燃机驱动；第三种是内燃机与电力混合动力驱动系统。

2）运行底盘。底盘用来安装叉车的各部分机构，使叉车产生行走运动，并保证叉车按照驾驶人的操纵，正常运行的机械装置。叉车运行底盘由行走支承系统、传动系统、转向系统、制动系统组成。

3）叉车的工作装置。工作装置是用来完成对货物的托取、升降、堆放、码垛等动作，是叉车的核心部件。工作装置包括取物装置（货叉或属具）、起升机构、门架、倾斜机构及液压动力单元。

4）工作装置布置在叉车的前端，货物载于前端的货叉上，为防止整车向前倾翻，在平衡重式叉车的后部装有平衡重块，前轴为驱动桥，后轴为转向桥。对于三支点平衡重式叉车来说，后轮可同时作为驱动轮和转向轮。

5）在空载和满载的不同工况下，叉车前后桥的负载变化较大，故车架与前桥采用刚性连接，与后桥采用柔性的铰接方式。因为叉车没有减振的悬架装置，因此，叉车一般都是采用具有高承载能力和变形小的充气轮胎、弹性胎或实心胎。

6）叉车前部工作装置有标准货叉，可自由插入托盘或货物的孔隙取放货物，并可沿门架升降，随门架前倾 3°～6° 和后倾 6°～12°，以方便取放货物和保证在运行中货物不会从货叉上滑落。货叉与叉车架的连接尺寸是标准的，为适应各种不同类型的货物，可以很方便地将货叉取下换装各类属具。

7）内燃叉车装有较大功率的发动机，以保证叉车具有良好的动力性能，前、后行驶工况比例为 6:4，故其前进、后退最大行驶速度大致相同，变速器前后挡位数相同。

8）为防止货物跌落对驾驶人造成伤害，在其上方设置护顶架，部分叉车按用户要求装有驾驶室，驾驶室与车架之间多采用减振、隔热、隔噪声等装置，大吨位叉车一般均装有驾驶室。大吨位集装箱叉车为改善驾驶人的视野常采用高位驾驶人室。

9）为提高叉车的机动性，减小叉车转弯半径，转向桥采用横置转向液压缸的双梯形或曲柄滑块结构，使内轮转向轮的转角可达到80°以上。

10）叉车属于大批量产品，规格品种门类繁多，为便于组织生产和维修保养，在一定规格范围内零部件的通用化、标准化程度比较高。

1.3.2　叉车的主要性能参数

1. 额定起重量

作业时允许安全起升或搬运货物的额定起重量系列如下：0.20t、0.25t、0.32t、0.40t、0.50t、0.63t、0.80t、1.00t、1.25t、（1.50t）、1.60t、（1.75t）、2.00t、（2.25t）、2.50t、（2.75t）、3.00t、3.50t、4.00t、4.50t、5.00t、（5.50t）、6.00t、7.00t、8.00t、9.00t、10t、12t、14t、（15t）、16t、18t、20t、22t、25t、28t、32t、37t、38t、42t、45t、50t和55t。

2. 载荷中心距

额定起重量货物的重心至货叉垂直段前表面的水平距离。

3. 起升高度

货叉垂直升至最高位置，货叉水平段上表面至地面的垂直距离。常用的起升高度系列如下：1500mm、2000mm、2500mm、2700mm、3000mm、3300mm、3600mm、4000mm、4500mm、5000mm、5560mm、6000mm、7000mm、8000mm、9000mm、10000mm和12000mm，其中，一般的基本型为3000mm。

4. 自由起升高度

在门架高度不变情况下的货叉最大起升高度。

5. 满载、无载最大起升速度

门架垂直、升降操纵杆及加速踏板处于最大位置，额定载荷、无载状态的起升速度。

6. 满载、无载最大下降速度

门架垂直、升降操纵杆处于最大位置，额定载荷、无载状态的货叉下降速度。叉车工作时举升液压缸上升和下降速度必须要限制，既不能太快也不能太慢，下降时的速度为300～600mm/s，在此液压系统中通过限速阀来限制速度快慢。

7. 门架倾角

在无载状态下，叉车在水平地面上门架相对垂直位置前后倾斜的最大角度。

8. 最小转弯半径

在无载状态下车向前和向后低速行驶且向左和向右转弯，当转向轮处于最大转角时，车辆外侧到转弯中心的最大距离。

9. 直角通道宽度

货叉调节到最大间距，叉车做直角转弯时所需的最小通道宽度。

10. 满载、无载最大运行速度

在额定起重量或无载状态下，车辆在水平坚实的路面上行驶的最大速度。

11. 满载、无载最大爬坡度

在额定起重量或无载状态下，按额定的稳定车速所能爬越的最大坡度。

12. 叉车车体自重

不含操作人员及货物的车身重量。

1.3.3　叉车的基本组成

叉车包括门架举升系统、行走系统、制动系统和转向系统。行走系统、制动系统和转向系统完成叉车的路面移动，门架举升系统包括举升系统和倾斜系统，用于完成叉车的负载搬运、装卸。对于典型的前伸式电动叉车，各系统能耗如图 1.1 所示，整车能量 44% 消耗于行走系统、41% 消耗于举升系统、15% 用于转向、倾斜、风扇等其他系统，其中举升系统所消耗的整车 41% 能量大部分转化为负载的重力势能。

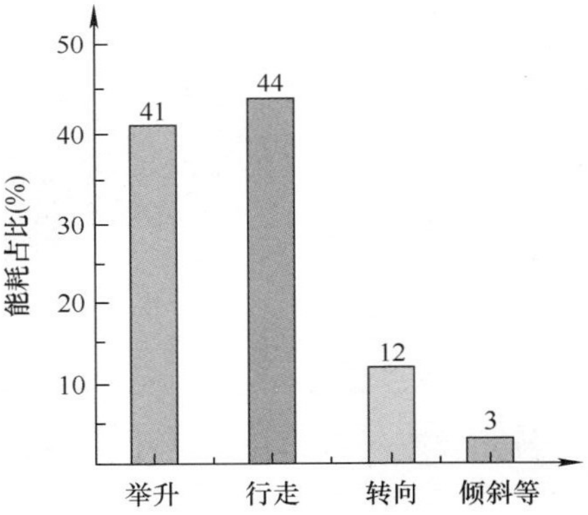

图 1.1　叉车整车能耗占比图

1. 举升系统

由于叉车对货物的举升是最常见的工况，因此，门架举升系统是叉车最重要的组成部分之一。从叉车发展近百年来的历程看，叉车门架系统从设计之初的无门架到有门架，从 1 级门架到 3 级门架，从货叉不能相对货叉架移动到货叉也能够根据需要相对货叉架移动。现在，由货叉及货叉架、内门架、外门架、举升液压缸、链轮和链条等构成的叉车举升系统成为叉车门架系统的主流。少部分叉车在门架系统中用缆绳代替了链条，但工作原理是一样的。现代叉车在门架举升系统布置上也做了细致研究。为了确保操作人员视野好、工作舒适等要求，叉车多采用宽视野门架系统。

执行叉车举升动作的核心是门架系统的升降，它的工作效率直接影响叉车的工作性能，同时，也是衡量叉车的主要性能指标。目前，叉车门架举升系统主要采用液压系统进行驱动。图 1.2 所示为液压驱动叉车门架举升系统。它主要由货叉总成、内门架、外门架、举升液压缸和链轮链条系统组成。在叉车货叉总成上升的过程中，作为主要支撑作用的外门架是固定不动的。内门架受到举升液压缸的驱动，沿着外门架的导槽，带动安装在内门架上的链轮一同向上移动。而货叉总成则在链条的牵引下，沿着内门架的导槽向上移动。以最大举升高度为3m的叉车为例，内门架上升的最大高度为1.5m，货叉上升的高度为内门架上升高度的2倍，即3m。

图1.2　液压驱动叉车门架举升系统

1—举升液压缸　2—链轮　3—内门架上横梁　4—链条　5—内门架　6—货叉架
7—外门架上横梁　8—货叉　9—外门架　10—内门架中央腹板

目前，液压驱动叉车举升系统按结构形式可分为两级标准门架、两级全自由举升门架、三级标准门架和三级全自由举升门架等。标准门架一般是指在门架两侧设置举升液压缸。当液压缸活塞杆伸出时，内门架和货叉同时起升，货叉架起升的速度为内门架起升速度的2倍。标准门架及其举升过程示意图如图1.3所示。

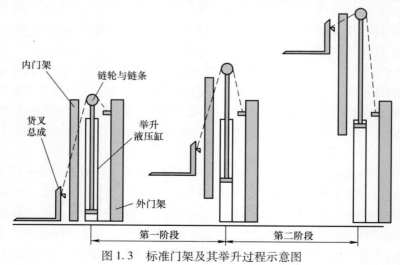

图1.3　标准门架及其举升过程示意图

　　自由举升门架是指在门架中央设置一中间自由缸，全自由门架举升过程分为两个阶段。第一阶段，举升时，首先是货叉总成举升而门架保持不动，当举升到一定高度后，门架上的举升液压缸才开始带动内门架举升。这种门架主要应用在对门架高度有严格限制，同时对门架的举升高度又有需求的一些特殊场合，如：经过低矮门框进入装卸工作区，作业空间的高度有限且需要将货物举升一定高度等情况。自由举升门架及其举升过程示意图如图 1.4 所示。

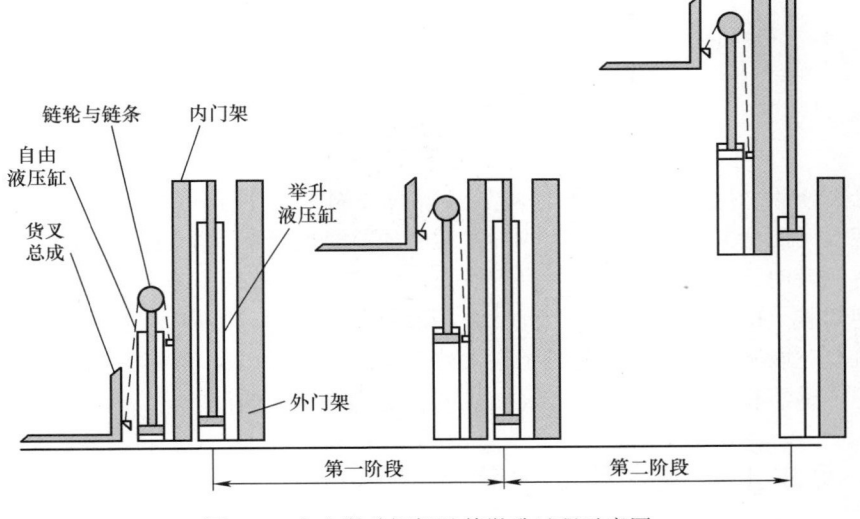

图 1.4　自由举升门架及其举升过程示意图

2. 行走系统

　　电动叉车的行走系统驱动电机大都是直流串激式，以满足电动叉车工作速度低、转矩大的需求。但随着交流电机技术的不断进步和相应配套设施的完善，交流电机正逐渐取代直流电机；与直流电机相比，交流电机的显著优点是使用方便，维护较为简单。电机方面有单电机驱动和双电机驱动，即使是单电机布置，其方式也有区别，电机轴与驱动桥呈丁字形、平行形等；双电机布置的主要优点是牵引力大、爬坡性能好，采用电子整速替代原本使用的机械差速系统，大大提高了系统的性能。

3. 转向系统

　　如图 1.5 所示，叉车转向系统由转向分配阀来控制，这个阀直接由转向盘来控制，它根据转向盘旋转的速度和圈数分配相应数量的液压油给转向液压缸。转向分配阀直接连接在一个优先分配阀上（通过一个载荷传送油管），优先分配阀收回那些优先于其他液压元件到达转向的液压油。

　　现有的电动叉车主要使用机械式停车和液压式制动。为了减轻驾驶人的劳动强度，现代叉车多采用真空助力或电子助力系统。为了充分利用资源能源，当下先进

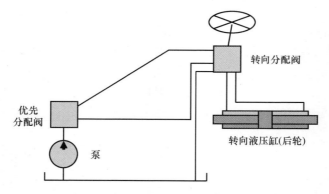

图 1.5　电动叉车转向系统基本原理图

叉车已经使用金属-氧化物半导体场效应晶体（MOS）管和可控硅整流器（SCR）来实现制动能量的回收，能量回收的过程实质就是电子制动的过程。电动平衡叉车采用后轮转向，大部分应用于短距离运输，需要频繁转向。如若只是采用机械转向，则驾驶人操作强度过大，因此常采用液压动力转向。国内电动叉车转向需要转向电机全时段满负荷工作，造成了很大的资源浪费，所以叉车生产商都在积极研发相应的传感器和控制系统，以实现电机的智能运行状态监测。

1.4　叉车工作模式和工况分析

1.4.1　叉车标准工况分析

　　叉车作业路线如图 1.6 所示，于四个地点，取货点 A、堆货点 B、叉车初始位置点 C、中转点 D 之间，按照线路 1 到 5 挪转，从而实现货物搬运。

　　图 1.7 所示为常规叉车作业流程图，主要由空载取货、举升取货、下降运货、举升堆货、下降堆货五个流程组成，流程中涉及负载举升/下降、空载举升/下降、货叉前倾/后倾、行走和转向 8 个主要工步。

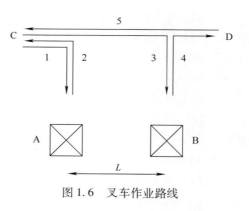

图 1.6　叉车作业路线

　　根据机械行业测试标准　JB/T 3300—2010 所述的平衡重式叉车整机试验方法，叉车单次作业情形如下：

　　首先，叉车空载从初始位置点 C 沿路线 1 行进至取货点 A，驱动举升液压系统工作，取得目标货物。

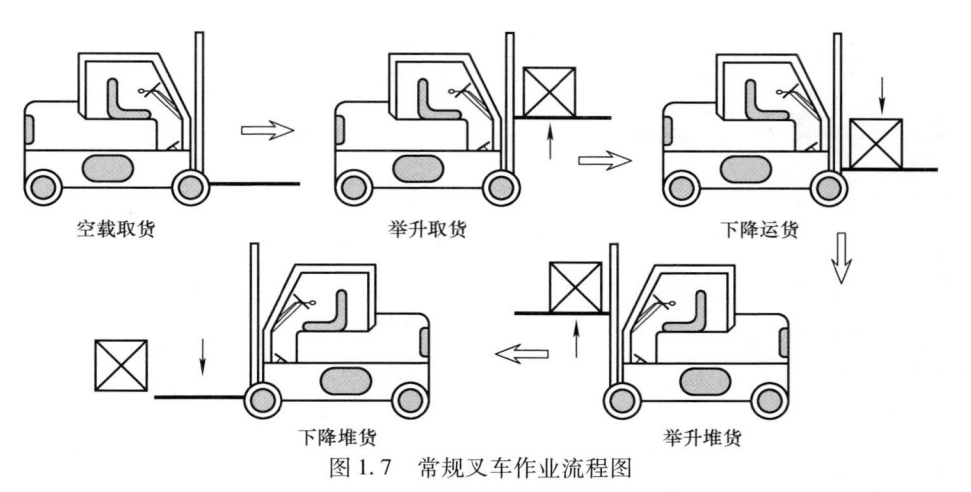

图1.7　常规叉车作业流程图

其次，沿路线2返回初始位置点C，带载下降，调整姿态为运货做准备。

再次，沿路线3行进至堆货点B，升降至目标位置后卸货。

最后，沿路线4退至中转点D，再沿路线5返回初始位置点C并调整姿态准备再次作业。

由于不同驾驶人员的熟悉程度不同，实际操作可能与测试标准有所不同，主要体现在升降距离，前后倾次数及转向精度等。

综上所述，叉车单次作业中主要包括两次举升与两次下降、四次转向、两次前后倾及五次行走与制动。测试标准中规定：1h内应有60次作业，运货距离L为30m，举升高度为2m。以1t负载、8h工作制为例，一天中举升系统耗能将近5.23kW·h。

1.4.2　叉车特殊工况

1. 爬坡

电动叉车的爬坡角度关乎着电动叉车的效率和安全问题，叉车爬坡分为空载与负载两种工作方式。一般来说电动叉车在负载时的爬坡角度在15°左右，而在空载情况下，爬坡角度在20°左右。叉车要在坡道上正常运行必须同时满足驱动力平衡条件和附着条件。叉车的爬坡性能会随着行驶速度的提高及载荷的增加而下降。

2. 越野

越野叉车主要用于野外凸凹不平路面的区域环境作业，所以越野叉车应具备野外凸凹不平路面作业能力强、离地间隙大、牵引力大、越障能力及涉水能力强等功能。相对于正常工况，越野叉车对于所叉装的货物的稳定性要求较高，另外行走路线也会更加曲折。

3. 极端环境

对于高温、低温、高海拔、窄距通道或路面条件较为湿滑的工作场景，叉车对工况的性能需求也会相对于正常的工况更加的复杂。

1.5 叉车的应用

叉车作为工业车辆的典型使用场景，在企业的物流系统中扮演着极为重要的角色，一台机械化的叉车可以取代 8～15 个工人，非常有效地提高了作业效率；在现代化工作场合中，叉车是搬运作业和托盘货物装卸作业过程中必不可少的工具，其工作场地可以是船舱、车间甚至集装箱，因此叉车被广泛地应用于仓库、港口、配送中心及车间等场所。叉车的应用不仅提高了企业的生产率，同时在劳动力成本不断上升的今天也带来了经济效益。

1.5.1 叉车作业功能

叉车作业时，仅依靠驾驶人的操作就能够使货物的装卸、堆垛、搬运等作业过程机械化，而无须装卸工人的辅助劳动。这不但保证了生产安全，而且占用的劳动力大大减少，劳动强度大大降低，作业效率大大提高，经济效益十分显著。叉车作业，可使货物的堆垛高度大大增加，从而使船舱、车厢、仓库的空间位置得到充分利用。叉车作业，可缩短装卸搬运、堆码的作业时间，加速了车船周转。叉车作业，可减少货物破损，提高作业的安全程度，实现安全装卸。叉车作业与大型装卸机械作业相比，具有成本低、投资少的优点。所以，在物流装卸作业中叉车是优先选择。

1.5.2 叉车的作业要求

如果是在冷库中或是在有防爆要求的环境中，叉车的配置也应该是冷库型或防爆型的。在选型和确定配置时，要向叉车供应商详细描述工况，并实地勘察，以确保选购的叉车符合企业的需要。

1.6 叉车的选型

叉车是物料运搬的主要工具，规格种类繁多，每一种类型的叉车有其适用的环境场合，错误的选型会造成仓储作业的低效及事故。

目前普遍使用手动托盘车、电动托盘车、电动堆高机、前伸式叉车、平衡重叉车等几种类型的叉车，用户可以根据各种类型叉车的特点，来选择其适用的环境场合，同时还需要依据各类叉车的运搬能力进行测试与计算，以得到维持仓库正常工作所需要使用各类型叉车的数量要求。叉车的选择有很多影响因素，包括地坪、出入库频率等。随着社会化生产的发展与进步，劳动力与机械的专业分工也越来越细，各种专业设备的配套与衔接，使整个物流系统运作井然有序，效率得到成倍提高。在传统的储存体系中，由于没有更多的选择，所有的搬运、堆码、装卸可能完全靠一种叉车来解决。表现在仓库上，即显示出面积大、空间利用率低、人多、货物散乱堆放、出货慢、高峰期车辆排队等问题。而现今，一整套入库、上架、拣货、配货到出库的过程已可分别由平衡重式叉车、各种室内搬运机械或自动化无人搬运设备及输送带、自动分拣设备等多种专业的设备分段处理，各种设备之间又可通过电子表单或无线传输来完成指令与衔接。一个同办公室一样明亮、洁净、快速有效、整齐有序的仓库环境已随时可以实现。自托盘的发明使用，从集装搬运开始，叉车（包括室内、室外叉车）即作为物料搬运的主要工具，在未来的很长一段时期内，不断实现功能创新，自动化程度越来越高的叉车仍将在搬运领域占据主导地位。

在选型和确定配置时，要向叉车供应商详细描述工况，并实地勘察，以确保选购的叉车符合企业的需要。如果叉车在仓库内作业，不同车型所需的通道宽度不同，提升能力也有差异，由此会带来仓库布局的变化，如货物存储量的变化。如果企业需要搬运的货物或仓库环境对噪声或尾气排放等环保方面有要求，在选择车型和配置时应有所考虑。如果是在冷库中或是在有防爆要求的环境中，叉车的配置也应该是冷库型或防爆型的。仔细考察叉车作业时需要经过的地点，设想可能的问题，如出入库时门高对叉车是否有影响；进出电梯时，电梯高度和承载对叉车的影响；在楼上作业时，楼面承载是否达到相应要求等。即使完成以上步骤的分析，仍然可能有几种车型能同时满足上述要求，此时需要注意以下几个方面：

1）不同的车型，工作效率不同，那么需要的叉车数量、驾驶人数量也不同，会导致一系列成本发生变化。

2）如果叉车在仓库内作业，不同车型所需的通道宽度不同，提升能力也有差异，由此会带来仓库布局的变化，如货物存储量的变化。

3）车型及其数量的变化，会对车队管理等诸多方面产生影响。

4）不同车型的市场保有量不同，其售后保障能力也不同，如低位驾驶三向堆垛叉车和高位驾驶三向堆垛叉车同属窄通道叉车系列，都可以在很窄的通道内（1.5~2.0m）完成堆垛、取货。但是前者驾驶人室不能提升，因而操作视野较差，工作效率较低。由于后者能完全覆盖前者的功能，而且性能更出众，因此在欧洲的市场销量比前者多4~5倍，在我国则达到6倍以上。因此大部分供应商都侧重发展高位驾驶三向堆垛叉车，而低位驾驶三向堆垛叉车只用在小吨位、提升高度低（一般在6m以内）的工况。在市场销量很少时，其售后服务的工程师数量、工程师经验、配件库存水平等服务能力也会相对较弱。

要对以上几个方面的影响综合评估后，选择最合理的方案。下面总结部分常见的、不同类型的叉车对应的应用场合：

1）电动搬运车解决物料水平搬运，主要用在电商物流及工厂仓库内部物料的转运。

2）电动推高车解决物料的水平及垂直搬运，主要用在物料的货架堆垛。

3）电动平衡重叉车解决高强度物料的水平及垂直搬运，主要用在大型物流仓库及车间、工厂仓库的货物装卸搬运。

4）电动前移式叉车/堆高车位解决高位仓库的物料存储，主要用在中大型仓库、立体高位货架物料的堆垛。

5）电动物料拣选车解决货架物料的拣选，主要用在电商仓库、少件物品的存取。

6）电动牵引车解决物料小车的牵引，主要用在机场、大型工厂及仓库的物料小车移动。

7）搬运机器人解决物料搬运的无人化操作，主要用在工厂、仓库物料的自动搬运。

8）集装箱正面吊运起重机解决集装箱堆垛，主要用在码头、铁路货场集装箱的搬运堆高。

9）内燃叉车解决室外物料水平及垂直搬运，主要用在物流、工厂室外物料的装卸。

1.7 叉车研究现状

1.7.1 叉车行业的发展历程

1. 外国叉车的发展历程

叉车是指一种在短距离内实现货物的装卸、堆垛及运输，自身具备动力的轮式搬运车辆。人类从古至今，为了更高效、便捷地运输货物，曾经诞生了无数的发明创造。从 1800 年前的三国时期蜀汉丞相诸葛亮发明的木牛流马，为蜀汉十万大军运输粮食；一直到了近代，才出现了具有现代雏形的工业化产品，即所探讨的叉车。关于世界上第一台叉车究竟是在什么时间由谁制造出来的，这个看似非常简单的问题却困扰了叉车行业很长的时间。其实，现代的叉车是战争的产物，就如核能的开发与广泛应用一样，一开始都是为了战争的需要而诞生的。叉车的出现是在第一次世界大战期间，因为在整个战争期间和战后都严重缺乏劳动力，如何用机器取代人力来实现货物的运输和堆放，极大地刺激了叉车的研发与生产。1923 年，美国耶鲁大学的工程师研制出了世界上第一台配备了垂直门架和升高货叉的电动叉车，并推向世界市场，被广泛公认为是世界上第一台叉车，由链条棘轮和小齿轮系统构成的提升机构在该设备得到应用，并且货叉可以升高到叉车的高度以上。1924年，美国克拉克公司（CLARK，简称克拉克）在其原有的 DUAT 搬运车基础上，改造出了世界上第一台内燃叉车（见图 1.8）。第二次世界大战（简称二战）为叉车的发展提供了强大的推动力，尤其是在美国。有事实证实，美国军队大量使用叉车在船上快速运输军用物资，以提高卸货速度，甚至在美国海军舰艇上也是如此。随着叉车产量的快速增长，繁重的体力劳动时代已经去不复返了。可以说，克拉克每个月大约有 2000 辆叉车离开生产线。相比之下，二战前只有 50 ~ 75 辆。二战期间，克拉克为美国军事经济提供了 90% 的叉车；并伴随着美军，克拉克叉车也进入了世界各地，克拉克甚至一度成了叉车的代名词。

图 1.8　世界上第一台内燃叉车

1932 年叉车才正式向市场推出。从此时起，人们才开始了解并使用叉车，从而使叉车得到了推广使用，也加快了叉车的发展步伐。1951 年，德国推出了越野叉车；1957 年，液压传动技术被正式引入叉车中，改写了叉车的发展历史，使叉车技术进入了一个更高的发展领域。1973 年，英国人在叉车中加入防爆技术，大大增强了叉车工作时的安全性能。1981 年，法国人和意大利人设计出了伸缩臂叉车，降低了叉车工作时所需的空间。1998 年，德国人第一次在叉车中应用了交流电技术，使电动叉车在性能提升上得到改善。

2005 年，丰田首次在国际物流展上展览了 FCHV-F 叉车（见图 1.9），该款叉车采用了丰田独自研发的基于电容-燃料电池组成的混合动力系统。燃料电池叉车减少了电瓶叉车充电、电池更换等工作，仅需要在短时间内补充燃料即可，电容可以承担瞬间的大功率。且由于燃

图 1.9　丰田 FCHV-F 叉车

料的补充，弥补了因电池放电电压降低引起的动力不足的缺陷，使工作效率得到了较大的提升。

2007 年，小松在世界上首次发售了 AE50 系列电-电混合动力叉车（见图 1.10），该款叉车将超级电容作为第二动力源。AE50 型叉车可以根据叉车不同的工况需求进行动力源的切换，进而有效地利用再生制动力进行能量回收，满载情况下最大动能回收率达 30%，从而达到节能和延长续驶的目的。引入超级电容作为辅助动力源不仅不会因为电压大造成断电，而且环保，另外超级电容还能起到削峰填谷的作用。

图 1.10　小松 AE50 叉车

2016 年，丰田研制出了日本第一台 2.5t 氢燃料电池叉车（见图 1.11），该款叉车作业效率高，一次加氢可以工作 8h，作业过程中不会产生任何的二氧化碳，由水而来，化水而去，取之不尽，用之不竭。

图 1.11　丰田 2.5t 氢燃料电池叉车

2. 中国叉车的发展历程

纵观我国工业车辆行业的发展历程，大致可以划分为以下三个阶段：

（1）第一阶段　工业车辆行业初始创业时期（1961—1980）。

新中国成立以后，1953 年开始实行第一个五年计划（简称"一五"计划），经济建设蓬勃发展，港口码头、车站、仓库、货场和各类工矿企业正在加紧建设，其中物料装卸搬运设备必不可缺。工业车辆尤其是叉车，由于机动灵活、操作方便，非常适应成件货物的装卸搬运而受到人们的关注。"一五"计划期间，苏联援建的 156 项重点工程所需的起重运输机械设备由苏联提供，因此叉车也被引入我国。为满足广大用户的需求，1953 年沈阳电工机械厂按照苏联产品仿制成功了我国第一台 2t 蓄电池搬运车，1954 年仿制成功了我国第一台 1.5t 三支点平衡重式蓄电池叉车，1958 年 6 月，大连机械制造一厂（大连叉车有限责任公司前身）仿制苏联 4003 型内燃叉车，利用解放牌汽车的发动机、离合器、变速器、驱动桥、转向器等配套件及测绘仿制液压泵、多路阀、转向助力器等，设计制造成功了我国第一台 5t 内燃机械传动平衡重式叉车。1966 年，宝鸡铲车厂与武汉水运工程学院设计、试制成功了我国第一台 2t 内燃叉车。

当时的计划经济时期，内燃叉车产品属于一机部三局归口管理，蓄电池叉车产品属于一机部七局、八局归口管理，在技术方面由一机部起重运输机械研究所（简称起重所）归口管理。遵照一机部的指示，起重所于 1961 年在运输机械研究室设置了叉车专业组，以协助部局管理叉车行业工作。1963 年 9 月，在北京举办的日本工业展览会上，日本 TCM 等公司的叉车系列产品为我国的叉车发展提供了很好的启示，推动了叉车新产品的研究、开发。1963 年 9 月，一机部三局委托起重所在北京主持召开了"叉车行业技术质量攻关战役计划审定会"，参加会议的有主要生产企业、科研院所的领导、主管科技人员和高等院校的教师。会议确定了新产品设计项目、产品质量工艺攻关项目和标准项目等计划，此次会议对中国叉车行业的形成和发展起到了积极的推动作用。

中国第一代叉车生产的主要特点是：

1）全国叉车生产的规模比较小，生产能力、制造水平不高，生产企业大多是兼业生产厂。

2）第一代叉车是以仿制苏联、日本叉车为主，结合采用我国汽车现有配套件变更设计制造的叉车产品。

3）除汽车的配套件如发动机、驱动桥主传动器、转向器、散热器外，其余的零部件均由主机厂自行制造，专业化水平低。

4）产品通用化、标准化、系列化程度比较低。

5）企业的设计力量很薄弱，第一代叉车主要依靠国外样机的仿制及科研院所、高校与企业联合设计。

经过二十多年的努力，我国叉车工业从无到有，从初期的测绘、仿制、学习苏联、日本、美国及英国叉车技术，发展到自行设计、制造内燃叉车系列产品及关键零部件，如发动机、液力变矩器、动力换挡变速器、高压齿轮泵、全液压转向器、多路阀、液压缸、轮胎和门架型钢等。到 20 世纪 70 年代中后期，初步形成了叉车主机生产制造体系和配套件专业化生产制造体系，主机生产企业位于我国的东北、华北、华东、西北及中南等地的 14 个省份，生产布点基本合理。虽然叉车制造业的水平与国外主要工业国家相比仍有较大的差距，但基本上满足了国民经济各部门对叉车的需求。

（2）第二阶段　工业车辆行业的稳步发展时期（1981—2000）。

随着我国确定了以经济建设为中心的方针，改革开放已成为全国人民的共识，极大地促进了国民经济的稳定高速发展。在这种大好形势下，国家基础建设投资规模不断加大，给工业车辆行业的发展提供了新的历史性机遇。1980 年，全国有大小 70 多个企业生产叉车，年产量约 8000 台，小批量生产的方式制约了叉车制造业的发展。为增强实力，行业内许多企业探索性地组成联合体。1982 年 10 月，"华联""中联""中华联" 3 个叉车公司所属 15 个生产厂和机械部起重运输机械研究所、工程机械试验场等联合成立了中国叉车公司，总部设在江苏省镇江市。1982 年 6 月，在江苏省无锡市成立中国佳能蓄电池车公司。中国叉车公司和中国佳能蓄电池车公司组建后，通过开展联合销售活动，做好用户服务工作，组织企业集中考核，摸清叉车质量水平，推行联合创优活动，抓好配套供应，搞好叉车更新设计等方面的工作，为行业发展做出了重要的贡献。

中国叉车行业通过对日本、美国等主要企业的技术交流考察，充分认识到我国叉车的技术开发能力、制造水平与国外主要工业国家的差距非常明显。在我国鼓励技术引进政策的指导下，北京市叉车总厂在一机部起重运输机械研究所的协助下，1980 年经一机部批准以补偿贸易方式从日本三菱重工株式会社（简称三菱）引进 1 ~ 5t 内燃叉车系列全套技术图样、工艺文件、产品技术标准，这也成为我国叉车行业第一个技术引进项目。1984 年，大连叉车总厂引进日本三菱重工株式会社 10 ~ 42t 内燃叉车和集装箱叉车制造技术。1985 年，湖南叉车总厂引进英国派诺搬公司叉车防爆装置，填补了我国防爆叉车的空白。1985 年 12 月，机械部组织合肥叉车厂和宝鸡叉车制造公司联合引进日本 TCM 公司 1 ~ 10t 内燃叉车制造技术。

在技术引进过程中，企业领导、科技骨干和工人赴国外企业技术考察、交流、学习、培训，取得了跨越式的进步和提高。机械部组织企业与科研所加强对引进技术的消化吸收，并与科研攻关相结合。引进企业严格按国外先进标准生产产品，并加强了工艺攻关，突破了大量的技术瓶颈；在加强对关键零部件试验研究的基础上，组织专业化生产，确保按引进技术生产的产品接近国际先进水平。

进入 20 世纪 90 年代，伴随着市场经济的发展、产品的技术进步，在开拓市场、生产方式及经营策略方面的竞争越来越激烈，叉车生产企业两极分化。安徽叉车集团有限责任公司的前身合肥叉车总厂，基础相对较好，通过技术引进、消化吸收，不断开发新产品，增强了科技创新能力，提高了产品的技术水平，进入国家大型一级企业行列，成为叉车行业科研、生产、出口的基地。大连叉车总厂在引进日本三菱重工株式会社大吨位叉车制造技术以后，也取得了发展优势，是我国叉车行业中的重点骨干企业。杭州叉车总厂特别注重新产品的开发和产品质量，是我国叉车行业中最具发展潜力的企业。

在此期间，我国潜在的叉车市场吸引了许多外商到中国来投资、合资建厂，加大了叉车行业竞争的压力。德国林德集团与厦门叉车总厂于 1993 年 12 月合资创办林德（中国）叉车有限公司，安徽叉车集团有限公司与日本 TCM 公司合资创办了安徽 TCM 叉车有限公司，北京市叉车总厂与韩国汉拿重工株式会社合资创办了北京汉拿工程机械有限公司，湖南叉车总厂与捷克德士达公司合资创办了湖南德士达叉车制造有限公司。纳科物料装卸集团、住友纳科和上海浦发公司合资创办了上海海斯特叉车制造有限公司。日本输送机株式会社（NYK）与上海佘山经济技术发展有限公司合资创办了上海力至优叉车制造有限公司。

　　这一阶段，叉车制造业稳步发展，在引进、消化、吸收的基础上推进了国产化，行业企业利用引进技术研发了新一代内燃叉车全系列产品，并培养了一批年轻化、强有力的科研队伍。1998 年，工业车辆全行业销售收入达到 26.95 亿元，其中内燃叉车 24 个主要企业为 16.5 亿元，电动工业车辆 8 个主要企业为 1.69 亿元，手动托盘搬运车 7 个主要企业为 8.68 亿元。中国工业车辆已发展到新的高度，为下一步中国工业车辆的腾飞打下了基础。

　　（3）第三阶段　工业车辆行业快速发展时期（2001—今）。

　　进入 21 世纪以后，我国汽车工业、工程机械、发动机、液压元件、轮胎等行业快速发展，促进了工业车辆行业的发展，并逐渐形成了几个重点骨干龙头企业。安徽叉车集团有限公司生产以日本 TCM 技术为基础的自主创新产品，杭叉集团股份有限公司（简称杭叉）生产以日本尼桑技术为基础的自主创新产品，大连叉车有限责任公司生产以日本三菱技术为基础的自主创新产品，林德（中国）叉车有限公司（简称林德）生产林德技术的内燃及电动叉车。4 家企业成为我国叉车制造业的龙头企业，并迅速崛起。我国企业生产的高端产品（搭载原装进口发动机及有关配套件）的主要性能已达到国际先进水平，产品的可靠性、寿命基本接近国际先进水平；中档产品（以国产配套件为主）的主要性能接近国际先进水平，但在可靠性、寿命上与国际先进水平仍有一定的差距；而其他企业生产的中低档产品，在市场竞争中将逐渐被淘汰，一大批 20 世纪 70 年代开始生产叉车的老企业处于困难境地。

　　自从我国在 2001 年正式加入了 WTO，中国经济进入了一个高速增长期，作为物料搬运机械的重点产品，工业车辆的发展环境显著改善，国内外叉车市场的形势越来越好。我国叉车的性价比好，产品品种规格逐步齐全，产品的技术性能和质量水平明显提高，维修服务网点逐渐建立与完善，因此在国内外市场具有竞争优势。加之新一代内燃及电动叉车的研发，吸引了国内著名的工程机械企业，如广西柳工集团有限公司、中国龙工控股有限公司等加入到叉车生产的行列，也吸引了外商和台商在中国大陆设厂或成立销售公司抢占中国市场。从 2009 年以后，中国开始成了世界上第一大工业车辆的生产国和销售市场。

1.7.2　内燃叉车节能技术研究

内燃叉车是以燃烧汽油或柴油将燃料的化学能转化为机械能提供动力进行工作的。内燃叉车由于具有内燃机，在工作时，会产生大量的噪声和尾气排放，对环境造成污染。因此要研究节能环保的叉车替代传统的内燃叉车。现在内燃叉车节能的手段主要为以下两个方面：

1）发动机是内燃叉车节能的关键，内燃机的效率已将达到极限，现在普遍的节能手段就是通过降低油耗来实现。比如丰田研发了一款新型的电子控制发动机，该发动机采用新的技术，运用新的电子控制燃料喷射系统和三元排气净化装置。与传统发动机比，在同样的工况下，在降低油耗的同时也减少了废气的排放。

2）在液压元件方面做出进步，通过重新优化设计液压系统，减少能量损失，从而实现节能。发动机为液压系统提供动力，减少液压系统的功率损失也就是减少发动机的油耗。叉车使用液压系统带动货物的起升和下降，液压元器件能量损失会使液压油的温度升高，降低液压系统的效率。

1.7.3　混合动力叉车节能技术研究

混合动力叉车的动力源有两种或两种以上，常见的是油电混合。根据工作方式，一般分为串联式、并联式和混联式。混合动力叉车利用的是对能量的分配和控制。根据叉车的行走工况和实际的工作需求，合理地分配发动机、牵引电机和起升电机所需的能量，在小负荷时由蓄电池给电动机供电，电动机驱动车轮，当叉车加速、行走负载大或起升负载大时，发动机和电动机同时向传动机构提供动力，不仅满足了叉车的动力需求，而且能使发动机处于最佳经济油耗点区间，用蓄电池中的电能来补充发动机的功率不足。发动机在工作中有个高效区，存在一个最低油耗点，发动机在最低油耗点工作，热效率最高，同样比油耗（单位功率单位时间的燃油消耗率）也最低，从而使叉车的燃油经济性增加，排放的污染气体减少，也使叉车的作业效率增加。与传统内燃叉车比较，混合动力叉车有明显的节能效果。

随着车辆的节能要求越来越高，人们对混合动力叉车的开发研究也越来越普遍，三菱、小松、丰田都在对混合动力技术进行研究，他们都采用蓄电池和超级电容的并联方式。国内杭叉、安徽合力股份有限公司、无锡开普动力有限公司、福建华南重工机械制造有限公司（简称华南重工）等均推出了混合动力叉车，节能效果在10%~30%之间。

1.7.4　电动叉车

图1.12所示为近年来国产叉车总销量及其中内燃叉车与电动叉车占比图，可以看出，尽管叉车销量在逐年增加，但内燃叉车占比却在逐年减少，可见纯电化是叉车的主要发展方向，内燃机型将逐步被淘汰。

目前在电动叉车研发方面，国内外的企业主要代表有杭叉、林德、比亚迪股份

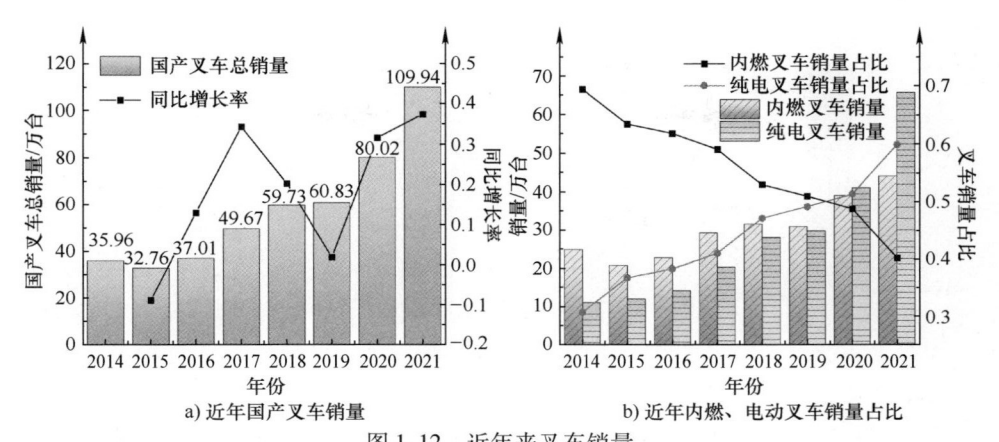

a) 近年国产叉车销量　　　　　　　b) 近年内燃、电动叉车销量占比

图 1.12　近年来叉车销量

有限公司（简称比亚迪）、华南重工、德国 BHS、丰田、克拉克等。主流的电动叉车额定载荷基本在 5t 以内，更大额定载荷的批量机型并不多见。

图 1.13 所示为德国 BHS iLifter 电动叉车，整车电池采用最新的锂离子电池技术，续驶、性能均有所提升。行走部分采用轮边双电机驱动，液压系统则通过单独的电机泵进行驱动，通过控制行走电机与转向液压缸互相配合可实现动态四轮转向，减小转向半径，整车更加灵活。同时配备 360°激光空间导航与摄像头，实现了目标货物识别，从而实现自动作业。

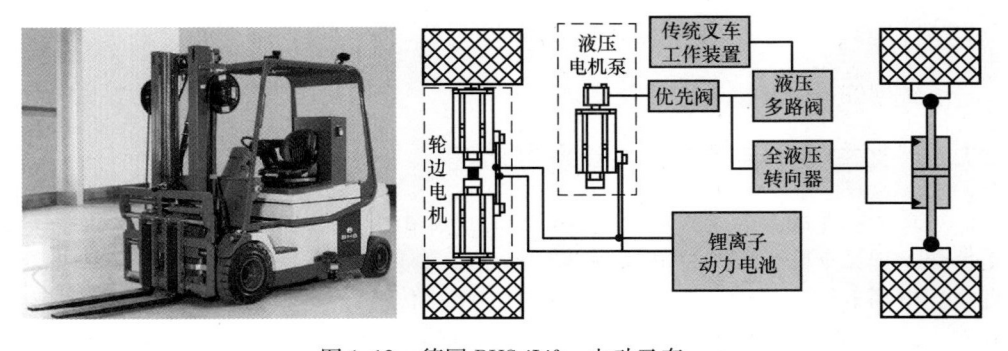

图 1.13　德国 BHS iLifter 电动叉车

如图 1.14 所示为国内三电龙头公司比亚迪推出的 3.5t 电动叉车，整机搭载智能电控系统和先进的 BMS 电源管理系统，动力强劲，搭配有行走制动动能回收技术，进一步降低了能耗，续驶时间更久。图 1.15 所示为杭叉 XC 系列锂离子电池叉车，采用宁德时代新能源科技股份有限公司（简称宁德时代）磷酸铁锂单体电池，同样具备制动动能回收功能。尽管二者在电池方面均升级为动力锂离子电池，但液压系统均与传统电动叉车无异。

可见在中小型叉车上，国内外各大厂家基本都有车型涉足，但鲜有针对叉车举升系统进行改造，其液压系统几乎与传统内燃叉车的无异，节能性研究更多是针对

图 1.14　比亚迪 CPD35 电动叉车

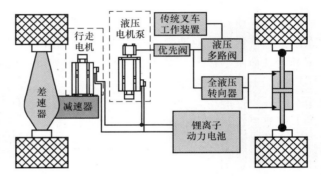

图 1.15　杭叉 XC 系列锂离子电池叉车

行走系统展开行走制动动能回收。

1.7.5　叉车工作装置液压系统发展历程

货叉下降工况是叉车典型工作循环流程中必不可少的一个环节，无论是空载还是带载，货叉下降的安全性和操控性能都是非常重要的，特别是下降速度的控制。目前，市场上常见的内燃叉车绝大多数依旧采用传统的阀控方式来控制货叉的下降速度，但阀控也存在很多问题。因此，下文对阀控和泵控系统进行分析，以选取合适的货叉下降控制方式。

1. 阀控系统

阀控系统是通过调节阀芯位移进而控制输出流量的大小和方向来控制执行机构运动速度的液压传动系统。阀控系统主要组成元件为液压控制阀，具有响应快和操控性能好等优点，但阀控存在较大的压差损失，会导致液压油温度升高，从而加大对整机的散热要求，且长时间工作在高温下，液压阀的使用寿命和可靠性都会受到较大的影响。

2. 泵控系统

液压泵是将机械能转换为液压能的一种能量转换装置，根据转子旋转一周所排出液压油体积是否可调而分为定排量液压泵和变排量液压泵。根据液压泵种类，目前主要有变转速定排量、定转速变排量、变转速变排量等驱动方案，如图 1.16 所示。

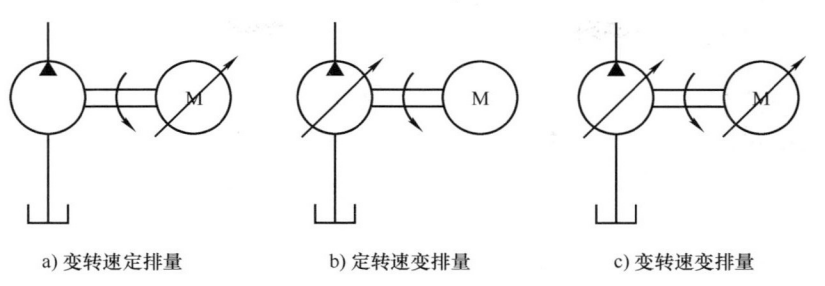

a) 变转速定排量　　　　　b) 定转速变排量　　　　　c) 变转速变排量

图 1.16　不同组合驱动方案

变转速定排量液压泵系统是通过电机调速控制定排量液压泵转速，从而实现系统的流量控制。这种控制方式可以更好地发挥电机优越的调速性能，采用容积调速取代传统节流调速，大大降低了系统节流损失，具体节能效果取决于负载及操作。同时，系统结合液压参数（压力、流量）、电气参数（电流、电压）和机械参数（转速、转矩），更好地实现了液压泵的各种变量特性控制，如恒压、恒流等控制。系统最终通过控制单个变量实现液压泵流量控制，系统控制难度适中，在整机控制实现的可能性较大。

定转速变排量液压泵系统是在电机转速固定的情况下，通过控制液压泵排量实现系统的流量控制。电动叉车液压缸下降速度需求变化大，为满足调速范围宽的要求，液压泵的排量变化范围较宽，故对变排量液压泵的设计及制造提出了更高的要求。此外，液压泵受到外负载影响，在没有下降需求时，液压泵从节能角度应处于停机状态；在收到下降需求信号时，电动机需要立即提速到较高的设定转速，没有充分发挥电机的调速性能，实现按需工作。同时变量泵的变排量机构需要迅速做出响应，从而实现下降速度的控制。但目前变量机构的响应仍较慢，约 $300 \sim 500ms$，因此系统的调速响应相对较慢。特别是当负载低速下降时，所需的液压泵输出流量较小，由于定转速变排量液压泵系统的电机转速是固定的，且处于高转速运行，因此需要液压泵处于小排量工作状态，虽然电机工作在相对高效区，但液压泵的摩擦副在高速小排量下的磨损加剧，噪声加大，液压泵效率低，整体回收效率不高。

变转速变排量液压泵系统是基于变转速定排量和定转速变排量的基础上发展而来，结合了两种方式的优点，系统响应快，效率高，能发挥电机调速性能和泵变排量功能，从而实现了复合控制，达到了压力流量控制的目的。

1.7.6　叉车行走系统发展历程

叉车行走系统的发展依靠其传动系统的发展。叉车传动系统的作用是将发动机或电动机输出的动力传递给驱动轮，并根据叉车行驶载荷的变化，改变传给驱动轮的转矩和转速。叉车行走传动系统主要有机械传动、液力传动、静液压传动和电机传动四种。

1. 机械传动

采用机械传动系统的叉车，其发动机动力经离合器、变速器、传动轴、主减速器、差速器、半轴传递至驱动轮，从而实现叉车的行走。

机械传动系统具有结构简单、成本低、传动效率高等优点。但同时由于其结构的局限性，工作时具有噪声大、易磨损、无法实现无级变速的缺点。

2. 液力传动

液力传动以液体为介质传递动力，即通过液体在循环流动过程中所产生的动能来传递动力。叉车采用液力传动系统，通常会在其发动机动力输出端增加液力变矩器，通过液力变矩器内的泵轮、导轮和涡轮增加其转矩。液力变矩器输出的动力经过前进、后退离合器使叉车实现前进和后退。

由于是以液体为动力传递介质，所以液力传动系统具有冲击载荷小、能在一定范围内实现无级变速，使车辆运行平稳，并且在高速时传动效率较高等优点。但与机械传动相比，具有传动效率较低，传递动力时会造成传动介质温度升高等缺点。

3. 静液压传动

采用静液压传动系统的叉车设有斜盘式柱塞变量泵和柱塞马达，通常采用闭式液压回路，使用液压油作为传动介质，通过静压力传递动力。双踏板系统和集中式操纵杆通过速度进退控制缸控制斜盘式柱塞变量泵斜盘摆角，用以实现叉车的变速和前进、倒退。

静液压传动系统的优点是传动效率高、可实现无级变速，便于实现前进、后退切换，叉装和码放货物时微动性好，收加速踏板后即可实现自动制动，同样规格的静液压传动叉车的装卸生产率比液力传动叉车高30%以上。静压传动的叉车可以使发动机在低转速下运行，可降低油耗和尾气排放，且噪声低、磨损小，运行成本和维护费用较低，具有其他传动系统不可比拟的优势。

静液压传动系统虽然是高压系统，但外界压力超过系统压力后，系统溢流阀打开，可有效实现液压系统的自动保护，即使系统压力再高，也不会受损。静液压传动系统虽然零部件制作精度高，但静液压传动系统是密闭系统，具有良好的过滤系统，不受外界污染。

4. 电机传动

电动叉车通过电机将电能转化为机械能。行走驱动系统是电动叉车最核心的部分，一般由电机驱动器、各种传感装置、行走电机、机械式减速齿轮及驱动车轮等构成，目前直流驱动系统和交流驱动系统已经在电动叉车上得到广泛使用。传统的电动叉车行走电机以直流驱动系统为主，近年来，世界知名叉车生产企业开始在电动叉车上用交流驱动系统替代传统的直流驱动系统。

与直流驱动相比，交流驱动具有：

1）结构简单，运动部件少。转子是唯一旋转件，没有碳刷和换向器，同体积下可以提供更高的功率。

2）能够给驱动轮提供更大的转矩、更大的加速度和更高的转速。直流电机的最高转速较低，一般不超过 5000r/min，交流电机的最高转速远大于直流电机。

3）直流电源通过交流驱动系统转化为交流电信号，频率可变，使调速范围更宽。

随着功率电子技术和微处理器技术的不断发展，电动叉车行走电机交流驱动技术必将向数字化、模块化、智能化方向发展。目前，驱动系统中主要使用绝缘栅极晶体管，控制晶闸管及集成了驱动、自检测、自保护功能的功率模块 IPM 等功率开关元件。处理器因其强大的运算能力和极高的运算效率，也被广泛地运用于交流驱动系统中，以实现更为高效的控制算法，并在片内集成了用于电机控制的外围电路，为使用先进的控制策略提供了更为有效的硬件环境。

1.7.7　叉车能量回收技术

叉车的主要工作任务是搬运，并且作为仓储物流的主要搬运装备，需要在几吨到几十吨的负载下做往复举升运动，举升高度范围大，由于其工作的特殊性，在货物下降时，存在较大的负载重力势能。此外，据相关调查显示，在整车能耗分析中，叉车举升系统能耗占整车 40% 以上，所以有效的负载重力势能回收不仅可以避免负载本身势能的浪费，还可为叉车举升系统甚至整车供能，大幅降低了举升系统的能耗。

叉车中的势能回收方式按储能装置分为液压蓄能器储能、蓄电池储能和超级电容储能。液压蓄能器储能，主要是在叉车原本举升液压系统的下降回路，添加储能装置液压蓄能器，液压蓄能器吸收负载下降时液压系统的压力能，从而完成重力势能存储，并在叉车适合工况时释放出来，为举升系统供能。蓄电池储能和超级电容储能，一般是在举升液压系统的下降回路添加液压马达和发电机，将重力势能转换为电能，并在合适工况时将储存的电能释放，为举升系统甚至是整机供能。

在叉车势能回收领域，芬兰拉普兰塔理工大学的 T. Minav（现就职于芬兰坦佩雷大学）多年来开展了大量的、全面的、系统的研究。她首先对叉车液压系统展开了分析，评估并验证了叉车举升系统势能回收的可行性。其次在重型叉车上应用了势能回收系统，使整体效率提高了 10%。又进一步将变转速泵控容积调速应用于叉车举升系统中，分析了永磁同步电机功率等级大小对回收效率的影响。之后又从理论上、试验上分析了叉车液压系统的回收效率，试验表明最高势能回收效率达 66%。进一步研究了不同蓄电池类型对势能回收系统的影响。并对一款具有二级升降液压缸的叉车展开势能回收试验，结果发现在 0.5m/s 的下降速度下，1t 负载的最高回收效率可达 50%。还分析了液压式回收及电气式回收对叉车举升系统的影响及二者在不同下降速度与不同负载质量下的势能回收效率（见图 1.17）。

芬兰坦佩雷理工大学的 Virvalo 对动臂下降时的重力势能展开了液压式回收的

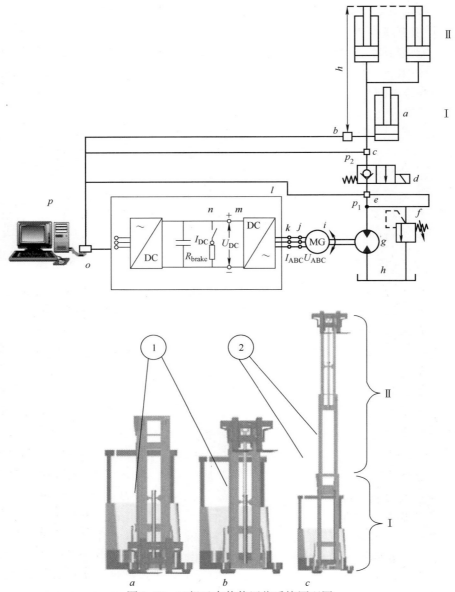

图 1.17　二级叉车势能回收系统原理图

研究，试验表明该系统可节能 20%。丹麦奥尔堡大学的 Andersen 等则是将变转速泵控容积调速运用至叉车举升液压系统中，试验结果表明，其势能回收效率可达40%，系统低速运行下的效率与传统叉车液压系统相比提升了 18%，高速运行时的效率则可提升 30%。Francesco Castelli Dezza 等则研究了采用超级电容与铅酸蓄电池组成的混合电力存储系统，并将该混合动力系统在真实叉车上进行测试，试验表明系统在势能回收时的效率有所提高。

国内学者在势能回收方面也做了不少研究。同济大学江明辉等通过控制换向阀，使下降时无杆腔内的高压油通往泵的吸油口，由此实现了势能回收与再利用，但并未测算回收效率，原理图如图 1.18 所示。

山东大学的李云霞采用液压蓄能器对叉车重力势能回收进行了研究。原理图如图 1.19，该势能回收系统通过调节阀口开度来调节举升液压缸的运动速度，阀控系统速度调节方式虽然简单精确，但是阀口存在较大的节流损失，易导致液压系统发热，影响液压元件的使用寿命及可靠性。并且由于液压蓄能器工作过程中存在液压蓄能器的热损失和液体的流动阻力损失且难与系统实际压力匹配，因此系统的实际能量回收效率在 1.5t 负载时效率较高，为 77.9%，此后随着质量的增加，效率开始降低，3t 时回收效率为 45.78%。

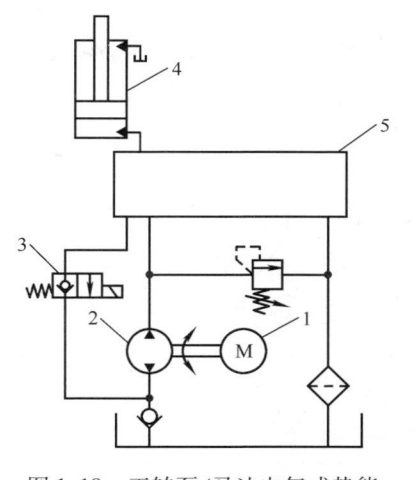

图 1.18 正转泵/马达电气式势能
回收系统原理图

1—交流电机 2—液压泵 3—电磁阀
4—液压缸 5—换向阀组

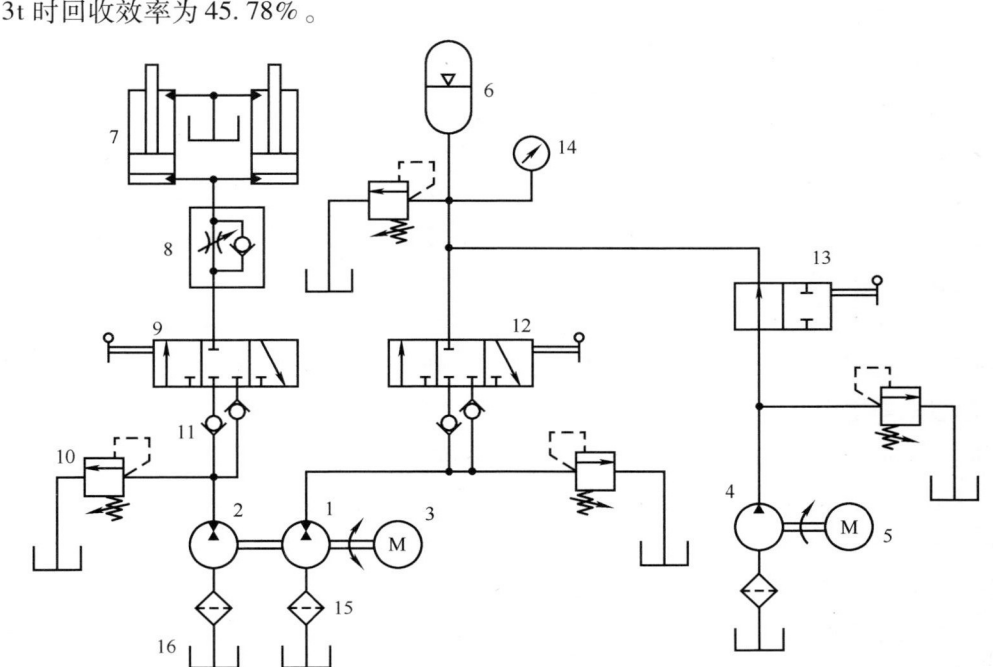

图 1.19 液压式势能回收原理图

1—液压蓄能器回路液压泵/马达 1 2—主回路液压泵/马达 2 3—电机 4—补油泵 5—补油电机
6—液压蓄能器 7—起升液压缸 8—单向节流阀 9—主回路换向阀 10—溢流阀 11—单向阀
12—液压蓄能器回路换向阀 13—补油回路换向阀 14—压力表 15—过滤器 16—油箱

合肥工业大学的张克军等采用超级电容与铅酸蓄电池作为电动叉车的原动力，试验验证了双能源系统的高效性。随后又对所搭建的双能源电动叉车搭建了仿真模型，基于仿真与试验验证了势能回收的可行性。并进一步对不同负载和不同下降速度等参数对回收效率的影响展开仿真分析与试验验证。结果表明 7t 负载下，回收效率可达 50%。

华南理工大学的夏苗苗将二次调节技术运用于叉车举升系统，试验证明了系统的节能性，耗能约减少 43%。并在 AMESim 仿真软件中搭建模型，分析了负载质量、起升速度及液压蓄能器容积、压力等对系统节能性的影响。

太原科技大学的武叶分别以超级电容、液压蓄能器为储能方案，基于 SimulationX 仿真软件分别搭建了液压式、电气式的叉车势能回收系统仿真模型。其中电气式回收时，在满载、半载和空载工况下的节能率分别为 34.2%、22.6% 和 13.2%。液压式又细分为进出口独立调节系统与传统阀控节流调速系统，结果表明采用进出口独立调节系统的液压式势能回收系统节能率可达 27.9%，而基于传统阀控节流调速的液压式势能回收系统节能率仅为 17.34%。该研究缺乏试验验证，实际节能效果可能更低。

西南交通大学的邱家发、钱宇等采用新增一套液压马达-发电机以实现重力势能的电气式回收，他们先对整车实际能耗占比进行了实际测试，随后搭建了仿真模型与试验平台，仿真及试验数据表明节能率可达 29.54%。

浙江大学的单玉爽针对小型低压电动叉车提出了基于超级电容与蓄电池的势能回收方案。主要针对叉车实际工况时间短，举升、下降工况切换频繁，因此对电源短时间充放电能力有较大的需求，若单独采用铅酸蓄电池则势能回收期间的短时间电流较大，实际电池回收到的电量远低于发电机所回收的能量，而超级电容蓄电量较少，且无法长时间保存电量，因此若是单独采用超级电容进行供电，则整车续航时间会大大降低。通过如图 1.20 所示的势能回收原理，优先将回收到的势能存储于超级电容之中，仿真数据表明 1t 负载下系统势能回收效率可达 30%，2t 负载下回收效率最高，为 54%。但考虑小型叉车空间的限制，该方案难以实际应用。

华侨大学的林添良教授团队针对重型叉车展开势能回收研究，设计改造 25t 电动叉车，系统由高压磷酸铁锂动力电池供能，液压系统采用双液压马达进行势能回收，规避了低速重载时液压马达与发电机的低效率区，与单液压马达势能回收系统相比回收效率有所提升，原理图如图 1.21 所示。仿真及试验数据证明了变转速泵控容积调速在叉车举升系统的可行性，系统回收效率在 11.48%~80.18% 之间，随负载质量的增大而增大，且货叉运动速度在 0.06~0.08m/s 时系统回收效率较高。通过势能回收，每工作 8h 可增加续驶约 1h。

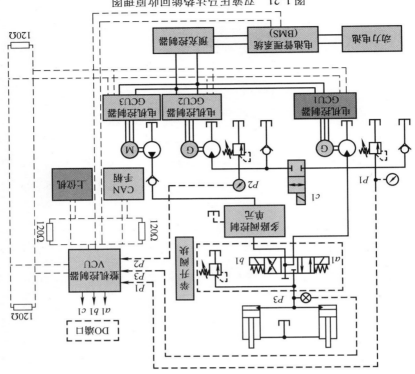

图 1.21 双储能电与液压能回收原理图

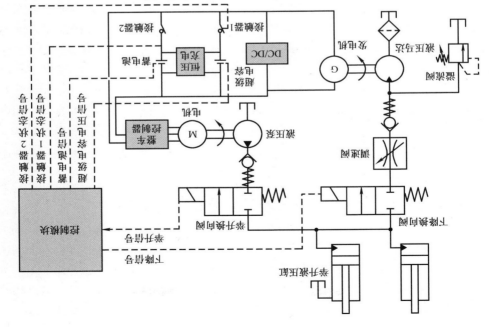

图 1.20 双储能电气式液压能回收原理图

综上所述，当前叉车的调速方式多数采用传统的阀控节流调速，此外还有少数采用变转速泵控容积调速，而变排量泵控容积调速、进出口独立调节与二次调节在叉车中的实际应用则较少。这是由于叉车整体液压系统相对挖掘机而言更加简单，采用变排量泵控容积调速、进出口独立调节与二次调节会复杂化叉车液压系统，反而增加了成本降低了系统可靠性，因此并不适用于中小型叉车。变转速泵控容积调速节能性好，而响应速度及抗干扰性能却不及传统阀控。因此当前叉车液压调速系统并不能满足未来叉车高性能的要求。

受限于当时的三电水平，早期叉车的势能回收研究大多采用液压蓄能器进行，特定工况下回收效率较高，但实际工况中由于系统压力与液压蓄能器压力有时会产生矛盾，导致实际节能效率偏低，已经不是目前主流的研究热点，且采用这种回收方式，需要在叉车外部新增液压蓄能器，液压蓄能器越大则可回收的势能越多，所占体积也越大，而中小型叉车空间紧凑，无法挤出空间给液压蓄能器，因此液压式回收并不适合中小型叉车。

上述关于电气式回收的研究中，大多是举升工况与下降工况分开驱动，即上升时通过电机泵供油，下降时则通过液压马达-发电机回收势能。这种方式需要新增一套液压马达发电机，因此仅适用于中大型、空间较大的叉车，其所研究的对象也是中大型叉车。

第 2 章　电动叉车总体构型及关键零部件特性

2.1　电动叉车总体构型

根据布局结构的区别，可以将车辆的动力系统分为两大类，即集中式与分布式。

2.1.1　集中式

集中式结构只有一个电机，动力由电机传给离合器，接着经过变速器和传动轴，到达差速器，最后经过半轴传给驱动轮。转弯时，由于内外轮的转弯半径不同，需要通过机械差速器对两个驱动轮的速度进行重新分配，只有外侧轮的速度大于内侧轮，才能实现平稳的转弯。转向盘的转角越大，转弯中心点就会慢慢向叉车一方移动，最终使内侧轮停止转动，转弯半径也达到最小。单电机驱动对驱动电机的功率要求较高，它的尺寸相应也比较大。这些因素将会阻碍叉车在仓库这种狭小的空间进行作业。

2.1.2　分布式

分布式布局是指车辆上装有两个以上的驱动电机。每个电机通过各自的减速器和半轴控制对应的驱动轮。多电机分布式布局相对来说更加灵活轻便，简化了整体机械结构，能直接减小电动叉车的尺寸。配套电子差速控制器对车轮的控制也更加精确，使叉车在转弯时较为灵活，这些优点都有利于叉车在各种工况下更方便地进行作业。但使用分布式布局也不是一劳永逸的，多电机对控制的要求更高，要处理更多复杂的问题，电气化控制当前还存在技术不成熟、成本较高、精度达不到理想状况等问题。

在自动控制技术不断更新的时代，电动汽车独立耦合驱动控制已有一些运用，这一技术在叉车上还不是很多，这也是以后一个新的发展方向。多电机可以实现对车轮相对独立的控制，布局方式也有很多，如两后轮独立驱动、四轮独立驱动等。与传统的单电机集中式驱动相比，多电机分布式驱动有以下优势：

1）简化车身的机械结构。动力传输系统由电气连接替代了传统的机械连接，不需要传动轴、变速器和机械差速器等装置，简化了叉车的整车结构，节约了大量空间。

2）增强驱动性能。传统叉车由电机到车轮，动力传递的各个环节都需要机械连接，机械结构的摩擦，损耗等在所难免，这些因素会导致大量误差的出现，如动力不足、两侧车轮力矩不平衡等状况，从而引起打滑、车身不稳定等现象。双电机耦合驱动的电动叉车运用电气化控制，可以根据路况和车身情况，合理分配力矩，提高了叉车的驱动性能，在更加高效地进行作业的同时也减轻了驾驶人的负担。

3）提高驱动效率。传统叉车的动力传递系统由机械结构和液压管路等组成，有一定的时间延迟，而双电机耦合控制系统每个驱动轮都由各自的电机独立驱动，响应更快，驱动效率更高。

4）可扩展性更强。叉车是一种特殊的车辆，搬运货物时要求车身有很好的稳定性，转弯时由于仓库特殊的工作环境，转弯半径也是越小越好。双电机耦合驱动未来可以根据需求发展为四轮独立驱动，运用电气化控制，可以达到更高的控制精度和行驶要求。

2.2 储能单元

2.2.1 电量储能单元

电量储能单元是油电混合/纯电动移动工程机械/车辆的动力源，是能量的储存装置，也是目前制约移动机械发展的最关键因素。要与传统燃油移动机械相竞争，关键是突破储能单元的难题。因此，开发出能量密度高、功率密度大、循环使用寿命长、均匀性一致、高低温环境适应性强、安全性好、成本低及绿色环保的储能单元对未来移动机械的发展至关重要。

按电压等级不同，电动叉车的电量储能单元电压等级常规的有 DC 24V、DC 48V 和 DC 80V。近年来呈现了高压化发趋势展，高压化最重要的优势是能实现快充和高能效。市面上已经出现了 DC 150V、DC 300 ~ 400V 和 DC 450 ~ 700V 等电压等级的电动叉车。按发电原理不同，电量储能单元可以分为化学电池、超级电容和生物电池三大类。到目前为止已经实用化的动力蓄电池有属于化学电池范畴的传统铅酸蓄电池、镍镉电池、镍氢电池、燃料电池和锂离子电池等，属于物理反应范畴的主要是超级电容器。此外，诸如酶电池、微生物电池、生物太阳能电池等生物电池的研发已进入重要发展阶段。电池的性能指标有容量、电压、能量、内阻、功率、自放电率、输出效率和使用寿命等，电池种类不同其性能指标也有所不同。

近年来随着纯电动汽车的发展，电池本身的技术也有显著的提升。许多新型电池相继出现在人们的视野。比如水溶液可充的锂离子电池、锂硫电池、可充电流体电池、金属空气电池等，新型电池只是为将来的电动汽车发展提供了美好的前景，但由于技术条件不成熟或成本等原因，目前还不能大面积地推向市场，不能广泛地运用到电动汽车行业。下面介绍几种电动叉车常用的典型动力电池和超级电容。

1. 铅酸蓄电池

铅酸蓄电池是应用历史最长、成本最低、最成熟的蓄电池。1859 法国人普兰特（Plante）发明了铅酸蓄电池。早期市场的电动叉车几乎都使用铅酸蓄电池来提供动力。已实现大规模量产，但其能量密度较低（一般只有 $30 \sim 60W \cdot h/kg$ 和 $60 \sim 75W \cdot h/L$），自重和体积较大，且自放电率高、循环寿命低。随着铅酸蓄电池技术的发展，尤其是第三代阀控式密封铅酸蓄电池的成功研制，能量密度提高到 $60W \cdot h/kg$，功率密度达到 $500W/kg$，循环寿命大于 900 次，极大提高了现代新能源系统的使用适应性。

铅酸蓄电池未来仍需要突破以下三个方向：①提高循环寿命的次数，进而延长使用寿命；②注意废电池的二次污染，严格控制铅酸蓄电池的生产和使用后的回收处理，采取一些有效的新的回收技术以实现工程化和产业化；③提高能量密度、功率密度及充放电效率，才能在前景广阔的新能源系统中充分发挥作用。

2. 锂离子电池

1990 年日本索尼公司首先推出了新型含有液态电解质的高能蓄电锂离子电池，液态锂离子电池已经成为目前最为成熟、使用最广泛的锂离子电池。在 2010 年，丰田就曾推出过续驶里程可超过 1000km 的固态电池，2018 年 1 月一项用陶瓷材料取代当今电池中的液态电解质的固态电池技术，使电动汽车的续驶里程增加到 500mile（约 804km）以上。

液态锂离子电池的类型很多，其区别主要体现在正负极材料上，通常根据特色的正极材料或负极材料对锂离子电池进行命名。目前常用的正极材料有钴酸锂（$LiCoO_2$，LCO）、锰酸锂（$LiMn_2O_4$，LMO）、磷酸铁锂（$LiFePO_4$，LFP）、镍钴锰三元锂（$LiNi_xCo_yMn_{1-x-y}O_2$，NCM）和镍钴铝三元锂（$LiNi_xCo_yAl_{1-x-y}O_2$，NCA）。大多数锂离子电池采用石墨负极材料，也有电池采用钛酸锂材料（$Li_4Ti_5O_{12}$，LTO）。不同材料的锂离子电池在能量密度、循环寿命、温度特性和热安全性上有较大差距。

固态电池的原理与液态锂离子电池相同，只不过其电解质为固态。与液态电解质固有的可燃性不同，固态电解质具有不可燃、不泄漏、易封装及工作温度范围宽等优点。因此，与液态电池相比，固态电池具有较高的安全性能。此外，固态电池有望大幅提升电池的能量密度（$>400W \cdot h/kg$）。由于液态电解质与高能量密度电极材料，如硅、金属锂等发生持续的副反应，目前液态电池采用石墨作为负极，电池能量密度难以突破 $300W \cdot h/kg$。固态电解质具有较宽的电化学稳定窗口，可与高电压、高能量密度电极材料配合使用，为实现高安全性和高能量密度的电池带来了曙光。

然而，固态电池仍存在界面阻抗高、循环寿命短、倍率性能差等问题。固态电池正负电极之间的离子交换取决于固态电解质与电极表面的固-固接触。而固态电解质/电极的界面接触普遍较差，形成了很大的界面阻抗，限制了电池能量密度的进一步提高。此外，电化学循环将导致界面接触进一步恶化。因此，固态电池的循环次数和倍率性能仍远低于液态电池。目前，固态电池的发展主要有两种技术路线：以硅作为负极材料或以金属锂作为负极材料。对于硅基固态电池，需要解决硅负极充放电过程中体积变化引起的电池结构破坏问题。对于固态锂金属电池，需要解决电化学循环过程中负极界面孔洞的形成、锂枝晶的生长等问题。

与其他蓄电池相比，液态锂离子电池具有能量密度高、电压高、充放电寿命长、无污染、无记忆效应、快速充电、自放电率低、工作温度范围宽和安全可靠等优点，是目前为止较为理想的动力电源。与镍氢电池相比，锂离子电池的优势在于实现了电池的小型化和轻量化，因为目前使用的锂离子电池每个单元的电压均为3.6V，是单元电压1.2V的镍氢电池的3倍。此外锂离子电池正极和负极的活性物质容易以较薄的厚度涂布在极板上，由此可以降低内阻。锂离子电池的功率密度为3550～4000W/kg，是镍氢电池的3倍以上，因此能够大幅度减小电池的自重和体积。《中国制造2025》中规定，2020年电池能量密度达到300W·h/kg，2025年能量密度达到400W·h/kg，2030年能量密度达到500W·h/kg。

锂离子电池要大量应用仍然存在多种性能的限制，包括锂离子电池的安全性、循环寿命、成本、工作温度和材料供应、电池管理系统中的一些不成熟技术（如均衡充电技术）等。

3. 燃料电池

燃料电池是一种化学电池，它直接把物质发生化学反应时释放的能量变换为电能，工作时需要连续地向其供给活性物质——燃料和氧化剂。燃料电池一般包括碱性燃料电池（Alkaline Fuel Cell，AFC）、磷酸盐燃料电池（Phosphoric Acid Fuel Cell，PAFC）、熔融碳酸盐燃料电池（Molten Carbonate Fuel Cell，MCFC）、质子交换膜燃料电池（Proton Exchange Membrane Fuel Cell，PEMFC）、固态氧化物燃料电池（Solid Oxide Fuel Cell，SOFC）和直接甲醇燃料电池（Direct Methanol Fuel Cell，DMFC）等，其分类及特性见表2.1。在额定工作条件下，一节单电池工作电压仅为0.7V左右，为了满足一定应用背景的功率需求，燃料电池通常由数百个单电池串联形成燃料电池堆或模块。因此，与其他化学电源一样，燃料电池的均一性非常重要。

表 2.1 燃料电池分类及特性

简称	燃料电池类型	电解质	工作温度/℃	电化学效率（%）	燃料、氧化剂	功率输出/kW
AFC	碱性燃料电池	氢氧化钾溶液	室温～90	60～70	氢气、氧气	0.3～5
PEMFC	质子交换膜燃料电池	质子交换膜	室温～80	40～60	氢气、氧气（或空气）	1

（续）

简称	燃料电池类型	电解质	工作温度/℃	电化学效率（%）	燃料、氧化剂	功率输出/kW
PAFC	磷酸盐燃料电池	磷酸	160~220	55	天然气、沼气、过氧化氢、空气	200
MCFC	熔融碳酸盐燃料电池	碱金属碳酸盐熔融混合物	620~660	65	天然气、沼气、煤气、过氧化氢、空气	2000~10000
SOFC	固体氧化物燃料电池	氧离子导电陶瓷	800~1000	60~65	天然气、沼气、煤气、过氧化氢、空气	100

国际先进水平的燃料电池的功率密度已经达到 650W/kg。燃料电池的能量密度极高，接近于汽油和柴油的能量密度，污染几乎为零，是未来动力能源的发展方向。如图 2.1 所示，燃料电池需要贵金属铂作为催化剂，且在持续使用的过程中储存和运输氢的条件非常严格，目前还没有低成本的制氢技术，燃料电池的制作成本十分昂贵，暂时无法产业化使用。

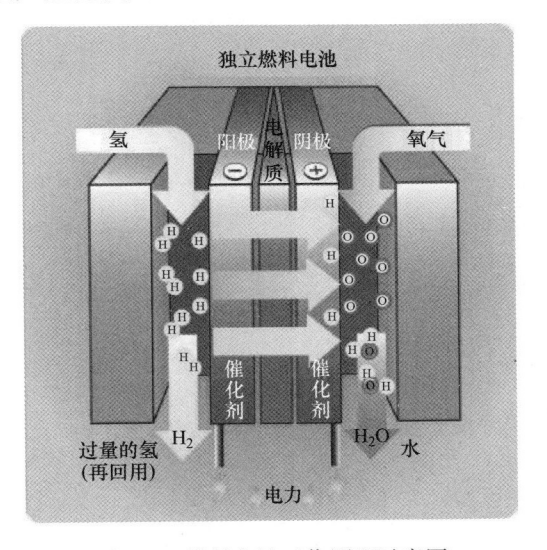

图 2.1　燃料电池工作原理示意图

（1）氢燃料电池的特点　由于氢气和氧气在催化剂作用下的电化学反应是放热反应，且反应产物只有水，所以燃料电池既可以供电，也可以供热，其主要特点如下：

1）能量转化率高。目前在燃料电池的设计、材料、工艺等不断优化提高下，各类燃料电池的电效率可达 40%~60%，若采用热电联供系统，其综合效率可高达 85% 以上。

2）无环境污染。由于燃料电池的反应产物只有水，从根本上避免了二氧化碳、硫氧化物、氮氧化物等有害物质的排放。

3）低噪声。由于燃料电池采用电化学发电原理，除供氢、供氧、冷却系统等部件外，其电堆发电没有活动部件，因此工作时噪声低、安静。

4）可靠性高。与普通铅酸蓄电池、锂离子电池相比，燃料电池可实现低温环境下正常工作，可作为各种应急电源、便携式电源使用。

5）氢燃料来源广泛。既可以通过煤、石油等化石燃料制取氢气，也可以利用风电、太阳能、潮汐能等可再生能源电解水制取氢气。

（2）应用

1）便携式电源。氢燃料电池作为便携式电源，与锂离子电池相比，质量轻、续驶时间长。

2）小型氢燃料电池无人机。与传统的燃油动力无人机相比，氢燃料电池作为能源，具有无污染、低噪声等优势，更加适用于无人机完成各种复杂环境下的任务。

3）小型氢燃料电池热电联供系统。小型氢燃料电池热电联供系统是一种既可以发电，也可以供热的能源装置，是一种新型分布式能源技术，即使是在较小输出功率的情况下，系统的综合能源利用效率也可以超过 90%，其一般输出功率不大于 5kW。

4）氢燃料电池自行车、摩托车。质子交换膜燃料电池是一种高效、环保的新型能源动力系统，特别适用于自行车、摩托车的动力来源。

2.2.2　液压蓄能器

液压式能量回收系统的储能单元一般为液压蓄能器。根据能量平衡的原理，液压蓄能器在回收能量时通过各种方式使密闭容器中的液压油成为具有一定液压能的压力油，在液压系统需要时又将能量释放出来，已达到补充和稳定液压系统流量和压力的目的，是液压系统中常用的液压辅件之一。

液压油是近似不可压缩液体，其弹性模量基本在 2000MPa，因此利用液压油是无法蓄积压力能的，必须依靠其他介质来转换、储存压力能。例如，利用气体（氮气）的可压缩性研制的皮囊式充气液压蓄能器就是一种蓄积液压油的装置。皮囊式液压蓄能器由油液部分和带有气密封件的气体部分组成，位于皮囊周围的油液与油液回路接通。当压力升高时油液进入蓄能器，气体被压缩，系统管路压力不再上升；当管路压力下降时压缩空气膨胀，将油液压入回路，从而减缓管路压力的下降。

如表 2.2 所示，液压蓄能器主要有充气式、重锤式和弹簧式三类。常用的是充气式，它利用气体的压缩和膨胀储存、释放压力能，根据液压蓄能器中气体和油液隔离的方式不同，分为隔离式和非隔离式。考虑动态响应、额定容量、最大压力及工作温度范围等性能参数，目前应用于能量回收领域的主要为活塞式和囊式两种。

表 2.2　液压蓄能器的类型和性能比较

类型			性能					
			响应	噪声	容量限制	最大压力 /MPa	漏气	温度范围 /℃
充气式	隔离式	可挠性 囊式	良好	无	有（480L 左右）	35	无	− 10 ~ + 120
		隔膜式	良好	无	有（0.95 ~ 11.4L）	7	无	− 10 ~ + 120
		直通囊式	好	无	有	21	无	− 10 ~ + 70
		金属波纹管式	不太好	无	有	21	无	− 10 ~ + 70
		非可挠性 活塞式	不太好	有	可做成较大容量	21	小量	− 50 ~ + 120
		差动活塞式	不太好	有	可做成较大容量	45	无	− 50 ~ + 120
	非隔离式		良好	无	可做成大容量	5	有	无特别限制
重锤式			不好	有	可做成较大容量	45	—	− 50 ~ + 120
弹簧式			良好	有	有	12	—	− 50 ~ + 120

1. 囊式液压蓄能器

如图 2.2 所示，囊式液压蓄能器通过改变皮囊内预充氮气的体积，从而使液压蓄能器储油腔内的液压油成为具有一定液压能的压力油。这种液压蓄能器虽然气囊及壳体制造较困难，但具有效率高、密封性好、结构紧凑、灵敏度高、重量轻、动作惯性小、易维护等优点，是目前液压系统中应用最为广泛的一种液压蓄能器，适用于储能和吸收压力冲击，工作压力可达 32MPa。目前，限制囊式液压蓄能器在工程机械中应用的主要难点是皮囊的耐高温性及其使用寿命。

如图 2.3 如所示，某囊式液压蓄能器的额定容积为 50L，囊式液压蓄能器的直径为 230mm，长度为 1930mm，质量为 120kg。该囊式液压蓄能器的最高工作压力设定为 33MPa，充气压力为 13MPa，理论上囊式液压蓄能器充满油后液压油的容积为 24L，可储存的能量为 495kJ。

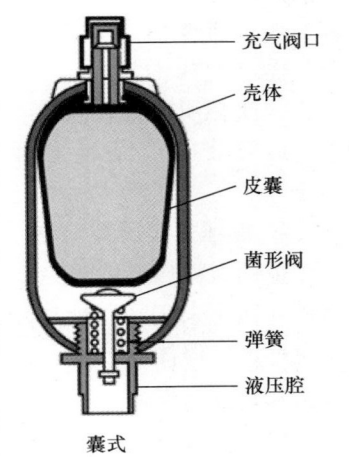

图 2.2　囊式液压蓄能器的结构示意图

（充气阀口、壳体、皮囊、菌形阀、弹簧、液压腔、囊式）

2. 活塞式液压蓄能器

如图 2.4 所示，活塞式液压蓄能器原理与囊式液压蓄能器类似，缸筒内的活塞将气体与油液隔开，气体经充气阀进入上腔，活塞的凹面向着气腔，以增加气室的容积。具有油气隔离、工作可靠、寿命长、尺寸小、供油流量大、使用温度范围宽等优点，适用于大流量的液压蓄能器液压系统。但由于活塞惯性和密封件的摩擦力影响，其反应不灵敏，缸体加工和活塞密封性能要求较高、活塞运动惯性大、磨损泄漏大、效率低，故其主要适用于压力低于 21MPa 的储能系统，不太适合吸收压

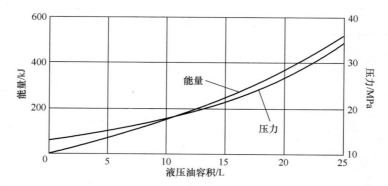

图 2.3　囊式液压蓄能器液压油容积变化量和压力、储能的关系图

力脉动和冲击。

3. 隔膜式液压蓄能器

隔膜式液压蓄能器的工作原理与前面两种类似，只是储气腔与储油腔通过隔膜来隔离开。这种液压蓄能器容量大、惯性小、反应灵敏、占地小、没有摩擦损失；但气体易混入油液内，从而影响液压系统运行的平稳性，因此必须经常灌注新气，附属设备多，一次投资大。此类液压蓄能器适用于需要大流量的中、低压回路。

4. 重锤式液压蓄能器

重锤式液压蓄能器是依靠重物的重力势能与液压能的相互转化来实现蓄能作用的。这种蓄能器结构简单，压力稳定，但体积较大、笨重，运动惯性大，反应不灵

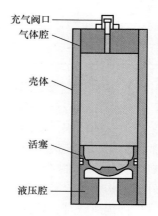

图 2.4　活塞式液压蓄能器的结构示意图

敏，密封处易漏油且有摩擦损失，目前仅用在大型固定设备中，如在轧钢设备中用作轧辊平衡等。

5. 弹簧式液压蓄能器

弹簧式液压蓄能器通过改变弹簧的压缩量来使储油腔的液压油变成具有一定液压能的压力油。这种液压蓄能器结构简单、容量小、反应较灵敏；但不宜用于高压和循环频率较高的场合，仅供小容量及低压（小于 12MPa）系统作为蓄能及缓冲使用。

2.2.3　典型储能单元特性分析

如表 2.3 所示，不同储能单元的性能有较明显的差别。下面以目前较常用的铅酸蓄电池、镍氢电池、锂离子电池、超级电容、飞轮和液压蓄能器为例，对其在能量密度、循环寿命和快速充电能力等方面进行比较。

1. 能量密度

在能量密度方面，铅酸蓄电池的能量密度为 30 ~ 60W · h/kg；镍氢电池为60 ~ 140W · h/kg，目前巴斯夫已经研发出并开始投产能量密度为 140W · h/kg 的镍氢电池；而常见的动力锂离子电池的能量密度可达到 100 ~ 250W · h/kg，目前最高可达到 460W · h/kg；而超级电容的能量密度较低，大约为 10W · h/kg；液压蓄能器的能量密度最低，只有 2W · h/kg；对于纯电驱动移动机械来说，能量密度最为重要，关系到每次充满电后的工作时间。

2. 功率密度

从功率密度角度来看，液压蓄能器优于其他能量存储方式（铅酸蓄电池为90 ~ 500W/kg，镍氢电池为 250 ~ 1200W/kg，锂离子电池为 3550 ~ 4000W/kg，超级电容为 500 ~ 5000W/kg）。只有高功率密度系统才能在短时间跟上制动时的能量转换和储存要求。对于混合动力移动机械来说，功率密度更为重要，关系到整车的爆发力。

3. 循环寿命

在循环寿命方面，铅酸蓄电池的循环寿命为 300 ~ 800 次，镍氢电池为 150 ~ 500 次；而锂离子电池单体的循环寿命一般大于 800 次，较好的电池可达到 2000 次，而采用钛酸锂负极材料的锂离子电池寿命可达 10000 次以上；液压蓄能器大约为 10 万次，超级电容最长，可以达到 100 万次。

4. 应用比较

就电量储能单元而言，锂离子电池在能量密度、循环寿命、充电速度、价格等方面都具有综合的优势。价格方面超级电容最高，其次为锂离子电池，但随着锂离子电池技术的进步和产业规模的提升，其成本有望进一步降低。

液压蓄能器功率密度高，能够快速存储、释放能量，适用于作业工况多变的场合，如频繁起动、制动的行走设备；但由于其能量密度低、安装空间大，在实际应用中会受到一定限制，尤其对于工程机械等安装空间狭小的场合，需要在系统设计时充分考虑空间布置。

表 2.3　不同储能单元的性能参数对比

项目	铅酸蓄电池	飞轮	超级电容	液压蓄能器	镍氢电池	锂离子电池
功率密度 /(W/kg)	90 ~ 500	5000	500 ~ 5000	2000 ~ 19000	250 ~ 1200	3550 ~ 4000
单位质量能量密度 /(W · h/kg)	30 ~ 60	5 ~ 150	10 ~ 30	2	60 ~ 140	100 ~ 460
单位体积能量密度 /(W · h/L)	60 ~ 75	20 ~ 80	35	5 ~ 17	140 ~ 180	250 ~ 500

（续）

项目	铅酸蓄电池	飞轮	超级电容	液压蓄能器	镍氢电池	锂离子电池
循环次数/次	300~800	20000	1000000	100000	150~500	2000~10000
效率(%)	≈80	≈96	≈95	≈90	≈90	≈95

动力电池作为电动叉车的唯一动力来源，直接决定了叉车的动力性能及使用经济性能。动力电池价格一般占电动叉车总价的30%~50%，其对于电动叉车发展的作用不言而喻。随着国家新能源补贴政策逐步趋于完善，各个动力电池厂商迫切需要生产高能量密度、长寿命、倍率性好、高可靠性的动力电池组；其中，能量密度的高低对电动叉车的续驶里程及市场应用前景都具有深远的影响。当前市场最先投入商业应用并且应用最为广泛的是铅酸蓄电池，其主要优点是价格低、性能较稳定；但缺点也较为明显，体积较大、能量密度低，更为严重的是其使用的铅酸液体对环境有害，回收处理成本高；动力电池的大范围使用需要更高的续驶里程才能满足实际需求，这些都决定了铅酸蓄电池不适用于当下，必将被新型动力电池所取代；在这种背景下，锂离子电池逐渐显示出了巨大优势。

2.3　叉车电机

2.3.1　电机的分类

电机有不同的分类方法，目前主要按工作电源、机构和工作原理、用途等进行分类。

1. 按工作电源分类

如图2.5所示，按工作电源分类电机可分为直流电机和交流电机。

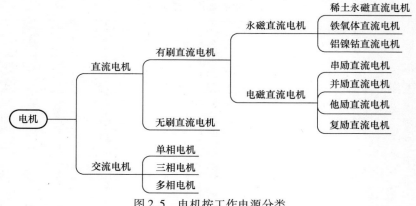

图2.5　电机按工作电源分类

（1）直流电机　直流电机分为有刷直流电机和无刷直流电机。

有刷直流电机分为永磁直流电机和电磁直流电机。永磁直流电机分为稀土永磁直流电机、铁氧体直流电机和铝镍钴直流电机；电磁直流电机分为串励直流电机、并励直流电机和他励直流电机、复励直流电机。

（2）交流电机　交流电机分为单相电机、三相电机和多相电机。

2. 按机构和工作原理分类

如图 2.6 所示，电机按机构和工作原理划分为直流电机、异步电机和同步电机。

（1）异步电机　异步电机分为感应电机和交流换向器电机。

1）感应电机可分为单相异步电机、三相异步电机和罩极式异步电机。

2）交流换向器电机划分为单相串励电机、交直流两用电机和推斥电机。

（2）同步电机　同步电机分为永磁同步电机、磁阻同步电机和磁滞同步电机。

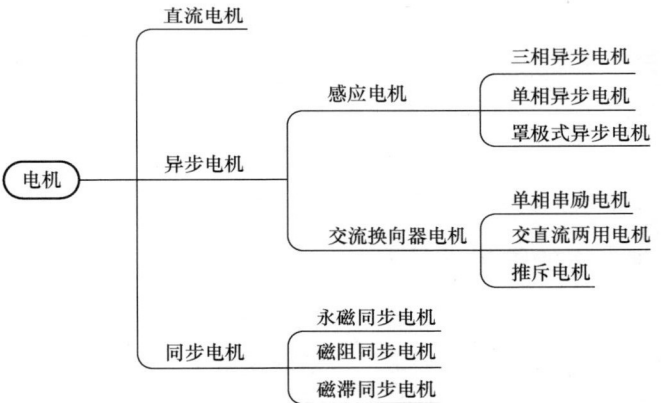

图 2.6　电机按机构和工作原理分类

3. 按用途分类

如图 2.7 所示，按用途划分为驱动电机和控制用电机。

（1）驱动电机　驱动电机分为无换向器电机和换向器直流电机。

1）无换向器电机划分为感应电机和同步电机。

①感应电机划分为绕线转子感应电机和笼型感应电机；②同步电机划分为永磁励磁同步电机、电励磁同步电机、混合励磁同步电机和变磁阻电机。且永磁励磁同步电机划分为永磁无刷直流电机、永磁同步电机和永磁步进电机；混合励磁同步电机划分为混合式步进电机和永磁式开关磁阻电机；变磁阻电机划分为同步磁阻电机、开关磁阻电机和反应式步进电机。

2）换向器直流电机划分为他励/永磁直流电机、并励直流电机、串励直流电机和复励直流电机。

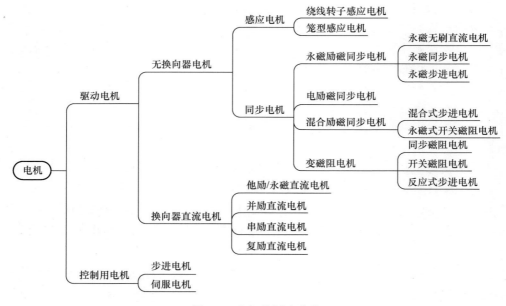

图 2.7 电机按用途分类

（2）控制用电机 控制用电机分为步进电机和伺服电机。

2.3.2 叉车对电机的需求特性分析

电动叉车用电机驱动系统通常需要满足以下要求：

（1）起动转矩大 电动叉车通常工作在低速重载状态，并且频繁起动和停止，因此需要较大的起动转矩和过载能力。

（2）转矩密度高 电动叉车的结构比较紧凑，对驱动电机和控制器的尺寸有严格限制，但由于自身较重，通常对驱动系统的重量不做严格要求。

（3）系统效率高 电机驱动系统通常安装在电动叉车内部，并且多为自然冷却，这就要求驱动电机和控制器都要具有高工作效率，从而减少系统发热，同时在结构设计上也要具备良好的散热能力。

（4）可靠性高 叉车的工作环境通常比较恶劣，且工况复杂，因此要求电动叉车电机驱动系统的可靠性高，系统使用寿命长。

（5）系统成本低 较低的成本有利于电动叉车的市场推广和应用，我国电动叉车的普及率较低，因此具有广阔的市场应用前景。

可以看出这些需求具有很强的代表性，都是高效能电机驱动系统研究的范畴。目前电动叉车行业正处于大力发展的阶段，为新技术、新方法的推广使用提供了非常好的机会。

目前市面上电动车辆的电机一般都采用直流电机、开关磁阻电机、交流异步电机与永磁同步电机，这几种电机在结构、特点与控制方法等方面均不相同，见表 2.4。

表 2.4 电动车辆常用电机类型对比

项目	直流电机	开关磁阻电机	交流异步电机	永磁同步电机
功率密度	低	较高	中	高
电机体积	大	小	中	小
电机效率（%）	75～80	85～93	85～92	90～97
调速性能	好	好	中	好
综合性能	差	中	好	最好

由表 2.4 可以看出，直流电机虽然发展了很长时间，其结构及控制方法在工业领域相当成熟，由于其控制方法相对简单、调速性能好而得以广泛运用。但直流电机因为其换向器与电刷结构导致其容易发生打火，需要对其经常进行日常维护，增添维护成本，因此直流电机在电动车辆行业不是主要驱动电机的首选。感应电机具有成本较低、控制技术较为成熟等优点，但其效率、功率密度较低；永磁同步电机具有结构简单、功率密度高、转矩纹波小、调速范围宽的特点，且是目前各种类型电机中效率最高的。目前，在电动叉车中使用比较普遍的电机种类为异步电动机和永磁同步电机。永磁同步电机因具有诸多优势，其市场占有量正不断提高。

2.3.3 典型电机介绍

1. 异步电机

（1）工作原理　异步电机也称"感应电机"，其工作过程是电枢绕组输入交流电流来产生旋转磁场，转子导体或绕组切割旋转磁场产生感应电流，通过感应电流产生感应磁场与电枢绕组中的磁场相互作用进而驱动转子旋转。由于其转子的转速与定子旋转磁场的转速不同，存在一个转差率，因此而得名"异步电机"。

异步电机根据转子结构的不同，可分为笼型异步电机和绕组式异步电机。笼型异步电机结构简单，制造方便，经济耐用。而绕组式电机结构复杂，价格昂贵，但其在工业应用中，转子绕线电路可以通过使用附加电阻来改善起动和调速性能。

异步电机的旋转磁场转速为

$$n_1 = \frac{60f}{p} \tag{2-1}$$

式中，n_1 为定子磁场转速；f 为电机供电三相电频率；p 为电机极对数。

当异步电机接入三相交流电，定子绕组会产生一个旋转磁场。定子磁场切割转子绕组，在转子绕组中产生感应电动势和感应电流，因而受到电磁力的作用，转子绕组受到的电磁力使转子与定子磁场同方向旋转。由于异步电机依靠定子磁场与转子的转速差产生转子感应电动势，因此转子转速总是略小于定子旋转磁场，定子与

转子的转差率为

$$s = \frac{n_1 - n}{n_1} \tag{2-2}$$

式中，s 为转差率；n 为转子转速。

由式（2-1）和式（2-2）可以得到转子转速的表达式，即

$$n = n_1(1 - s) = \frac{60f}{p}(1 - s) \tag{2-3}$$

可以看出改变异步电机转速的方式有三种：

1）改变电机供电三相电频率，即为变频调速。

2）改变定子极对数。

3）改变转差率。

其中，改变极对数的调速方式属于有级调速。而改变转差率的调速方法主要包括调压调速、转子回路串电阻调速等，多要通过增加耗能来实现，且为开环控制，其控制特性较为有限。该类型系统电机多为恒速运行或通过手动旋钮改变电机转速，对电机的转速频响及能效要求较低。

近年来随着电力电子技术的发展，变频调速的应用越来越广泛，变频调速已成为交流调速的主要方式，在液压系统中的运用也将越来越广。

（2）基本控制原理　电机的运动控制，从根本上讲，是对电机电磁转矩的控制。交流电机的电磁转矩是由相互耦合的定、转子电流及其共同产生的气隙磁场相互作用产生的，气隙磁场是一个随时间和空间交变的旋转磁场，且与转子磁势不存在垂直的关系，电机的电磁转矩控制不仅存在很强的耦合性，还具有非线性，再加上描述和控制一个交流量需要三个物理参数：幅值、相位和频率，所以，交流异步电机的理论分析和运动控制较直流电机要复杂得多。目前，异步电机的电磁转矩控制方式主要有矢量控制和直接转矩控制。

1）矢量控制原理。矢量控制原理的核心是交流电机转矩的解耦控制，它在交流电机空间矢量模型的基础上，将电机定子电流的瞬时值分解成相互之间没有耦合的两个电流分量，并将这两个电流分量同电机的动态电磁转矩直接联系起来，从而实现了电机转矩的解耦控制。图 2.8 所示为异步电机的空间矢量图，图中，$sD\text{-}sQ$ 为定子静止两相坐标系；$x\text{-}y$ 为以任意角速度 ω_g 旋转的两相坐标系：i_{sg} 为 $x\text{-}y$ 坐标系上的定子电流空间矢量；$\boldsymbol{u}_{sg}$ 为 $x\text{-}y$ 坐标系上的定子电压空间矢量；i_{sx} 和 i_{sy} 是定子电流空间矢量 i_{sg} 在 $x\text{-}y$ 坐标系上的直轴分量和交轴分量。

如果让 $x\text{-}y$ 坐标系以电机同步角速度 ω_s 进行旋转，即令 $\omega_g = \omega_s$，并使 x 轴和异步电机的磁链空间矢量 $\boldsymbol{\varPsi}_g$ 重合，则定子电流空间矢量 i_{sg} 的直轴分量 i_{sx} 和电机的磁场方向相同，称为激磁电流分量；定子电流空间矢量 i_{sg} 的交轴分量 i_{sy} 和电机的磁场方向垂直，称为转矩电流分量，通过对 i_{sx} 和 i_{sy} 的分别控制，异步电动机就能像他励直流电机一样实现励磁和转矩的分别控制，这就是矢量控制的基本原理。

　　按照图 2.8 对异步电机定子电流空间矢量进行的分解，异步电机可以拥有类似于他励直流电机的瞬时电磁转矩表达式：

$$t_e = k \left| \boldsymbol{\Psi}_g \right| i_{sy} \tag{2-4}$$

式中，k 为与电机结构有关的常数。

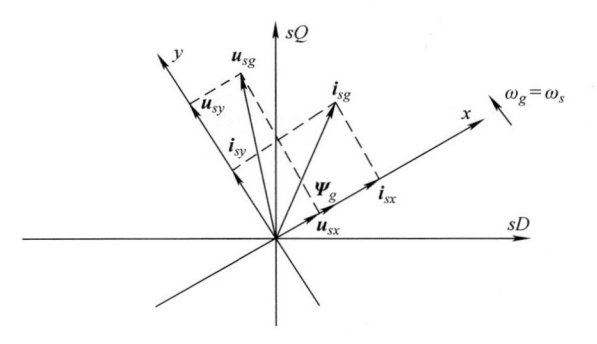

图 2.8　异步电机空间矢量图

　　虽然在选定的坐标系内，矢量控制的电机转矩公式与直流电机转矩公式表达形式一致，但它的控制目标与直流电机的控制目标是完全不一样的，直流电动机控制的目标是一个标量，而矢量控制的目标是交流电机大小和方向都可变的空间矢量，且最终控制对象是产生这些空间矢量三相电源的幅值、相位和频率，因此，矢量控制的可控变量丰富了，但控制难度增加，图 2.9 所示为异步电机矢量控制原理图。

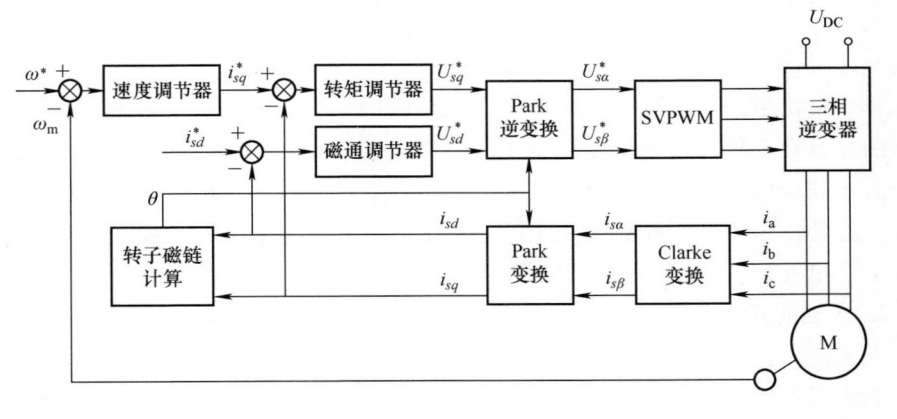

图 2.9　异步电机矢量控制原理图

　　2）直接转矩控制。异步电机工作过程中磁链和电压的关系满足

$$\boldsymbol{\Psi}_s = \int (\boldsymbol{u}_s - \boldsymbol{i}_s R_s) \, \mathrm{d}t \tag{2-5}$$

式中，R_s 为定子绕组电阻值；$\boldsymbol{u}_s$ 为定子电压；$\boldsymbol{i}_s$ 为定子电流；$\boldsymbol{\Psi}_s$ 为定子磁链。

若忽略定子电阻的影响，则在一个控制周期内，如果空间电压矢量不变的话，$\boldsymbol{u}_s$ 就可以看作常数，积分的结果可表示成：

$$\boldsymbol{\varPsi}_s = \int (\boldsymbol{u}_s - \boldsymbol{i}_s R_s)\mathrm{d}t \approx \boldsymbol{u}_s \Delta t + \boldsymbol{\varPsi}_{s0} \qquad (2\text{-}6)$$

式中，Δt 为控制时间周期；$\boldsymbol{\varPsi}_{s0}$ 为起始定子磁链。

由式（2-5）和式（2-6）可以发现，可通过改变空间电压矢量 $\boldsymbol{u}_s$ 改变定子磁链的方向和大小，进而对电机的转矩进行控制。

直接转矩控制中电磁转矩控制的精髓就是通过改变电压分量来调整电机磁链幅值和方向进而快速对电机的电磁转矩进行控制，图 2.10 所示为异步电机直接转矩控制原理图。

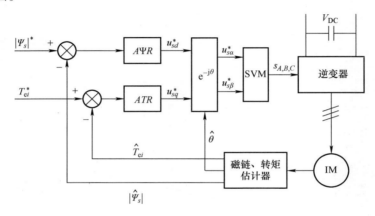

图 2.10　异步电机直接转矩控制原理图

异步电机目前在工程机械领域已得到了应用。但由于异步电机不能自发产生磁场，因此，在工作过程中需要绕组中的感应电流来激励，从而造成异步电机的整体效率低于同步电机。而且功率密度相对较小，产生相同的目标转矩需要更高的电源容量。此外，由于转子导体或绕组的感应电流，转子上会出现铜损耗和铁损耗，导致转子严重发热，故冷却要求更高。

2. 永磁同步电机

永磁同步电机作为一种典型的电机机种，因具有结构简单、功率密度高、噪声小及效率高等优点，已经广泛应用于各个工业领域。永磁同步电机的工作机制与传统电励磁同步电机类似，所不同的是永磁同步电机中建立机电能量转换所必需的磁场是通过永磁体产生的。因此，与传统电励磁同步电机相比，永磁同步电机不需要励磁绕组和励磁电源，转子部分取消了集电环和电刷装置，成为无刷电机，结构更为简单，运行更为可靠，效率更高。

永磁同步电机根据机电能转换方向的不同可分为永磁同步电动机和永磁同步发电机，而永磁同步电动机和永磁同步发电机在结构上是可逆的，即理论上永磁同步电机既可作为电动机又可作为发电机使用。但是，由于永磁同步电动机和永磁同步发电机工作模式不同，因此，针对其参数结构的设计侧重点将略有不同，控制的方式也需要根据实际情况进行控制。

（1）永磁同步电机的工作原理　在永磁同步电动机的绕组中通入交变电流，电动机的绕组将产生一个旋转的电磁场，该电磁场的转向和速度取决于绕组中各相电流的相位角和交变电流的交变频率。根据法拉第电磁感应定律，旋转的电磁场将带动永磁体所产生的磁场旋转并使二者重合，因此，通过在永磁同步电动机的绕组中通入交变电流将在安装永磁体的转子上产生一个使二者磁场重合的，方向与电磁场旋转方向相同的转矩，带动永磁同步电动机转子旋转，进而拖动负载。永磁同步电动机的转子旋转方向和转速取决于绕组中各相电流的相位角和交变电流的交变频率，永磁同步电动机的转矩取决于负载。

永磁同步发电机发电需有原动机拖动实现。工作过程中，原动机拖动永磁同步发电机的转子旋转，而永磁同步发电机转子上安装有永磁体。由于永磁体所产生的磁场在原动机的拖动下旋转，将与永磁同步发电机的绕组发生相对运动。根据法拉第电磁感应定律，绕组中的导线与永磁体的磁场发生相对剪切运动将在导线中产生感应电动势，当永磁同步发电机的绕组闭合且与外部相关电机控制器相连时将形成闭合回路，进而产生电流向外部设备提供电能，同时由于电流的产生，将在永磁同步发电机的转子上产生一个阻碍转子旋转的转矩。原动机的转速决定了永磁同步发电机的交变电流频率，所产生的转矩决定了永磁同步发电机的相电流。

目前，永磁同步电机不论是作为电动机还是发电机都在工业中得到了广泛的认可和应用，并逐步替代了异步电机，具有广阔的市场前景。而永磁同步电机同时运行于电动机和发电机两种工作模式的工业场合还相对较少，其中，一个比较典型的应用背景便是新能源工程机械/车辆，在新能源工程机械/车辆动力系统、势能能量回收系统、回转驱动系统均有一定的应用。

（2）永磁同步电机的分类　永磁同步电机按照永磁体安装位置的不同，电机的转子可以分为表贴式（见图 2.11a）和内置式［包括内嵌式（见图 2.11b）和内埋式］，而内埋式又可根据永磁体磁化方向和转子旋转方向的相互关系，分为径向式（见图 2.11c）、切向式（见图 2.11d）和混合式（见图 2.11e）。表贴式和内嵌式两种转子结构的永磁体一般呈瓦片状，安装于转子铁芯的表面，为电机绕组提供径向磁通，其转子一般直径较小以降低电机的转动惯量；内埋式转子结构的永磁体通常为条形结构，安装于转子内部，机械强度较高。由于内置式转子结构磁路具有不对称性，可产生磁阻转矩，有利于提高电机的功率密度和过载能力，便于实现弱磁控制。

表贴式永磁同步电机近似于隐极式电机，具有结构简单、转动惯量小、制造方便等优点，被广泛应用于工业中。除此之外，该结构的电机易于优化设计，可方便地将气隙磁场设计成近似正弦分布，从而提高电机的运行性能；内嵌式永磁同步电机具有一定的凸极性，可以利用转子磁路非对称性所产生的磁阻转矩，以提高电机的过载能力和功率密度，该结构电机较表贴式电机动态性能有所改善，但是漏磁系数和制造成本较高；内埋式永磁同步电机凸极率较高，转子磁路可产生较大的磁阻转矩，电机具有良好的动、静态特性，它的永磁体安装于转子内部，可以有效地避免永磁体发生失磁，缺点是漏磁系数较大。其中切向式永磁同步电机漏磁最小，径向式永磁同步电机凸极率最高，混合式永磁同步电机综合了以上二者的特点，但制造更为复杂。

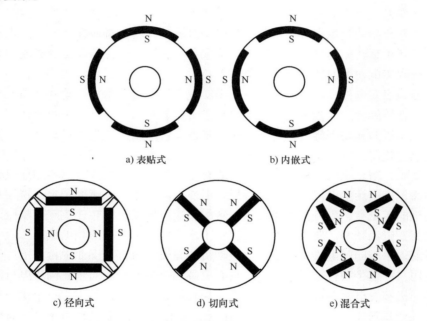

图 2.11　常见的永磁同步电机转子结构形式

　　永磁同步电机也可以根据永磁材料进行分类。可分为稀土永磁同步电机和无稀土永磁同步电机。稀土永磁材料具有高剩磁密度、高矫顽力和高磁能积的特点，可以有效地提高永磁同步电机的功率/转矩密度和性能。然而，稀土永磁材料也容易受到工作温度的影响，并且容易发生不可逆退磁。发生不可逆退磁将直接降低永磁电机的输出功率。此外，稀土永磁材料容易被氧化，从而降低了永磁同步电机的可靠性。目前，钐钴（$SmCo_5$）和钕铁硼（NdFeB）是用于永磁同步电机的主要稀土永磁材料。同时，钕铁硼又可分为烧结钕铁硼和黏结钕铁硼。表 2.5 所示为三种永磁材料的特性。其中，钐钴具有高温稳定性，降低了退磁风险。铁含量低，不易氧化，但成本高。它主要用于航空航天等领域。与钐钴相比，钕铁硼对温度更敏感，容易发生不可逆退磁。此外，钕铁硼含铁量高，容易腐蚀。目前，新能源工程机械/重型车辆中的电机大多使用钕铁硼永磁同步电机。

表 2.5　三种永磁材料的特性

永磁材料	最高工作温度/℃	抗氧化腐蚀	成本
钐钴（$SmCo_5$）	250～350	优	高
钕铁硼（烧结）NdFeB（sintering）	100～180	一般	中等
钕铁硼（黏结）NdFeB（bonding）	80～150	良好	中等

稀土永磁材料对提高电机的性能和功率/转矩密度有显著的作用，但成本高，稀土资源有限。此外，它容易发生不可逆退磁。因此，许多基于稀土的永磁同步电机已被研究并应用于新能源车辆。铁氧体是一种典型的无稀土励磁材料，广泛应用于永磁同步电机。铁氧体具有成本低、耐高温、稳定性高等优点。但铁氧体的铁磁性比钕铁硼差。因此，为了满足永磁同步电机气隙磁密度的要求，经常使用大量的铁氧体进行励磁。

此外，永磁同步电机通过跟其他电机结构组合也可分为混合励磁同步电机、双凸极永磁电机、永磁磁通开关电机、轴向磁通永磁电机、无稀土同步磁阻电机、永磁辅助同步磁阻电机、横向磁通电机等。

1）混合励磁同步电机。有两种类型的永磁同步电机可与弱磁技术一起使用，以获得相当大的速度范围：一种是内置永磁体的同步电机，另一种是采用混合励磁的同步电机。混合励磁同步电机集成了各种电机的技术。就转矩和功率密度、运行速度范围、过载能力和整体运行效率而言，混合励磁同步电机在新能源应用中在控制特性、功率密度等方面均具有显著优势。混合励磁是指在励磁结构中，除了作为磁通源主要部件的永磁体外，还有一个辅助励磁绕组，其磁动势可以控制气隙磁场和速度。由于永磁体和励磁绕组的存在，这些电机被称为永磁混合励磁电机。励磁绕组可布置于转子或定子上。在基本速度范围内，辅助励磁磁动势也能增强永磁磁场。由于混合磁场的存在，存在以下优势：①通过控制直流磁场电流的方向和大小，气隙磁通可以灵活调整，因此转矩-速度特性可以动态调整，以满足新能源系统牵引推进的特殊要求；②通过实现磁通强化，电机可以提供极高的转矩；③通过使用磁场电流控制来降低永磁体产生的气隙磁通，可显著延长恒功率转速调整区；④通过适当控制电压和电流，可以在整个工作范围内优化电机驱动器的效率图。然而，这种类型的电机通常结构较为复杂，因此，它们更难分析和制造。

2）双凸极永磁电机。双凸极永磁电机结合了永磁电机和开关磁阻电机的优点。位于定子中的永磁体消除了不可逆退磁和机械不稳定的问题，同时保留了高效率和转矩密度的优势。转子与开关磁阻电机相同；因此，它们具有结构简单、坚固耐用的优点。双凸极永磁电机的另一个优点是高速、低惯性、快速响应和较小的转换器 VA 额定值。这种拓扑结构更适合无刷直流操作，主要缺点是脉冲转矩。与其他类型的永磁电机一样，应特别考虑减小大型电机电枢反应的退磁效应。气隙磁通调节对于弱磁是困难的。由于单极磁通，与其他永磁电机相比，转矩密度相对较差。

3）永磁磁通开关电机。这是另一种定子上带有磁铁的永磁同步电机，同时结合混合励磁电机结构。永磁磁通开关电机由其高转矩/功率密度和紧凑/坚固的结构，一直是新能源动力系统的热点研究课题。每个定子齿包括两个相邻的叠层段和一个永磁体。当线圈被激励时，一个永磁体下的磁场减小，而另一个永磁体下的磁场增大，凸极转子磁极向更强的磁场旋转。永磁同步电机的反电动势是正弦的，这使它们更适合交流无刷电机的控制方法。永磁体和电枢绕组均位于定子上，转子的结构与开关磁阻电机相似。永磁磁通开关电机的优点是可以很容易地实现高单位绕组电感，这样的电机适合在较宽的速度范围内进行恒功率运行。转子中没有容易倾斜以改变反电动势的磁铁。永磁磁通开关电机拓扑的转矩密度与分数槽永磁电机相似，远高于双凸极永磁电机。

4）轴向磁通永磁电机。永磁电机一般分为轴向磁通电机和径向磁通电机。轴向磁通永磁电机具有轴向气隙磁通密度，与径向磁通电机相比具有许多明显的优势。它们可以轻松、紧凑地安装在车轮上，与轮辋完美贴合，适合直接驾驶。轴向磁通永磁电机机器是轮式工程机械或重型车辆新能源系统完美的解决方案，因为它比径向磁通永磁电机具有更好的功率密度。目前在许多轮毂电机中得到了应用。轴向磁通永磁电机还具有较高的转矩体积比、卓越的效率、紧凑的结构、较小的齿槽转矩、可调节的气隙，以及相对灵活的尺寸，如单面或双面、带/不带电枢槽/铁心。它们具有内部/外部轴向极化永磁转子盘，包含表面或内部永磁，并且是单级或多级的。单面轴向磁通永磁电机有一个定子和一个转子。双面轴向磁通永磁电机是最有前途和应用最广泛的类型。轴向磁通永磁电机的主要缺点是制造成本相对较高，有效气隙较大，绕组电感较小，这限制了恒功率区。与径向磁通电机不同，轴向磁通永磁电机可以很容易地设计成开槽或无槽定子。然而，它们的齿槽转矩通常比传统电机高得多，磁路也比传统径向磁通电机更复杂。

5）无稀土同步磁阻电机。稀土磁体的供应有限，价格不稳定，导致永磁电机价格昂贵。因此，持续研究和开发无磁或少磁电机对新能源系统的大规模生产至关重要。一些研究人员用铁氧体代替稀土磁体，以减少对稀土永磁材料的依赖。所研究的无磁体替代永磁体电机的解决方案，其性能可能与稀土永磁电机拓扑相当。作为新能源系统电机发展重要的趋势之一，因其简单而坚固的结构、高过载能力和大工作速度范围而受到越来越多的关注。无稀土同步磁阻电机的运行与永磁同步电机类似。它们在 d 轴和 q 轴电感之间有很大差异。这是通过放置隔磁槽来实现的，隔磁槽限制了 d 轴方向的磁通，并且在它们之间的软磁高磁导率区域，作为 q 轴磁通的导轨。无稀土同步磁阻电机取决于磁阻转矩，性能结合了感应电机和永磁电机的优点。一旦转子以同步速度运行，转子中就不会产生电动势，因此消除了转子焦耳损耗，故电机比感应电机更高效。无稀土同步磁阻电机定子类似于带有分布式绕组的感应电机或永磁电机。它在相位之间会产生强烈的相互耦合。控制策略类似于永磁电机。转子设计为在一个方向上产生最小的磁阻，但在垂直方向上产生最大的磁阻。这些机器具有容错性和鲁棒性，并且具有高效率和快速的转矩响应。

6）永磁辅助同步磁阻电机。通过对无稀土同步磁阻电机使用少量永磁材料，以增加转矩密度、效率和功率因数，并实现宽的弱磁区域。这种类型的电机也为新能源动力系统的应用提供了一个良好的解决方案，由于转子中的高凸极率产生了较大的磁阻转矩，所以使用的永磁材料数量较低。同时，由于永磁材料的存在，效率和转矩密度相对较高。和其他永磁电机相比，永磁辅助同步磁阻电机具有成本低、结构简单、坚固耐用的特点，可广泛应用于各种场合。同时，在内置式永磁同步电机中，由于电机过载和高环境温度而导致的退磁是一个重要问题，但永磁辅助同步磁阻电机由于减少了永磁体的用量，需使用先进的电磁/热设计方法和制造工艺以有效降低退磁的风险。

7）横向磁通电机。它是一种相对较新的电机类型，特别适合直接驱动。横向磁通电机一般分为两种不同的拓扑结构，即双面布置和单面布置。双面布置只能用于单相或两相模式，单面布置可用于三相模式。横向磁通电机的主要优点是高转矩密度和高电负载。它有相对较多的电极，与每相的总安培导体相连。主要缺点是非线性、漏磁大、绕组电感大、齿槽转矩大、功率因数低和生产工艺复杂。因此，功率转换器的额定值要高于传统电机。

尽管目前国内外针对新能源车辆牵引电机开展了大量的研究，但目前在新能源系统中应用最为广泛的电机类型仍然以常规的永磁同步电机为主。

（3）永磁同步电机的控制　与异步电机类似，当前永磁同步电机的控制方式多以变频调速控制为主。同时，永磁同步电机的控制也可分为矢量控制和直接转矩控制。

1）矢量控制。永磁同步电机矢量控制按照定位磁场的不同，其坐标框架有三种：定子三相静止坐标系、定子两相静止坐标系和转子两相旋转坐标系。其中，采用转子两相旋转坐标系的磁场定向控制方式使交流电机的控制完全解耦，其定子绕组电流矢量可被分解为与永磁体磁通对应的励磁电流和转矩电流。

电机绕组电流在定子三相静止坐标系与转子两相旋转坐标系的转换关系可表示成如下关系：

$$\begin{bmatrix} i_d \\ i_q \end{bmatrix} = \frac{2}{3} \begin{bmatrix} \cos(\theta_e) & \cos(\theta_e - 120°) & \cos(\theta_e + 120°) \\ -\sin(\theta_e) & -\sin(\theta_e - 120°) & -\sin(\theta_e + 120°) \end{bmatrix} \begin{bmatrix} i_a \\ i_b \\ i_c \end{bmatrix} \quad (2-7)$$

式中，θ_e 为永磁同步电机转子的电角度；i_d 为定子直轴电流分量；i_q 为定子交轴电流分量；i_a、i_b、i_c 分别为 a、b、c 三相的相电流。

在采用转子磁场定向下，定子绕组的交、直轴电压方程分别表示如下：

$$\begin{cases} u_d = R_s i_d + L_d \dfrac{\mathrm{d}i_d}{\mathrm{d}t} - \omega_{\mathrm{e}} L_q i_q \\ u_q = \omega_{\mathrm{e}} L_d i_d + R_s i_q + L_q \dfrac{\mathrm{d}i_q}{\mathrm{d}t} + \omega_{\mathrm{e}} \Psi_{\mathrm{pm}} \end{cases} \tag{2-8}$$

式中，u_d 为电压控制矢量的直轴分量（V）；u_q 为电压控制矢量的交轴分量（V）；R_s 为定子电阻（Ω）；L_d 为直轴电感分量（H）；L_q 为交轴电感分量（H）；ω_{e} 为电机角速度（rad/s）；Ψ_{pm} 为永磁体磁链（Wb）。

永磁同步电机在稳态时的基本矢量图如图 2.12 所示，转矩方程式可表示成：

$$T = \frac{3}{2} p \left(\Psi_{\mathrm{pm}} i_s \cos\beta - \frac{1}{2} (L_d - L_q) i_s^2 \sin(2\beta) \right) \tag{2-9}$$

式中，p 为极对数。

转矩式（2-9）中，根据转矩产生原因的不同，电机转矩可以分为电磁转矩和磁阻转矩。根据永磁同步电机不同的转子结构，若电机转子结构采用表贴式，则呈隐极式电机特性，此时电机 d 轴和 q 轴的电感相同，电机输出的转矩仅为电磁转矩，而磁阻转矩为 0。若电机转子结构采用内置式或内埋式，则电机 d 轴和 q 轴的电感不同，此时电机呈现出凸极式或逆凸极式电机特性，通过电流相位的控制，可提升电机的磁阻转矩。

永磁同步电机矢量控制的控制对象是定子电流矢量 i_s 的幅值和相位角，即 d-q 坐标系中的定子电流分量 i_d 和 i_q。当动力电机驱动系统在不超出系统元件承载能力的情况下，为了最大限度地发挥永磁同步电机的性能，应该根据电机使用目的采取最优的电流矢量控制方法，对定子电流直轴、交轴分量进行分配。

永磁同步电机矢量控制根据电机使用目的的不同，主要有以下几种：$i_d = 0$ 控制、最大转矩控制、弱磁控制、最大输出功率控制、最大效率控制等。

其中，最大转矩控制旨在最大限度地利用电机凸极性所造成的磁阻转矩，提高电机单位定子电流的输出转矩能力和电机的驱动能力；或者在电机输出转矩相同的情况下，减小电机定子电流和铜损，以提高电机驱动系统的运行效率。新能源系统对电机的功率密度要求较高，因此，最大转矩控制也是最适合新能源系统电机的控制，此处以该控制方法进行介绍。

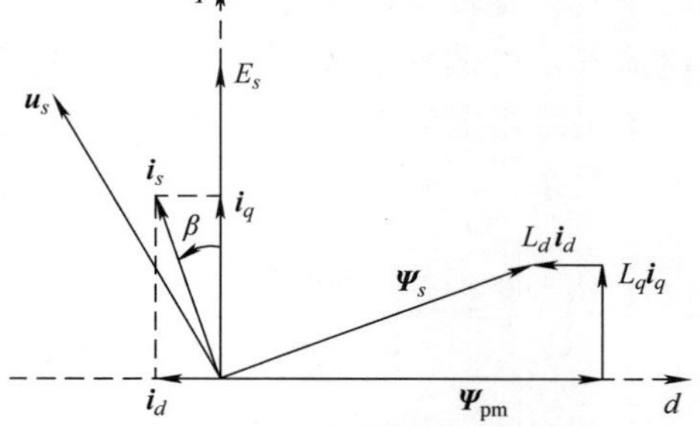

永磁同步电机矢量图如图 2.12 所示，由图可知电机直轴、交轴电流分量为

图 2.12 永磁同步电机矢量图

$$\begin{cases} i_d = -i_s \sin\beta \\ i_q = i_s \cos\beta \end{cases} \tag{2-10}$$

根据电机转矩公式 [式 (2-9)] 所示，对于求电机最大转矩问题可以转化为如下数学求极值问题：电机转矩对转矩角求一阶偏导数，并令其为零，以获得最大转矩控制的实现条件，具体计算过程如下：

通过

$$\frac{\partial T}{\partial \beta} = 0 \tag{2-11}$$

可获得

$$\sin\beta = \frac{\Psi_{pm} - \sqrt{\Psi_{pm}^2 + 8(L_d - L_q)^2 i_s^2}}{4(L_d - L_q)i_s} \tag{2-12}$$

将式 (2-12) 代入式 (2-10)，可以求出与最大转矩控制所需要的电流相位角对应的 d、q 轴电流分量约束条件：

$$i_d = \frac{\Psi_{pm}}{2(L_q - L_d)} - \sqrt{\frac{\Psi_{pm}^2}{4(L_q - L_d)^2} + i_q^2} \tag{2-13}$$

式 (2-13) 在 $i_d - i_q$ 坐标系中为近似抛物线形状，如图 2.13 所示。在不超出系统元件承载能力的情况下，电机可输出最大转矩的 d、q 轴电流分量可按照图 2.13 中轨迹进行分配。

永磁同步电机的矢量控制原理图与异步电机的矢量控制十分类似，其原理图如图 2.14 所示。矢量控制是通过交流电机的磁场定向地将定子电流解耦为励磁电流和转矩电流两个部分，通过分别对励磁电流和转矩电流控制，从而实现电机的控制，该控制方法可以实现对电机转矩的瞬时控制，且控制简单，是目前应用较广的控制方法。

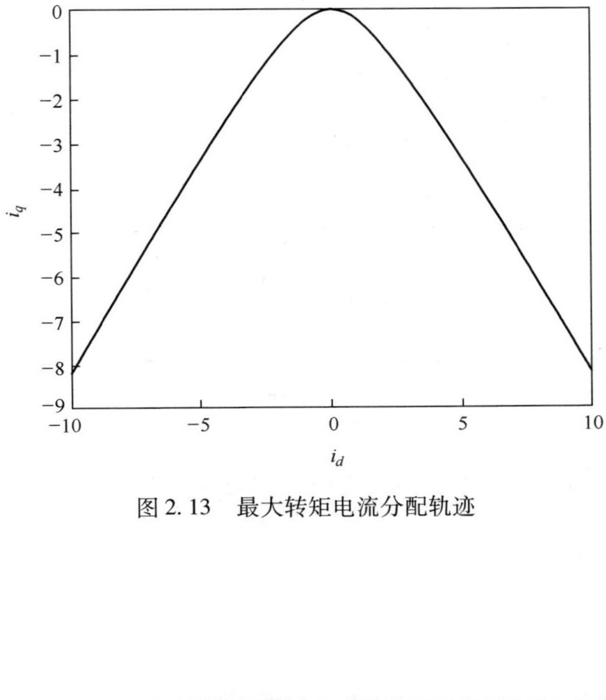

图 2.13　最大转矩电流分配轨迹

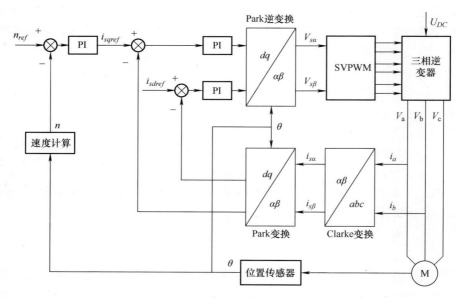

图 2.14　永磁同步电机的矢量控制原理图

2）直接转矩控制。直接转矩控制是以电机定子磁链幅值和电磁转矩作为控制器的输入，从而实现对电机的控制。这种方法直接对电机的转矩进行控制，提高了转矩的动态响应能力。

永磁同步电机在定子参考坐标系中的转矩为

$$T = \frac{3}{2} p \frac{\boldsymbol{\Psi}_s \times \boldsymbol{\Psi}_{\mathrm{pm}}}{L_s} = \frac{3}{2} p \frac{\Psi_s \Psi_{\mathrm{pm}}}{L_s} \sin\alpha \qquad (2\text{-}14)$$

从式（2-14）可看出，电磁转矩的大小主要取决于电机定、转子的磁链幅值及二者之间的夹角，即由二者磁链矢量决定。而转子磁链矢量在实时控制过程中，由于控制的时间周期远小于转子的机械时间常数，可认为转子磁链矢量是不变的。因此，电磁转矩的大小可通过改变定子磁链矢量来实现。

电机定子电压矢量和定子磁链矢量的关系可表示为

$$\boldsymbol{u}_s = R_a \boldsymbol{i}_s + \frac{\mathrm{d}\boldsymbol{\Psi}_s}{\mathrm{d}t} \qquad (2\text{-}15)$$

如果忽略电机定子电阻的影响，定子电压矢量和定子磁链矢量的关系为

$$\boldsymbol{u}_s = \frac{\mathrm{d}\boldsymbol{\Psi}_s}{\mathrm{d}t} \qquad (2\text{-}16)$$

从上面分析可以看出，对电机转矩的控制只需要对电机的电压矢量进行控制，也就是通过控制电压源逆变器的开关状态，产生合适的定子电压矢量，实现对电机磁链矢量的控制，从而对电机转矩进行控制。

将式（2-16）写成

$$\Delta\boldsymbol{\varPsi}_s = \boldsymbol{u}_s\Delta t_{dt} \tag{2-17}$$

式（2-17）表明定子磁链矢量的增量为定子电压矢量与时间增量的乘积，定子磁链矢量增量的方向与所施加的定子电压矢量的方向一致，其变化率等于定子电压矢量的幅值。

根据电机控制目的的不同，直接转矩控制方式也各有不同，如定子磁链幅值恒定控制、最大转矩控制、功率因素最小控制等，这些控制方式主要区别在于磁链矢量的给定方式不同。此处以定子磁链幅值恒定控制为例介绍直接转矩控制。

在直接转矩控制系统中，定子磁链幅值的给定值是固定的，通常等于转子磁链幅值，即等于永磁体磁链幅值。这种控制最大的优点是限制了定子磁链幅值的大小，使永磁同步电机对逆变器直流母线电压幅值的要求尽可能低，从而可以很方便地进行弱磁控制。

直接转矩控制系统中定子磁链幅值输入值等于永磁体磁链幅值，即

$$\boldsymbol{\varPsi}_s^* = \boldsymbol{\varPsi}_{pm} \tag{2-18}$$

式中，$\boldsymbol{\varPsi}_s^*$ 为定子磁链幅值的目标控制值。

图 2.15 所示为定子磁链幅值恒定的直接转矩控制在 d-q 坐标系中的控制轨迹曲线。从图中可以看出，定子磁链的控制轨迹是以 O 为圆心，以永磁体磁链幅值为半径的圆环。而考虑电机最大允许电流的影响，将电流约束在图中表示为一个以 A 为圆心、以 $L_s i_{smax}$ 为半径的圆环，称定子电流磁链极限圆。为了保证电机工作电流不超出最大允许电流，定子磁链幅值需落在定子电流磁链极限圆内。图 2.15 中 B 点是定子磁链控制轨迹与电流磁链极限圆环的交点。显而易见，电机的定子磁链幅值可控区间是 $\overset{\frown}{AB}$。通过计算 B 点的负载角，即可求得在该控制策略下电机可输出的最大转矩。

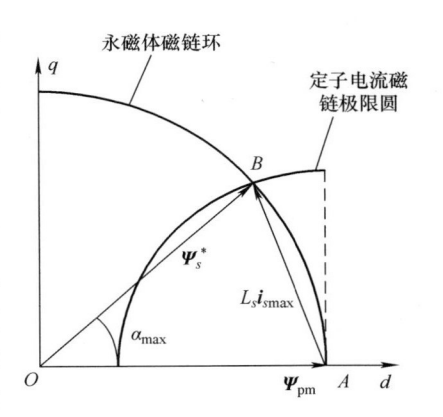

图 2.15　定子磁链幅值恒定
控制轨迹曲线

根据圆周角定理，定子磁链幅值恒定的直接转矩控制最大负载角可通过式（2-19）求得，即

$$\alpha_{max} = 2\arcsin\left(\frac{L_s i_{smax}}{2\boldsymbol{\varPsi}_{pm}}\right) \tag{2-19}$$

此时，电机可输出的最大转矩为

$$T_{max} = \frac{3}{2}p\boldsymbol{\varPsi}_{pm}^2\frac{\sin\alpha_{max}}{L_s} \tag{2-20}$$

根据式（2-20），可以发现，当电机采用该控制策略时，其最大可输出的转矩

主要取决于电机电感、电机最大允许电流及电机永磁体磁链幅值。而对于一台设计好的永磁同步电机，其参数均是确定且已知的。在采用定子磁链幅值恒定控制策略下的最大转矩角及最大可输出转矩可通过式（2-19）和式（2-20）获得。因此，只要将电机的输出转矩限制在最大可输出转矩范围内，便可实现对电机电流的限制。

永磁同步电机的直接转矩控制原理图如图 2.16 所示。直接转矩控制是通过改变空间电压矢量的方式，控制定子磁链矢量以迅速改变负载角，从而实现对电机转矩的控制。相较于矢量控制，该控制方法不需要对电机定子电流进行解耦，具有对电机参数依赖性小、结构简单、转矩动态响应快的特点。但直接转矩控制存在转速脉动高的不足。目前，在对动态特性要求较高的新能源工程机械/重型车辆系统中，采用直接转矩控制对动力电机进行控制是十分可行的。

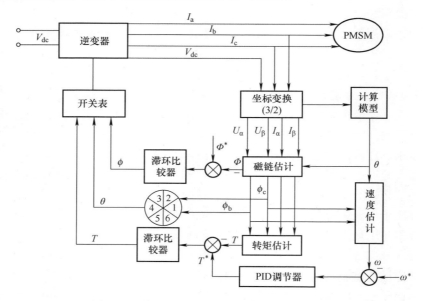

图 2.16　永磁同步电机的直接转矩控制原理图

（4）永磁同步电机的外特性　图 2.17 所示为某永磁同步电机的满载速度控制曲线。可以发现，通过控制永磁同步电机的控制器参数，可动态调整电机的速度响应，其满载下的电机速度最快响应时间约为 200ms，远高于发动机的速度响应时间（300 ~ 1500ms）。

图 2.18 所示为某永磁同步电机外特性曲线，可以发现该永磁同步电机的额定转矩约为 200N·m，额定转速即基速约为 1800r/min。额定工况时，当电机转速高于 1800r/min 时，电机进入恒功率区。此外，与传统发动机相比，永磁同步电机具有较强的过载能力，一般永磁同步电机受电机的冷却能力、电机控制器参数的限制，其可实现较额定转矩 2 ~ 3 倍的过载。但在过载工况下，电机将快速发热，且

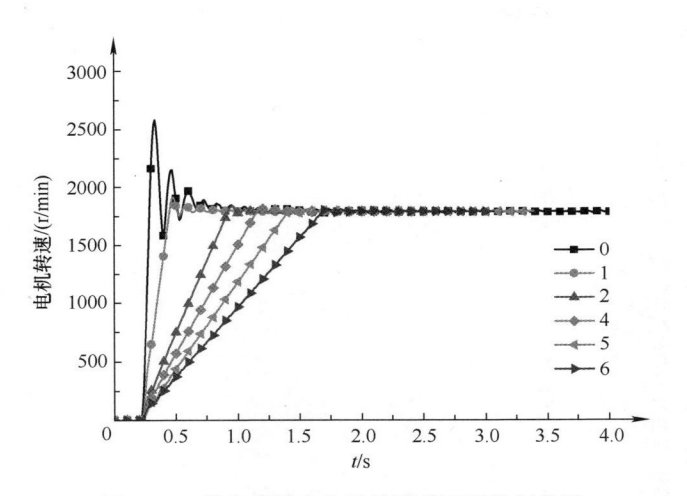

图 2.17　某永磁同步电机的满载速度控制曲线

由于电机和电机控制器负荷能力的限制，其一般过载时间较为有限。根据电机的冷却性能与电机、电机控制参数设计的裕度，永磁同步电机一般可实现 10 ~ 120s 的过载时间。如图 2.18 所示，该电机可实现较额定转矩 3 倍的过载，峰值转矩可达到 600N·m。但受限于电机的冷却要求和电机控制器的硬件要求，当电机转速达到 1000r/min 时，电机的转速开始下降。基于电机的过载特性，在进行新能源工程机械/重型车辆的动力系统参数匹配时，可充分利用电机的短时过载能力，在保证电机有效散热和电机、电机控制器参数满足设计裕度的情况下，降低动力系统的电机额定装机功率，在降低电机成本的同时，提高动力系统的能效。

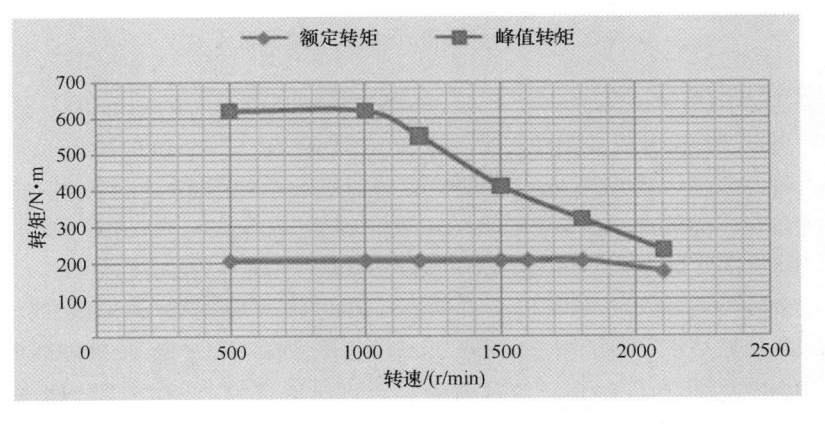

图 2.18　某永磁同步电机外特性曲线

图 2.19 所示为某永磁同步电机的效率分布云图。可以发现该电机的最高效率为 96%，同时，该电机 80% 以上的工作点效率均高于 90%。与发动机相比，其能

量利用率有非常明显的提升。

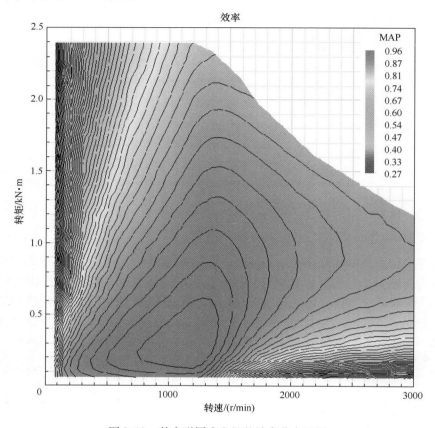

图2.19　某永磁同步电机的效率分布云图

3. 开关磁阻电机

（1）开关磁阻电机工作原理　开关磁阻电机（Switched Reluctance Motor, SRM）的运行原理遵循磁阻最小原理，磁通总要沿着磁阻最小路径闭合（有一定形状的铁心在移动到最小磁阻位置时，必定使自己的轴线与磁场的轴线重合），这与普通电动机的定转子磁场相互作用的原理不同。

以8/6极四相开关磁阻电机来说明其工作过程，具体如下：如图2.20所示，当定子的D极励磁时，所产生的磁场力会使转子极轴线33′与定子极轴线DD′重合。以图2.20定、转子所处的相对位置为初始位置，依次给A→B→C→D→A绕组通电，转子会逆着励磁方向顺时针连续旋转。反之，以A→D→C→B→D顺序给绕组通电，转子会逆时针连续旋转。

（2）开关磁阻电机的优缺点

1）开关磁阻电机的优点如下：

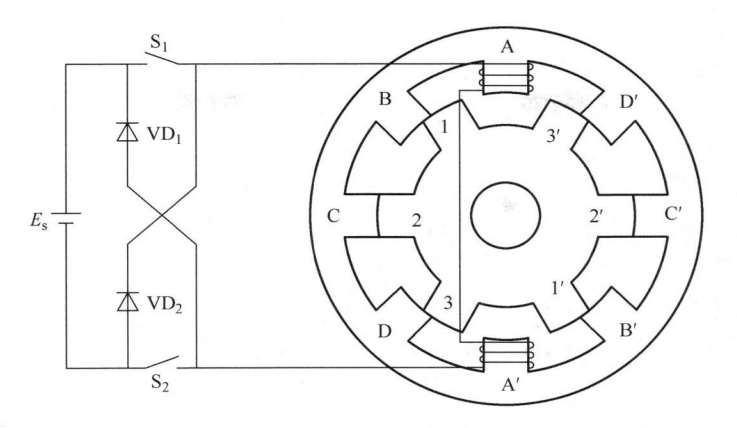

图 2.20　四相开关磁阻电机结构示意图

① 开关磁阻电机拥有与同级别异步电机更为优秀的效率（尤其是在低速和低负载下），在比较宽的转速和功率范围都有着较高的效率。

② 开关磁阻电机可以四象限运行，具有较强的再生制动能力。

③ 由于转子只由转子铁芯和硅钢片组成，具有很强的鲁棒性，同时，转矩的方向与电流方向无关，最大限度地简化了功率故障，可靠性高。

④ 开关磁阻电机的转速范围可以做到很高，而且不需要加装任何特殊机械装置。

⑤ 启动性能优越，30% 的额定电流即可提供 150% 额定转矩的启动转矩。同时，开关磁阻电机的输出转矩也比同级别异步电机高。

⑥ 开关磁阻电机拥有比较高的功率密度，在功率等级上也已经做到 50W ～ 5MW 的功率范围。

⑦ 由于开关磁阻电机的结构简单，生产成本相对较低，维护成本也低。

⑧ 开关磁阻电机的定转子没有永磁体，绕组集中在定子上，使电机本体的散热简单，合适在高温场景工作。定转子为硅钢片叠置而成，机械强度高，可以长期承受强冲击和强振动。

⑨ 可频繁起停和正反转切换。

⑩ 开关磁阻电机的控制参数多，控制更加灵活。

2）开关磁阻电机的缺点如下：

① 开关磁阻电机的转矩脉动大，而由转矩导致的噪声和振动也很突出，这是目前限制开关磁阻电机广泛应用的主要原因。

② 开关磁阻电机的接线多，相数越多接线就越多。

③ 电机的运行需要位置反馈信号，而位置检测元件使电机更加复杂，增加了接线的故障率。

④ 开关磁阻电机运行需要控制器，增加了成本，不像笼型异步电机可直接接

入电网稳定运行。

⑤ 由于电机绕组的最大电感较大而换流常在最大电感区域附近发生，功率开关管在大电感下关断无疑将影响功率变换器和驱动系统运行的可靠性，这在大功率电机中尤为突出。

（3）开关磁阻电机的控制　20 世纪 80 年代以来，开关磁阻电机得到了迅猛的发展，但由于本身特殊的双凸极结构和非线性的电磁关系，其在实际应用中仍有大量问题亟待解决，如电机的本体设计和损耗计算、电磁特性建模、转矩脉动的抑制、新型功率变换器的拓扑结构设计和 SRM 无传感器技术等。

1）开关磁阻电机高性能控制。目前开关磁阻电机的控制算法可以分为下面几大类：

①传统控制策略包括电流斩波（Current Chopping Control，CCC）、角度位置控制（Angle Position Control，APC）及电压 PWM 控制；②转矩分配函数控制（Torque Sharing Function，TSF）是将期望转矩通过函数计算分配给各相绕组，使各相的合成转矩能够与期望值相等，以减小电机换相造成的转矩波动。目前，各国专家学者针对 TSF 的研究主要通过选取不同分配函数模型或结合其他优化算法来进行对 SRM 转矩脉动的抑制；③直接转矩控制（Direct Torque Control，DTC）的思想是根据定子磁链和输出转矩来制定开关表，通过查表控制不对称桥上、下开关管的导通和关断。目前，各国专家学者对 DTC 的研究主要通过扇区优化和结合其他控制策略进行算法优化。直接瞬时转矩控制（Direct Instantaneous Torque Control，DITC）是根据转子的实时位置，对单相导通区和两相同时导通的重叠区域分别制定不同的滞环控制规则，通过滞环控制规则直接选取开关矢量输出到功率变换器。目前直接瞬时转矩控制的研究主要集中在对滞环控制规则的优化和结合其他控制算法进行；④智能控制策略包含很多先进控制算法，像模糊控制、神经网络控制、滑膜控制及差分、遗传控制等，可以实现参数在线学习和优化，从而降低了转矩脉动。目前，已经有很多的控制算法应用在 SRM 的驱动系统中，但在实际工程中常用的是电流斩波和角度控制，更多的算法仍然处于实验室阶段，离实际应用仍有较大距离。限制算法应用于实际工程的主要原因是算法使用的现代控制理论仍未从根本上解决 SRM 非线性多变性耦合给电动机调速控制带来的难题，要将算法发展到实际应用尚需专家学者们更深入的探索和研究。特别在负载变化剧烈且频繁及模型参数变化下的算法研究成果较少，离实际应用尚有差距。在未来，SRM 的高性能控制算法的研究主要集中在设计出算法简单直观、转矩脉动抑制效果好、鲁棒性强及能够方便考虑多个性能指标的新型转矩控制策略。

2）开关磁阻电机无传感器技术。传统开关磁阻电机的位置传感器增加了电机的接线、体积、成本和故障率，同时，由于位置传感器分辨率的限制，位置传感器检测的转速不超过 60000r/min，这对超高速电机的精确控制产生了影响。

目前，学者们提出的 SRM 无位置传感器技术都是基于 SRM 内部的磁场状态是关于位置 θ 的函数，通过求解导通相和非导通相的电压方程即可得到电感、磁链、反电动势等包含转子位置信息的参数。在过去的三十年，学者们分别提出了电流波形检测法、电流梯度法、调制解调法、脉冲注入法、电感法、磁链/电流法、附加元件法、观测器法、电感模型法、模糊控制和神经网络智能控制算法等多种无位置算法，并对这些算法进行了深入的研究。

但目前 SRM 的无传感器技术仍然存在诸多难点等待解决，未来的研究方向如下：

① 全速范围的无位置传感器技术。从目前的国内外研究可知，目前 SRM 的无位置传感器技术主要针对特定转速和特定情况下进行研究，针对全速范围的无传感器技术的研究较少，由于 SRM 在整个速度范围内有着不同的动态性能，导致单一无传感器技术难以适用于整个速度范围。

② SRM 位置信号的容错控制。提高 SRM 驱动系统的控制精度和可靠性，精确位置信息的获取是首先需要解决的问题。在对可靠性要求极高的场合，位置信号无法获取会导致严重的后果。因此，采用无位置传感器技术对 SRM 位置信号的冗余控制会大大提高驱动系统的可靠性，研究具有容错能力的无位置传感器技术十分必要。

③ 无位置传感器技术与电机控制策略结合。目前，为了保证 SRM 的可靠运行，调速系统可使用多种控制策略组合控制，结合无位置传感器技术，在全速范围内就有多种方案可以实现 SRM 全速范围无传感器的控制。在这些方案中，如何扩展适用于高速运行的位置估计方法的速度适用范围，研究不同速度范围内的无位置传感器技术与电机的控制策略的结合，是实现系统无位置传感器运行的关键问题。

（4）开关磁阻电机的设计

1）开关磁阻电机本体设计。开展高性能低成本的开关磁阻电机设计对推动开关磁阻电机的高端应用极具价值。但目前开关磁阻电机的设计理论尚未完善，由于开关磁阻电机的相电流的非正弦和磁路的非线性，使精确分析其性能存在困难。目前常采用二维有限元法对电机内部的饱和磁场进行分析，但存在两方面的局限性：

① 对以路为基础的设计方法的研究还不够透彻，有限元分析常用场方案进行设计，但场的方案比较抽象，不像路的方法能以清晰的物理概念体现设计变量与结果的联系。

② 场的方法设计精度有待提高，应计及端部效应开展 SRM 三维场的研究。

2）目前常用的开关磁阻电机优化设计方法主要可以分为两类：

① 几何参数优化方法。采用数值分析计算对电机的定转子的气隙、极弧系数、齿形等进行优化，减小电机的转矩脉动、提高电机的效率。

② 柔性计算方法，采用人工智能方法对电机参数进行优化。

3）开关磁阻电机的损耗理论研究。开关磁阻电机的损耗主要包括铜耗、铁心损耗、机械损耗和杂散损耗。现在影响损耗计算精度的原因主要是 SRM 磁场特性的非线性导致相绕组供电电压和电流波形较为复杂，一般为单向脉动的非正弦波；电机铁心的不同部分的磁通各不相同，同时存在局部高饱和现象，给开关磁阻电机的铁损计算和测量带来很大的难度。目前面临的主要问题是如何建立准确且实用的损耗计算模型和分析测量手段。

4）开关磁阻电机的功率变换器设计。开关磁阻电机的传统功率变换器存在着转换效率低、换向时间长、电机的输出转矩脉动大等缺点，各国专家学者通过设计和研发新型的功率变换器以弥补传统功率变换器存在的缺点。目前，各国的专家学者主要通过对电机绕组电流的优化、减小绕组电流开通时的上升和关断续流时间、提高功率电路的效率等进行研究。但目前仍未找到一种通用的功率变换电路，研究的主要成果是对特定系统做出特定优化。

纵观国内外相关研究，SRM 新型功率变换器研究主要围绕以下几点：①在传统功率变换器结构的基础上引入新型功率变换器件，或采用公共开关器件减少器件数量，从而降低成本及减少开关损耗；②针对不同的应用场合，设计新型最优功率变换器，从而节约安装空间，提升输出平均转矩和效率及降低输出转矩脉动；③将功率变换器与先进控制方式相结合使之具备多重功能，以提高功率变换器的智能性和实用性。如在新能源汽车中集成对 SOC 的充电模式；④缩短励磁时间及续流时间，减小换向期间提供的电源纹波，减少输入端的电源纹波。

第 3 章　高压锂电电动叉车行走系统

3.1　电动叉车行走系统驱动系统分析

在电动叉车驱动系统方面，市面上常见的驱动方案包括：静液压传动系统、单驱动电机系统和多驱动电机系统。这三种常见电动叉车行走驱动方案都有不同的工作特点，接下来将从这三种不同驱动系统进行分析。

3.1.1　静液压传动系统分析

静液压传动是指叉车的所有执行机构都是通过液压来驱动的，即除了举升液压缸、倾斜液压缸以外，行走驱动部分的转向液压缸和行走驱动都是采用液压系统实现。静液压传动系统最终驱动轮胎旋转的执行器主要是液压马达，图 3.1 所示为一种具有制动能量回收的静液压叉车系统方案。静液压传动系统利用液压油直接进行传动，只要改变液压马达流量的大小就能对车速进行无级调速，去掉了离合器、减速器、差速器等机械传动部件，从而提高了驱动系统的使用寿命，同时也减小了机械传动产生的噪声。但由于增加了液压马达及实现了液压蓄能器对制动能量的回收，对于 3t 左右的电动叉车而言，会对车内原本拥挤的安装空间增加负担。

由于车辆采用静液压传动可以取消机械传动和液力传动中必不可少的差速器和

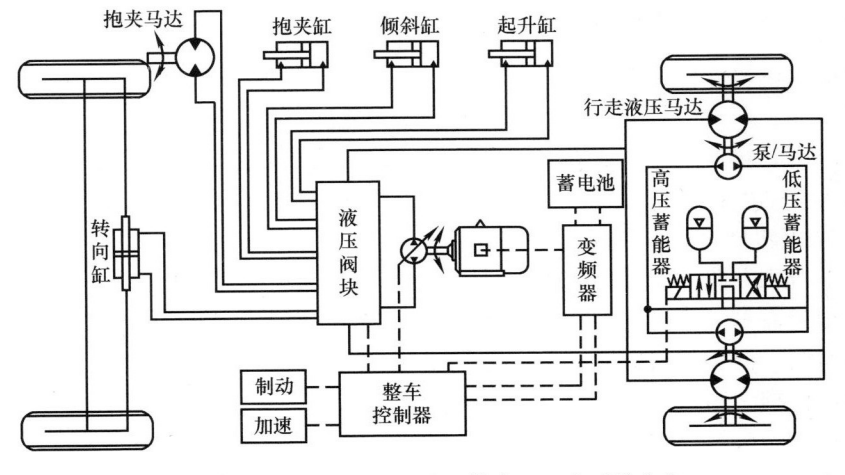

图 3.1　具有制动能量回收的静液压叉车系统方案

传动轴，因此能够极大地简化传动系统。当采用低速大转矩液压马达作为车辆行走的驱动装置时，叉车传动系统可以省掉减速器，而且如果液压系统设计为单独传动时，并联的液压马达还具有差速器的功能，同时输出转矩能够达到单个液压马达的两倍。当液压马达转换为串联连接时，在油泵流量不变的情况下，虽然输出给车轮的转矩减半，但叉车行驶速度可提高一倍。

3.1.2 单驱动电机系统分析

单驱动电机的叉车系统是市面上最常见的驱动方案，常见的电动叉车一般拥有两台或三台电机，其中一台为驱动电机、一台为举升电机，有的机型会采用单独的电机泵来驱动转向液压缸。如图 3.2 所示，驱动电机连接至变速器上，经过差速器最终传动至轮胎，通过驱动电机匹配行走转矩与行走转速。而驱动电机一般采用低压直流电机或者是低压交流电机，通过电机

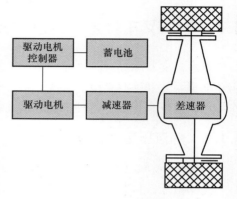

图 3.2 单驱动电机系统

控制器可以简单实现叉车车速无级调速。对于 3t 叉车而言，变速器由固定减速比的减速器就能实现行走转矩与转速匹配，因此整车内部结构布置简单。与同吨位内燃叉车相比，结构更加紧凑。

得力于布置设计简单，装配成本低廉，整车结构紧凑，并且易于维护，这种单驱动电机系统得到众多厂家的应用。行走由单台电机驱动，响应速度迅速，电机控制简单，叉车操控性较好。

3.1.3 多驱动电机系统分析

单驱动电机同样也有不足之处，单电机需要匹配整个叉车作业工况的转矩范围与转速范围，导致电机需要选择较大的功率才能满足所有的工况需求，使驱动电机在作业时会经常处于低负载率区间。为了有效解决该问题，多驱动电机系统应运而生，而多驱动电机系统一般分为多电机耦合驱动与多电机独立驱动两种方案。

1. 多电机耦合驱动系统

多电机耦合驱动的叉车，工作时一台电机匹配低速大转矩工况，以满足叉车作业时转矩的需求，另一台为高速小转矩的电机，以满足叉车转场时的高速要求，减少转场时间，提高工作效率。

多电机耦合驱动系统可以分为转速耦合与转矩耦合。其中多电机转速耦合驱动原理如图 3.3 所示，多台电机是通过变速器来实现转速耦合。以两台电机为例，该连接方式可以实现 3 种工作模式：驱动电机 1 单独工作、驱动电机 2 单独工作、两台驱动电机同时工作。这种连接形式有个明显的缺陷即在不同模式间互相切换时，

驾驶人操作叉车时会有明显的顿挫感，影响叉车的操控性。

而多电机转矩耦合驱动原理如图3.4所示，每台电机单独配套减速器来驱动叉车，多台电机单独工作，通过转矩耦合驱动叉车。由于转矩为多台电机耦合，因此可以降低每台电机的功率。但这种多驱动电机的形式一般在大吨位的叉车才会用到，3t叉车在安装空间上是难以装配下两台及以上的耦合驱动电机与变速器。

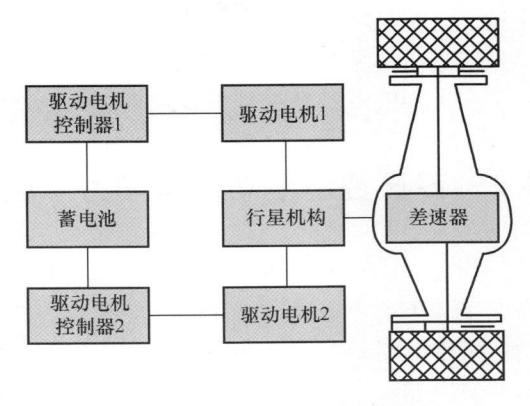

图 3.3　多电机转速耦合驱动原理

2. 多电机独立驱动系统

多电机独立驱动的核心思想是单台电机驱动单个轮胎或单个传动桥，而对于叉车来说，两台电机就足以独立驱动。在双电机独立驱动系统的叉车中，常见的有两种形式，一种是双轮毂电机驱动系统，另一种是双轮边电机驱动系统。

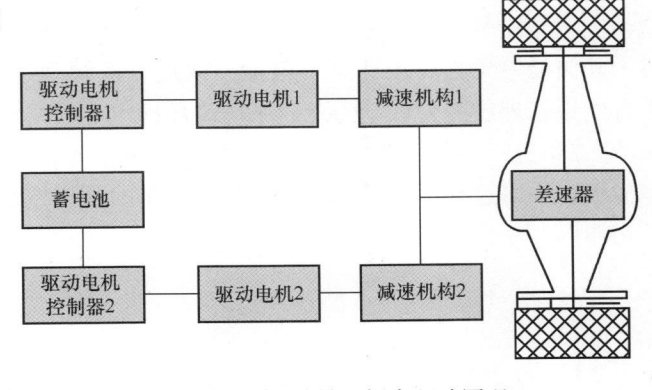

图 3.4　多电机转矩耦合驱动原理

双轮毂电机驱动系统采用两台轮毂电机同时驱动叉车前轮，轮毂电机是把电机集成到车轮里的一种技术，该技术经常用于电动汽车、电动摩托车和电动自行车等。而双轮边电机驱动系统与双轮毂电机驱动系统结构相似，轮毂电机是把电机集成在轮胎内，而轮边电机则是把电机独立地安装在轮胎边上，一般电机布置在车架上或者传动桥内，结构相比轮毂电机集成度较低。图3.5所示为一种双轮边电机驱动系统，结构包括两台轮边电机及集成的两台减速器。这种驱动方式同双轮毂电机一样，电机的控制方法更加复杂，需要对两台电机控制以实现同步加减速及转弯差

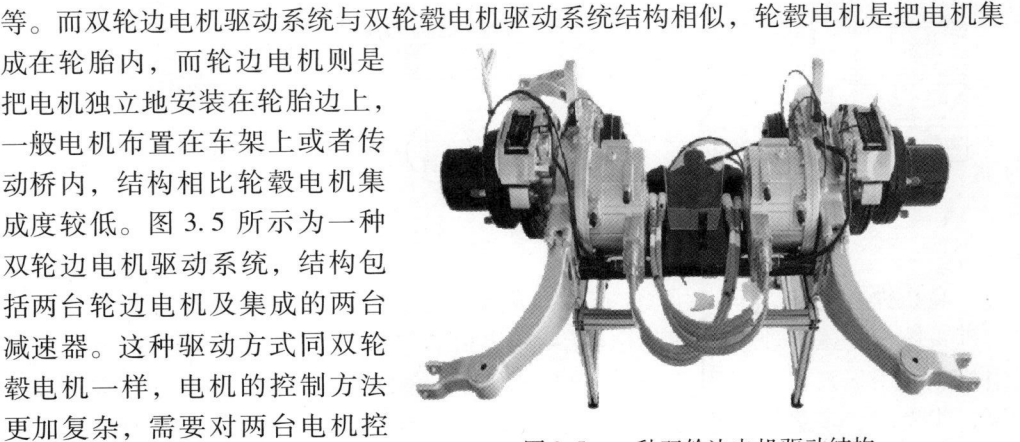

图 3.5　一种双轮边电机驱动结构

速功能，并且增添电机与减速器会导致叉车成本的增加。

通过对常见的电动叉车驱动系统的分析，结合 3t 高压锂电电动叉车的特点，确定高压锂电电动叉车行走系统采用单驱动电机系统。

3.2 高压锂电电动叉车动力总成基本构型

基于上述确定的高压锂电电动叉车的驱动系统方案，根据 3t 叉车的工况特点来设计叉车动力总成。

采用单驱动电机的高压锂电电动叉车与传统的低压锂电叉车的机械结构是类似的，但内部电气部件由于电压等级差距较大，因此电气设备需要重新设计。高压锂电电动叉车与低压电动叉车的主要区别在于动力总成系统，叉车的动力总成包含了原动机、储能单元及液压系统等。图 3.6 所示为高压锂电电动叉车动力总成基本组成，其储能单元为高压锂离子电池，通过电池管理系统（BMS）对叉车储能单元进行能量管理。因为该动力总成系统高压锂电池需要对行走电机、举升电机及 DC/DC 这三路进行供电，所以需要通过高压管理单元将高压锂电池的一路输出分成三路输出，并通过高压管理单元管理整辆叉车的预充控制、能量分配与整车高压电保护功能。

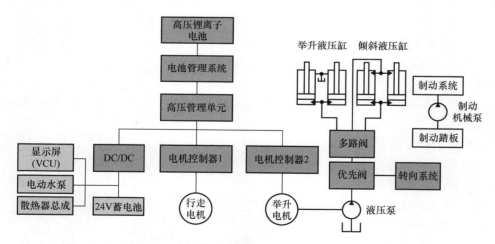

图 3.6 高压锂电电动叉车动力总成基本组成

高压锂电电动叉车动力总成基本组成除了上述储能单元高压锂离子电池、电池管理系统及高压管理单元外，还包括两台电机和与其对应的两台电机控制器。行走电机主要用于叉车行走系统，而举升电机则驱动液压系统工作。液压系统包括液压泵、优先阀、多路阀、转向系统、举升液压缸及倾斜液压缸等。高压管理单元其中两路为两台电机供电，剩下一路为 DC/DC 供电，DC/DC 主要将高压锂离子电池的高电压变换为低电压对 24V 蓄电池进行充电，并且 DC/DC 在工作时转而对整车低压控制系统进行供电。低压控制系统包括：24V 蓄电池、显示屏（VCU）、电动水泵、散热器总成等，其中整车控制器（VCU）集成到叉车的显示屏内。

3.3　高压锂电电动叉车动力总成控制

3.3.1　高压锂电电动叉车能量流分配

由图 3.6 可得，高压锂离子电池的能量通过电池管理系统输出一路高压电，通过高压管理单元的能量分配后，分为三路到 DC/DC、行走电机控制器、举升电机控制器。因此，高压锂电电动叉车能量流分为三路：

1）高压管理单元一路能量分配到 DC/DC。在高压锂电电动叉车还未启动时，电池管理系统未得到上电信号，低压控制系统的供电来自于 24V 蓄电池，通过启动唤醒电池管理系统后，高压锂离子电池能量到达 DC/DC。DC/DC 开始工作后，低压控制系统及低压用电设备的供电全部来自 DC/DC，并且给 24V 蓄电池充电。

2）高压管理单元第二路能量分配到行走电机。高压管理单元给驱动电机控制器的母线供给直流电压，通过电机控制器内的绝缘栅双极型晶体管（IGBT）模块逆变成三相交流电控制驱动电机。驱动电机把电能转化成机械能，驱动减速器与差速器工作，最终驱动叉车行走。

3）高压管理单元最后一路能量分配到举升电机。举升电机控制器同上述过程一样将母线直流转化为三相交流电控制举升电机，而举升电机与液压泵通过花键连接，从而实现电能到机械能再到油液压力能的转化。最后再通过液压控制阀将压力能传递到各个执行器，而执行器则是将油液的压力能转化为机械能，实现叉车的转向、门架举升、门架倾斜等不同工况作业。

综上所述，高压锂电电动叉车的能量流分为三路主流向，而如何控制能量的分配，需要整车控制器根据外负载、实际工作情况及驾驶人输入信号进行判断，合理控制高压管理单元分配能量。

3.3.2　高压锂电电动叉车上下电流程研究

高压锂电电动叉车由于储能电压高于传统的低压电动叉车，因此其动力总成与传统低压电动叉车有较大的差别，新搭建的动力总成的整车控制也不同于传统低压电动叉车。其中叉车的上下电控制是叉车整车控制的重要部分，由于电驱、电池、电控等三电系统都做了更换，因此需要编写适合高压锂电电动叉车的上下电控制程序。图 3.7 所示为高压锂电电动叉车的上下电顺序图，图 3.7a 为叉车上电控制顺序，图 3.7b 为叉车下电控制顺序。

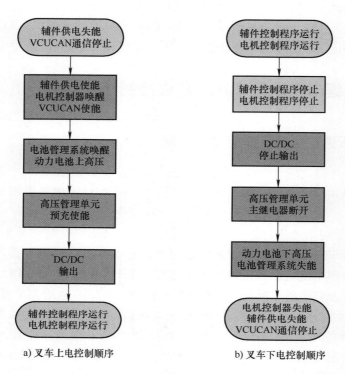

a) 叉车上电控制顺序　　　　　　b) 叉车下电控制顺序

图 3.7　高压锂电电动叉车上下电顺序图

1. 高压锂电电动叉车上电流程

1）在未上电前，叉车整车控制器处于休眠状态，整车控制器的控制器区域网络（Controller Area Network，CAN）通信模块停止工作，辅件的供电处于失能状态，其中辅件包括电动水泵、散热器总成和其他低压电气设备。

2）当叉车钥匙开关从"off 挡"切换到"on 挡"后，整车控制器接收到上电指令，辅件供电使能、电机控制器控制板唤醒，延时一段时间，确保辅件与电机控制器正常开始工作后，运行整车控制器的 CAN 通信模块，检测辅件、电机控制器与整车控制器之间的 CAN 通信是否正常，若无故障则进入下一步骤。

3）电池管理系统唤醒，进行高压锂离子电池自检，通过 CAN 总线传输自检结果，若没有无法上高压的故障，整车控制器发送动力电池上高压指令，电池管理系统接收到指令后进行输出。

4）当整车控制器接收到电池管理系统发送的上电成功的反馈后，高压管理单元开始工作，先对高压锂离子电池送来的直流电进行预充，待后端电路中电容性负载小电流充满时，高压管理单元主接触器闭合将高压锂离子电池的一路输出分成三路输出进行工作。

5）高压管理单元正常输出后，先让 DC/DC 运行，确保叉车在工作工程中，低压控制系统能正常供电运行及正常对 24V 蓄电池充电，避免 24V 蓄电池亏电导致低压控制系统无法正常工作的情况发生。

6）整车控制器在确保前面步骤无下高压故障的情况出现时，起动行走电机和举升电机并使其进行工作，整车控制器运行辅件控制子程序与电机控制子程序，此时高压锂电电动叉车可以正常作业。

2. 高压锂电电动叉车下电流程

1）当叉车在正常运行时，此时行走电机、举升电机及各个辅件都在正常工作。

2）当叉车钥匙开关从"on 挡"切换到"off 挡"或整车控制器接收到故障信号需要发出下高压指令时，最先让行走电机、举升电机及各个辅件等较大功率设备停止运行。

3）整车控制器发送完停止辅件控制子程序与电机控制子程序指令后，然后 DC/DC 停止输出。

4）高压管理单元的主继电器断开，确保其后端的三路输出都停止工作，此时整车母线电压仅到高压管理电压的输入前端。

5）整车控制在断开高压管理单元的主继电器后，向电池管理系统发送下高压指令，高压锂离子电池进入下高压状态，此时叉车的电压仅存在高压锂离子电池的电池箱中。

6）在确保高压下电完成后，整车控制器的 CAN 通信模块停止工作，电机控制器的控制板失能进入休眠，并且辅件停止供电。确保整车高压用电设备与其他低压控制系统都停止工作，整车控制器记录本次运行信息后，整车控制器进入休眠模式，等待下一次上电唤醒。

上述为高压锂电电动叉车的上电流程与下电流程的具体步骤，在整机控制器芯片中运行整个上下电流程的判断总时间在百毫秒级别，主要影响上电时间的因素是电池管理系统内部的预充时间及高压管理单元的预充时间，预充时间取决于母线电压的大小及后端电路电容性负载的容量大小。

3.4　3t 电动叉车参数匹配

3t 电动叉车采用单驱动电机系统，根据常见单行走电机的 3t 电动叉车的参数作为研究对象见表 3.1，表中参数作为 3t 高压锂电电动叉车动力总成的参数设计依据。

表 3.1 3t 高压锂电电动叉车设计参数

参数名称	参数数值	参数名称	参数数值
整车质量/kg	4630	满载平道最大速度/(km/h)	15
最大起升质量/kg	3000	满载爬坡能力（%）	15
载荷中心距/mm	500	变速器传动比	30.14
货叉架质量（含货叉）/kg	340	前轮半径/in	14
内门架质量/kg	490	空载起升速度/(mm/s)	450
门架前倾/后倾角度/(°)	6/12	满载起升速度/(mm/s)	240
空载平道最大速度/(km/h)	18	最大起升高度/mm	3000

3.4.1 蓄电池选型研究

蓄电池作为整辆电动叉车不可或缺的储能单元，研究电动叉车动力总成参数时首先要对其进行选型研究，因为不同种类及不同电压等级的蓄电池，会直接影响电机、电机控制器等电气设备的参数选型。传统的电动叉车采用的电池类型为铅酸蓄电池或者低压锂离子电池，3t 电动叉车一般采用 72V 的铅酸蓄电池或是 80V 的低压锂离子电池，当电动叉车工作电压等级提升后，需要对其蓄电池种类及其他参数进行进一步的研究。

1. 蓄电池种类选型研究

叉车作为工程机械中的物流搬运车辆，在选择储能单元时，要兼顾叉车工作情况，包含蓄电池的循环寿命、功率密度、安全性及使用成本等因素。目前市面上常用的储能单元包括：铅酸蓄电池、镍氢电池、锂离子电池、液流电池、钠硫电池、超级电容及燃料电池。铅酸蓄电池作为传统电动叉车最常用的储能单元，其最大优势是价格低廉，且铅酸蓄电池技术非常成熟，可靠性与稳定性高，但能量体积密度及循环寿命相对较差，容易自放电且充电时间长，其材料对环境有一定的污染。镍氢电池比铅酸蓄电池的能量体积密度高，可以实现大电流的过充过放，且材料环保无污染，但其工作温度范围过窄，不适用叉车的使用工况。锂离子电池的能量密度与能量体积密度比前面两种电池高，工作的温度范围宽且拥有无记忆效应，随着新能源汽车的发展与电池厂家的不断创新，锂离子电池的成本逐年下降。液流电池与钠硫电池是近几年研究的新兴化学电池，技术还未成熟且制造成本较高。超级电容拥有极高的功率密度、循环次数和充放电效率，但是其能量密度值过低，不适宜作为叉车的主要续驶储能单元。燃料电池可以实现零污染，其反应产物为水，但燃料电池需要使用贵金属作为催化剂，因此成本较高。

锂离子电池同时拥有较长的循环寿命、较好的能量比与能量体积密度、较高的充放电效率及逐年降低的制造成本，因此锂离子电池逐渐成为电动叉车的主要储能类型。叉车作为物流行业高频使用的物流机械，电池需要满足较长的循环寿命及较低成本，故磷酸铁锂是锂离子电池的首选。

2. 高压锂离子电池组参数选型设计

现今市面上所使用与销售的锂电电动叉车基本都采用低压锂离子电池作为储能单元，在同功率下，低电压所带来的问题就是大电流，而低压、大电流的方案会导致以下问题的产生：

1）对于整车线束而言，大电流会使线束线径增大，使线束接插件制作难度加大、布置线束难度增大及成本升高，并且大电流带来的高电流变化率会导致导线的热损耗升高，发热量增加。

2）对于电机控制器而言，大电流在相同接触电阻下，接插件及内部铜条导线的发热更为严重，内部功率模块为温度敏感元件，导致电机控制器的散热要求提升；低压、大电流的电机控制器需要功率模块并联来实现逆变功率需求，参数差异影响其可靠性。

3）对电机而言，相对较低的电压等级会导致电机的瞬时功率与过载工作能力下降，而大电流产生的高电流变化率则会让电机易产生电蚀现象，使轴承容易损坏。

4）对电池充电而言，低电压难以实现电池组的快速充电，而且公共充电桩所支持的充电电压较高，低压锂电电动叉车需要额外配套充电桩，增加了购机成本。

因此，要将锂电电动叉车的电动系统高压化，实现在同功率下使用高电压锂离子电池降低电流，从而避免以上问题。综合考虑电机电压等级的选型及电池装机空间等因素，高压锂电电动叉车的磷酸铁锂电池电压为 $250 \sim 410\mathrm{V}$。

叉车的电池实际容量取决于连续工作所需的总能耗，在工厂实际使用时，都是按照一班一充的形式来安排叉车作业频率。传统 3t 低压锂电电动叉车或铅酸蓄电叉车每小时能耗约为 $4.05\mathrm{kW} \cdot \mathrm{h}$，所以每班次叉车工作的电池能耗为

$$W_{\mathrm{b}} = \frac{n_{\mathrm{b}} W_{\mathrm{b1}}}{\eta_{\mathrm{b}}} \tag{3-1}$$

式中，W_{b} 为每班电池能耗（$\mathrm{kW} \cdot \mathrm{h}$）；$W_{\mathrm{b1}}$ 为每小时能耗（$\mathrm{kW} \cdot \mathrm{h}$）；$n_{\mathrm{b}}$ 为每班的小时数，取 7.5；η_{b} 为电池放电效率，取 0.95。

求得电动叉车每班能耗为 $31.97\mathrm{kW} \cdot \mathrm{h}$，为便于参数计算，选择锂离子电池为 $32\mathrm{kW} \cdot \mathrm{h}$，电池容量计算公式为

$$Q = \frac{1000 W_{\mathrm{b}}}{U_{\mathrm{b}}} \tag{3-2}$$

式中，Q 为电池容量（Ah）；U_{b} 为电池标称电压（V），取 320V。

求得锂离子电池容量为 100Ah，常见磷酸铁锂电芯标称电压为 3.2V，单体电池标称容量为 1Ah，因此需要串联单体电池的数量为 100 个。

因此，高压锂电电动叉车的蓄电池参数选择见表 3.2。

表 3.2　蓄电池参数选择

参数名称	具体参数
电池类型	磷酸铁锂电池
单体电池串并数	1 并 100 串
标称电压/V	320
标称容量/Ah	100
总电量/kW·h	32
工作电压范围/V	250 ~ 365
最大持续放电电流/A	100
最大瞬时放电电流（10s）/A	200
通信方式	CAN 通信

3.4.2　叉车变速器参数计算及选型研究

　　叉车的变速器是行走动力总成中主要的机械传动部件之一，而叉车的变速器从功能上可分为两类：一类是可调节变速比的变速器，通过改变挡位来改变传动比或根据阻力变化实现无级调节传动比与转矩匹配；另一类是仅有一个固定传动比的减速器与差速器组成的变速器，转矩匹配与车速匹配均由行走电机完成。而常用的电动叉车的减速器结构有横置式与纵置式。横置式电动叉车减速器如图 3.8 所示，纵置式电动叉车减速器如图 3.9 所示。横置式与纵置式减速器结构的主要区别是电机安装姿态不同，横置式的电机轴伸方向在叉车左右方向上，而纵置式的电机轴伸方向在叉车前后方向上。横置式减速器能使电机安装较为紧凑，可在车架中部位置留出更多的空间安装其他部件。

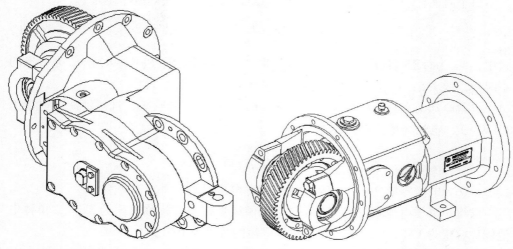

图 3.8　横置式电动叉车减速器　　　　　图 3.9　纵置式电动叉车减速器

3.4.3　电机选型研究

永磁同步电机体积小，拥有很高的功率密度，符合 3t 电动叉车较小布置空间的应用要求；永磁同步电机的效率高，适用 3t 电动叉车较小的蓄电池容量，且增加了工作时间；永磁同步电机调速性能好，举升电机调速响应快，并且行走电机对行走负载突变转速适应快。

1. 液压泵电机参数计算及选型研究

电动叉车的液压泵电机是整车液压系统的动力单元，举升电机连接液压泵，把压力能传递到各个工作装置上，整车液压系统的工作装置包括：举升液压缸、倾斜液压缸及转向液压缸。而 3t 高压锂电电动叉车的液压系统需要满足载荷中心距内能稳定举升 3000kg 的负载，某型号 3t 电动叉车的内门架质量为 490kg、货叉架与货叉质量为 340kg、满载起升速度为 240mm/s、空载起升速度为 450mm/s 及最高举升高度为 3000mm。根据 3t 电动叉车门架空间选择无杆腔直径为 50mm 的液压缸，所以举升液压缸的活塞受力面积为

$$A = \frac{\pi D_{\mathrm{j}}^2}{4} \tag{3-3}$$

式中，A 为液压缸活塞受力面积（mm^2）；D_{j} 为液压缸无杆腔直径（mm）。

图 3.10 所示为 3t 高压锂电电动叉车的工作装置结构图，图中外门架固定在车架前桥与倾斜液压缸上，仅实现整体门架倾斜工况；而内门架通过 2 个举升液压缸连接到外门架上；内门架内装有定滑轮，通过起重链条连接至货叉架上，链条的另一端可靠固定在外门架上。因此，叉车在做举升动作时，内门架位移等于举升液压缸伸出距离的前后差值，而货叉架由于起重链条的作用，在举升过程中的位移为举升液压缸位移的 2 倍。

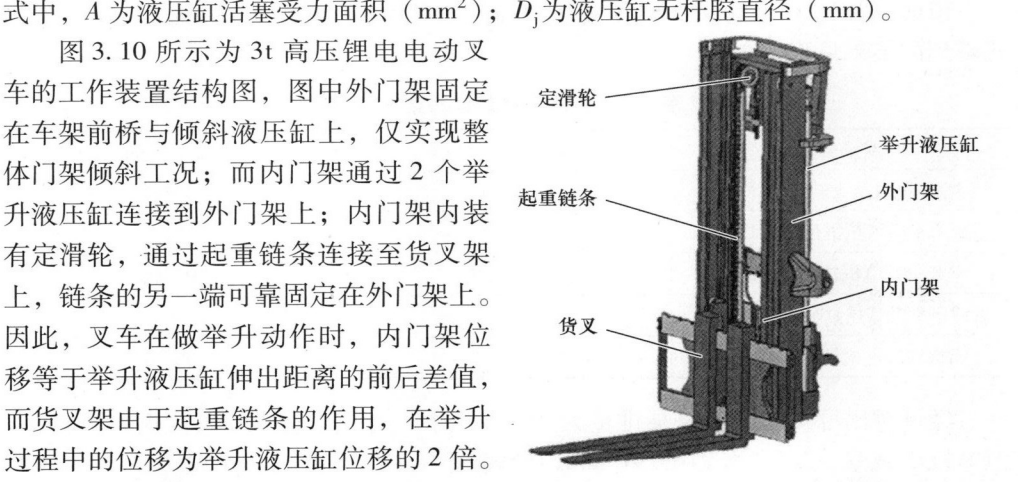

图 3.10　3t 高压锂电电动叉车的工作装置结构图

当叉车的货叉举升最大负载时，液压系统举升压力为

$$p_{\max} = \frac{\frac{1}{2}(2m_{F\max} + 2m_1 + m_2)g}{A}\eta_{\mathrm{me}} \tag{3-4}$$

式中，$p_{\max}$ 为液压系统最大举升压力（MPa）；$m_{F\max}$ 为最大负载质量（kg）；m_1 为货叉架与货叉质量（kg）；m_2 为内门架质量（kg）；g 为重力加速度，取 $g = 9.8\mathrm{m/s}^2$；η_{me} 为机械传递效率，取 $\eta_{\mathrm{me}} = 0.965$。

求得液压系统最大负载压力为 17.27MPa，在设置液压系统安全压力时，需要预留压力余量，确保液压泵出口最大压力能满足最大负载举升工况。因此，在求得最大负载压力基础上乘以 1.1 的倍数并取整，得到 3t 高压锂电电动叉车液压系统安全阀溢流压力为 19MPa。叉车举升电机转矩根据如下：

$$T_j = \frac{V_p p_s}{2\pi\eta_j} \tag{3-5}$$

式中，T_j 为举升电机最大转矩（N·m）；V_p 为液压泵排量（mL/r）；p_s 为液压系统安全阀溢流压力（MPa）；η_j 为液压泵机械效率，取 $\eta_j = 0.9$。

每个举升液压缸的需求流量通过如下公式表示：

$$q_j = \frac{60 v_j A}{2 \times 10^6} \tag{3-6}$$

式中，q_j 为举升液压缸流量（L/min）；v_j 为叉车起升速度（mm/s）。

而两个举升液压缸在举升工况时，需求流量对应电机的转速为

$$n_j = \frac{2 q_j}{V_p \eta_V} \times 10^6 \tag{3-7}$$

式中，n_j 为举升电机转速（r/min）；η_V 为液压泵容积效率，取 $\eta_V = 0.98$。

市面上常见 3t 电动叉车常用液压泵排量为 25mL/r 或者 32mL/r，代入上述公式得到的结果见表 3.3。

表 3.3　不同泵排量计算结果对比

变量名称	泵排量 25mL/r	泵排量 32mL/r
举升电机最大转矩/N·m	84.0	107.5
空载单举升液压缸流量/（L/min）	26.5	26.5
空载举升电机转速/（r/min）	2163.9	1690.5
满载单举升液压缸流量/（L/min）	14.1	14.1
满载举升电机转速/（r/min）	1154.1	901.6

经过对比可知，当液压泵排量为 25mL/r 时，其举升电机最大转矩需求较小，但电机空载最大转速为 2163.9r/min，转速较高；而当液压泵排量为 32mL/r 时，其举升电机最大转矩需求较大，但电机空载最大转速会比较小。综合比较，最终选择液压泵排量为 25mL/r，电机额定转速为 2000r/min，电机转矩需要满足 84N·m，所以通过如下计算公式可以得到举升电机的最小功率需求：

$$P_{jmin} = \frac{n_{je} T_j}{9550} \tag{3-8}$$

式中，P_{jmin} 为举升电机最小功率需求（kW）；n_{je} 为举升电机额定转速（r/min）。

代入公式求得举升电机最小功率需求为 17.59kW。

对于叉车而言，需要确保举升负载的可靠性，保证举升电机可靠稳定运行，避

免负载跌落、门架滑落等安全事故发生，所以举升电机要避免在电机过载工况下使用，选取举升电机额定功率与额定转速时需要大于其最小功率需求与最大转矩。

因此，3t 高压锂电电动叉车举升电机参数见表 3.4。

表 3.4　举升电机参数

参数名称	具体参数
额定转速/（r/min）	2000
额定转矩/N·m	86
额定功率/kW	18
额定电压/V	220
额定频率/Hz	133.3

2. 行走驱动电机参数计算及选型

电动叉车的驱动电机是驱动整车行走的动力源，驱动电机与减速器连接通过传动桥将动力传递至叉车前轮，从而实现整车的前进与后退。电动叉车在工作时，行走动力系统主要实现车辆的平道行驶与上下坡道，其设计主要参数要求见表 3.5。

表 3.5　行走动力系统设计主要参数要求

参数名称	具体参数
整车质量/kg	4630
最大起升质量/kg	3000
空载平道最大速度/（km/h）	18
满载平道最大速度/（km/h）	15
满载爬坡能力（%）	15
变速器传动比	30.14
前轮半径/in	14

首先要计算电动叉车驱动电机的功率，当叉车在不同工况工作时，驱动电机有不同的功率值，电机选型需要涵盖叉车工作时不同的功率值。驱动电机空载平道最大速度所需功率由下列公式确定：

$$P_{el} = \frac{f_r m_0 g v_{max1}}{3600 \eta_c} \tag{3-9}$$

式中，P_{el} 为驱动电机空载平道额定功率（kW）；f_r 为滚动阻力系数，取 $f_r = 0.02$；m_0 为叉车整车质量（kg）；v_{max1} 为叉车空载平道最大速度（km/h）；η_c 为总传动效率，取 $\eta_c = 0.9$。

代入表 3.5 中的参数得到驱动电机空载平道额定功率为 5.04kW。

在叉车满载平道最大速度行驶时，驱动电机所需要的功率：

$$P_{e2} = \frac{f_r(m_0 + m_{Fmax})gv_{max2}}{3600\eta_c} \tag{3-10}$$

式中，P_{e2} 为驱动电机满载平道额定功率（kW）；v_{max2} 为叉车满载平道最大速度（km/h）。

代入表 3.5 中的参数得到驱动电机满载平道额定功率为 6.92kW。

电动叉车在爬坡时的整车受力分析如图 3.11 所示，驱动电机的驱动力不仅要克服斜坡上滚动阻力，还要克服叉车自身与负载的重力在斜坡平面上的分力。

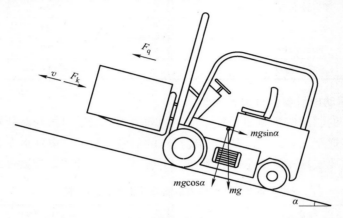

图 3.11　电动叉车爬坡时的整车受力分析

而满载爬坡参数要求是要符合 15% 的坡道斜度，该参数值为坡道的高度与坡道的水平距离的比值，其实际坡道度数约为 8.53°。电动叉车在满载爬坡时需要的驱动电机功率：

$$P_{e3} = \frac{(f_r\cos\alpha + \sin\alpha)(m_0 + m_{Fmax})gv_{max3}}{3600\eta_c} \tag{3-11}$$

式中，P_{e3} 为驱动电机满载爬坡额定功率（kW）；α 为最大爬坡能力坡度，$\tan\alpha = 15\%$；v_{max3} 为叉车满载爬最大坡度的最大速度，取 2km/s。

代入表 3.5 中参数可得到驱动电机满载爬坡额定功率为 7.76kW。

上述计算可知，3t 高压锂电电动叉车的行走驱动电机需要涵盖这三种电机功率，因此驱动电机额定功率要在 7.76kW 以上，才能确保驱动电机能涵盖所有工作情况的额定功率。在这三种工况下，驱动电机的转速都不相同，驱动电机的转速与车辆行驶速度有着直接对应关系，其关系如下计算式：

$$n_q = \frac{vi_c}{60 \times 2\pi R} \times 10^3 \tag{3-12}$$

式中，n_q 为驱动电机转速（r/min）；v 为叉车车速（km/h）；i_c 为变速器传动比；R 为叉车前轮半径（m）。

通过代入上述三种工况电动叉车车速值可以得到表 3.6 中对应的行走驱动电机

的转速。

表 3.6　叉车不同工况驱动电机最大转速计算结果

空载平道最大电机转速/(r/min)	满载平道最大电机转速/(r/min)	满载爬坡最大电机转速/(r/min)
4048.9	3374.1	449.9

电动叉车在这三种极限工况工作的时候，其驱动电机的最大转矩需求是不同的，需要找到最大的转矩，才能对驱动电机进行选型。驱动电机的平道行驶最大转矩计算：

$$T_{max1} = \frac{f_r m_0 g R}{i_c \eta_c} \tag{3-13}$$

式中，T_{max1} 为驱动电机空载平道最大转矩（N·m）。

计算可得电动叉车驱动电机空载平道的最大转矩为 11.90N·m。

电动叉车叉取最大负载 3000kg 在平道行驶时，驱动电机所需的最大转矩：

$$T_{max2} = \frac{f_r (m_0 + m_{Fmax}) g R}{i_c \eta_c} \tag{3-14}$$

式中，T_{max2} 为驱动电机满载平道最大转矩（N·m）。

计算可得电动叉车驱动电机满载平道最大转矩为 19.60N·m。

电动叉车在坡道 15% 满载行驶时，其整车受力分析如图 3.11 所示，经过对整车受力分析后可以得到驱动电机在满载爬 15% 的斜坡时，其最大转矩计算式如下：

$$T_{max3} = \frac{(f_r \cos\alpha + \sin\alpha)(m_0 + m_{Fmax}) g R}{i_c \eta_c} \tag{3-15}$$

式中，T_{max3} 为驱动电机满载爬 15% 斜坡最大转矩（N·m）。

计算可得电动叉车满载爬 15% 斜坡时，驱动电机最大转矩为 164.86N·m。

综上所述，3t 电动叉车在空载平道运行时，是驱动电机最高转速的时候，其最高转速为 4048.9r/min；而在满载爬 15% 斜坡的时候，是驱动电机转矩最大的时候，最大转矩为 164.86N·m。驱动电机选型时需要同时满足这两种极限工况需求，而永磁同步电机有着转速范围宽的特点，选择驱动电机转速工作范围为 0 ~ 4500r/min，其额定转速为 2000r/min。

永磁同步电机在工作时，具有一定的过载能力，使短时间电机运行功率与最大转矩超过额定值。综合考虑电动叉车最大爬坡工况为短时间工作情况，工作时间约 5min 以内，通过驱动电机过载可以实现该工况，所以驱动电机的额定功率与额定转矩可以选择较低值。但永磁同步电机过载倍率过高使用时，会使电机温升较快，工作温度过高会使电机发生失磁现象。最终确定驱动电机允许短时间转矩过载 1.2 倍的工况使用。通过如下计算公式可以得到驱动电机的最小功率需求：

$$P_{qmin} = \frac{n_{qe} T_{max3}}{9550 \times 1.2} \tag{3-16}$$

式中，P_{qmin} 为驱动电机最小功率需求（kW）；n_{qe} 为驱动电机额定转速（r/min）。

代入公式求得驱动电机最小功率需求为 28.77kW。

因此，3t 高压锂电电动叉车行走驱动电机参数见表 3.7。

表 3.7　驱动电机参数

参数名称	具体参数
额定转速/（r/min）	2000
最大转速/（r/min）	4500
额定转矩/N·m	138
最大转矩/N·m	165
额定功率/kW	29
额定电压/V	220
额定频率/Hz	133.3

3.4.4　其他部件选型研究

高压锂电电动叉车动力总成除上述蓄电池、变速器、举升电机、驱动电机外，还有电机控制器、DC/DC、高压管理单元等主要部件的选型。本节主要对这三种主要电气设备进行计算选型。

1. 电机控制器选型研究

两台电机控制器都选用基于 STM32 为主控芯片的控制电路，以实现对驱动电机与举升电机的控制。STM32 为意法半导体公司（STMicroelectronics）推出的控制系统芯片，具有高性能、低功耗、低成本的特点，适用于高压锂电电动叉车的永磁同步电机控制。

图 3.12 所示为电机控制器系统结构图，驱动电机控制器控制板通过 CAN 总线获得加速踏板信号、制动踏板信号、挡位信号、急停信号，通过电流检测模块及旋转变压器监测驱动电机的实时状态，并通过驱动板控制驱动电机工作，实现高压锂电电动叉车的行走；而举升电机也同样为控制板采集 CAN 总线传输的举升信号、倾斜信号、加速踏板信号及急停信号，其中加速踏板信号让举升电机处于低转速怠速工作，以保证转向系统正常工作。

2. DC/DC 参数计算及选型研究

DC/DC 将高压管理单元分配的高压直流电转换成低压直流电，主要给 24V 蓄电池充电及对整车辅件、低压控制系统供电，而 DC/DC 选型主要是选择其工作功率。

整车辅件主要为散热器总成、电动水泵、车上灯具、扬声器、蜂鸣器等。散热器总成与电动水泵额定功率工作时需要 520W，工作灯同时工作时最大功率为 260W，而扬声器与蜂鸣器加起来总功率为 60W。而低压控制系统包括各个低压控

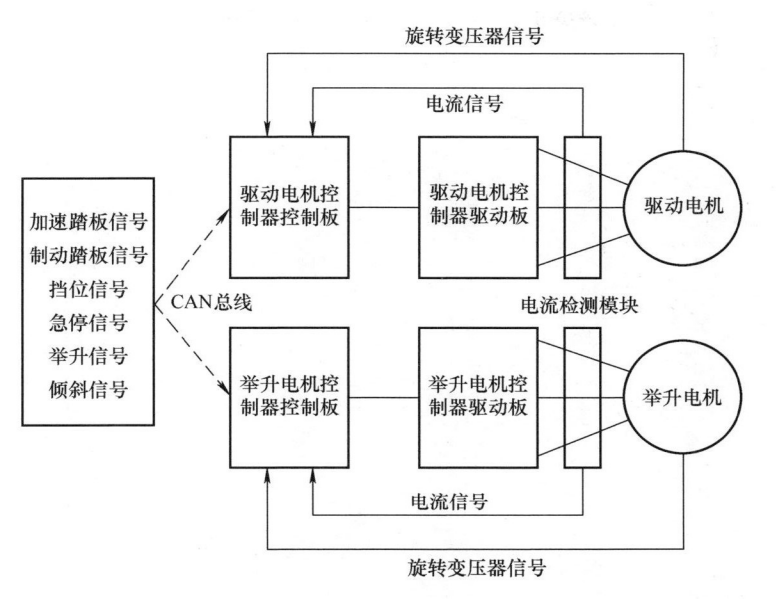

图 3.12 电机控制器系统结构图

制器与控制板，控制器与控制板供电功率总和需要 330W，而手柄位置传感器与电子加速踏板的供电需要 1.68W。

经过对各个低压部件功率分析，3t 高压锂电电动叉车的 DC/DC 需要提供 1171.68W，为了确保整车低压部件能可靠、稳定工作，对于 DC/DC 功率预留 20% 的余量，至少需要提供 1406.02W 的功率。

因此，3t 高压锂电电动叉车的 DC/DC 选择 1500W 的额定功率，其电气参数见表 3.8。

表 3.8 DC/DC 电气参数

参数名称	具体参数
额定功率/W	1500
额定输出电流/A	62.5
输入电压范围（DC）/V	250 ~ 370
输出电压范围/V	21.6 ~ 26.4
效率（%）	87

3. 高压管理单元参数选型研究

高压锂电电动叉车蓄电池的一路输出需要经过高压管理单元实现三路输出，并通过高压管理单元控制整辆叉车的能量分配，做到整车高压线束的绝缘故障检测、过载保护、短路保护等整车故障处理，以确保整车高压用电安全。

高压管理单元拥有四路高压，其中输入是高压锂离子电池的正极连接器与负极连接器，另外三路输出使用两芯连接器。由此设计出的高压管理单元内部结构如图 3.13 所示，其中最左侧为低压控制线束连接器，用以实现高压管理单元与整车控制器之间的信息交互。

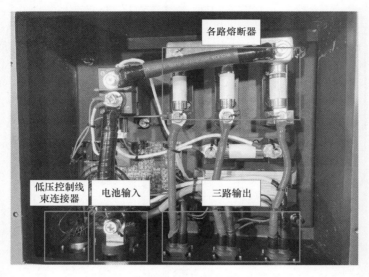

图 3.13   高压管理单元内部结构图

为确保高压管理单元后端的电机控制器与 DC/DC 高压电路的安全，在高压管理单元箱体内部对每路不同电流输出均做了保护，通过增加快速熔断器保证后端无过流的风险。熔断器的保护电流值根据每一路输出的最大使用电流作为选取的依据，由本章节上述内容可以得知举升电机、驱动电机、DC/DC 最大功率所对应的最大电流，要同时兼顾正常工作时的电流波动，所以熔断器选择时需要为每路预留余量。因此，高压管理单元的熔断器保护电流值选取为：举升电机控制器路为70A，驱动电机控制器路为 125A，DC/DC 路为 10A。

3.5   高压锂电电动叉车行走动力总成控制策略

3.5.1   电动叉车行走动力总成数学模型

选取电动叉车的质量中心作为其数学模型坐标系的坐标原点，以电动叉车行驶方向的平行方向作为坐标系的 X 轴方向，以与电动叉车行驶路面垂直向上的方向作为坐标系的 Y 轴方向。

为了使建立的数学模型更加贴合试验研究的目的，将电动叉车当作一个刚体进行分析，且所建立的坐标系呈对称状态，并假定在行走过程中路面是平整的，下面分别对电动叉车在水平路段行走及斜坡路段行走建立数学模型。

1. 水平路段行走系统动力学方程

电动叉车在水平路段行走的数学模型示意图如图 3.14 所示。在该路段行走时，电动叉车的行驶阻力为车身质量的 2%。而电动叉车在 X 轴方向、Y 轴方向的受力及转矩公式符合式（3-17）。

$$\begin{cases} \sum F_x = 0 \\ \sum F_y = 0 \\ \sum M_o = 0 \end{cases} \tag{3-17}$$

式中，F_x 为电动叉车 X 轴方向受力；F_y 为电动叉车 Y 轴方向受力；M_o 为电动叉车转矩。

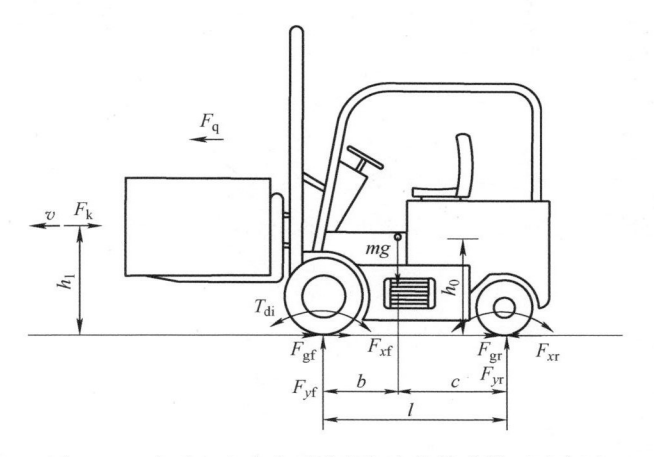

图 3.14　电动叉车在水平路段行走的数学模型示意图

通过对电动叉车受力分析并带入式（3-17）可以得到式（3-18）（以质量中心 O 为转矩中心）：

$$\begin{cases} F_{xf} + F_{xr} - ma - F_k - F_{gf} - F_{gr} = 0 \\ F_{yf} + F_{yr} - mg = 0 \\ F_{yf}b - F_{yr}c + T_{di} + F_k h_1 = 0 \end{cases} \tag{3-18}$$

式中，F_{xf} 为电动叉车前轮的驱动力；F_{xr} 为电动叉车后轮的驱动力；m 为电动叉车的总质量；a 为电动叉车的加速度；F_k 为电动叉车水平路段受到的空气阻力；F_{yf} 为电动叉车前轮的地面支撑力；F_{yr} 为电动叉车后轮的地面支撑力；F_{gf} 为前轮的滚动阻力；F_{gr} 为后轮的滚动阻力。b 为前轮中心到质量中心的水平距离；c 为后轮中心到质量中心的水平距离；T_{di} 为驱动轮转矩；h_1 为电动叉车各车轮的地面支撑力。

分析可知，电动叉车在其行走过程中的公式可表示如下：

$$F_q = F_g + F_k + F_a \tag{3-19}$$

式中，F_q 为电动叉车的牵引力；F_g 为地面的滚动阻力；F_a 为电动叉车在加速过程中的惯性阻力。

电动叉车由驱动电机单独驱动，故其牵引力如式（3-20）所示：

$$F_q = \frac{T_{MG} i_c \eta_c}{R} \tag{3-20}$$

式中，T_{MG} 为电动叉车驱动电机的输出转矩。

地面的滚动阻力表示如式（3-21）所示：

$$F_g = f_r mg \tag{3-21}$$

地面的水平空气阻力表示如式（3-22）所示：

$$F_k = \frac{\rho C_W A v^2}{25.92} \tag{3-22}$$

式中，ρ 为空气密度；C_W 为空气阻力系数；A 为迎风面积；v 为电动叉车的行驶速度。

电动叉车在加速过程中的惯性阻力如式（3-23）所示。

$$F_a = \delta ma \tag{3-23}$$

式中，δ 为电动叉车旋转质量换算系数。

其中电动叉车加速度为车速对时间的求导：

$$a = \frac{\mathrm{d}v}{\mathrm{d}t} \tag{3-24}$$

经过整合，可得电动叉车的在水平路段行走公式：

$$\frac{T_{MG} i_c \eta_c}{R} = f_r mg + \frac{\rho C_W A v^2}{25.92} + \delta m \frac{\mathrm{d}v}{\mathrm{d}t} \tag{3-25}$$

在不考虑电动叉车发生滑移和打转的情况下，其行走系统的车速表示如下：

$$v = \frac{0.12 \pi n_{MG} R}{i_c} \tag{3-26}$$

式中，n_{MG} 为电动叉车驱动电机的输出转速。

2. 斜坡路段行走系统动力学方程

电动叉车在斜坡路段行走的数学模型示意图如图 3.15 所示。在该路段行走时，电动叉车不仅会受到滚动阻力同时还需要克服自身重力的分力。通过对其受力分析并代入式（3-17）可以得到式（3-27）：

$$\begin{cases} F_{xf} + F_{xr} - ma - F_k - mg\sin\alpha - F_{gf} - F_{gr} = 0 \\ F_{yf} + F_{yr} - mg\cos\alpha = 0 \\ F_{yf}b - F_{yr}c + T_{di} + F_k h_1 = 0 \end{cases} \tag{3-27}$$

分析可知，电动叉车在其行走过程中的公式可以表示为

$$F_q = F_g + F_k + F_p + F_a \tag{3-28}$$

式中，F_p 为电动叉车总重力在斜坡平面上的分力。

斜坡平面上的滚动阻力表示如式（3-29）所示。

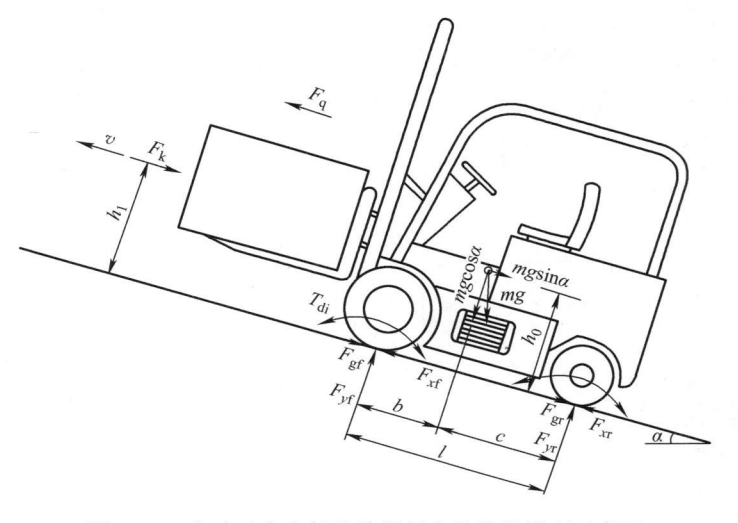

图 3.15　电动叉车在斜坡路段行走的数学模型示意图

$$F_g = f_r mg\cos\alpha \qquad\qquad (3\text{-}29)$$

电动叉车在爬坡过程中受到的自身重力在斜坡平面上的分力如式（3-30）所示：

$$F_p = mg\sin\alpha \qquad\qquad (3\text{-}30)$$

经过上述公式整合，可得电动叉车在斜坡路段的行走公式：

$$\frac{T_{MG} i_c \eta_c}{R} = f_r mg\cos\alpha + \frac{\rho C_W A v^2}{25.92} + mg\sin\alpha + \delta m \frac{\mathrm{d}v}{\mathrm{d}t} \qquad (3\text{-}31)$$

综上所述，分别对电动叉车在水平路段与斜坡路段行驶进行受力分析，通过数学公式计算得到电动叉车在水平道路段行驶时与在斜坡路段行驶时的行走公式，以及得到车速与驱动电机转速间的关系。该部分为后续高压锂电电动叉车行走动力总成的控制策略与仿真系统奠定了基础。

3.5.2　高压锂电电动叉车行走控制策略研究

高压锂电电动叉车整车控制器接收整车的各个信号，并综合判断电动叉车的整车状态，最终输出至整车动力总成系统控制驱动电机工作，整个过程整车控制都担任对电动叉车的监控与管理，称为整车的"大脑"。其中，驾驶人通过对加速踏板、制动踏板及挡位信号的输入，整车控制器判断驾驶人的操作意图，控制高压管理单元、电机控制器为驱动电机提供对应功率，从而实现电动叉车的行走。

1. 行走上下电控制策略

行走的上下电控制是决定高压锂电电动叉车行走能否进入驱动电机控制程序的重要决策，上下电流程在经历驱动控制器唤醒、电池管理系统唤醒、动力电池上高压、高压管理单元预充使能、DC/DC 输出后，以及在无下高压故障的前提下，进入驱动电机与举升电机的控制程序运行。行走上电控制策略如图 3.16 所示，行走下电控制策略如图 3.17 所示。整车控制器要确保叉车在进行上电过程或驱动电机程序运行过程时，出现紧急故障时立即进行下电控制，以确保整车及人员安全。

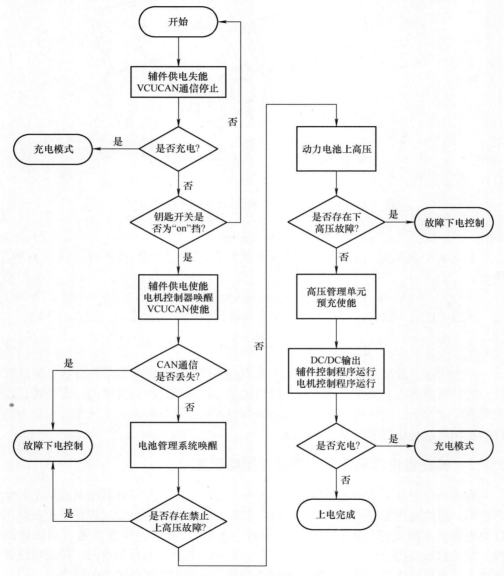

图 3.16　行走上电控制策略

2. 行走模式控制策略

驱动电机控制器通过整车控制器 CAN 总线发送的驻车制动信号、挡位信号、制动踏板信号、加速踏板信号等整车信息判断车辆所处的行走模式。根据叉车作业

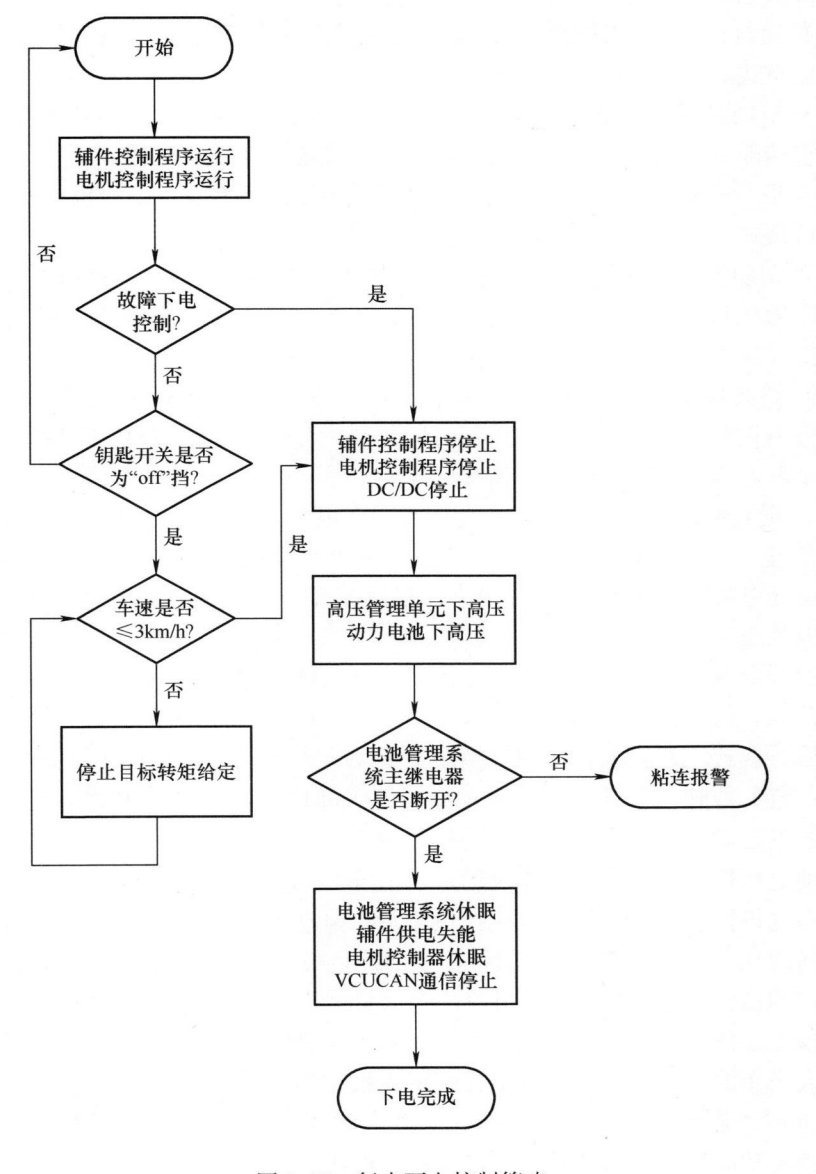

图 3.17　行走下电控制策略

的分析，在每个不同工况下可将高压锂电电动叉车的行走模式分为以下几部分：

（1）休眠模式　当电动叉车的钥匙开关处于"off 挡"时，整车控制器处于休眠状态，未触发辅件供电，因此驱动电机控制器处于断电状态，叉车行走系统不工作。

（2）驻车模式　当驻车制动处于驻车状态时，驱动电机控制器不对驱动电机使能，驱动电机处于失能状态。

（3）前行模式 当电动叉车正常向前行驶且车速能由加速踏板控制时，车辆处于前行模式。

（4）空挡模式 当电动叉车钥匙开关为"on挡"且放下驻车制动时，车辆挡位处于空挡即进入空挡模式，此时驱动电机仅使能但不输出转矩。

（5）后行模式 当电动叉车正常向后行驶且车速能由加速踏板控制时，车辆处于后行模式。

（6）制动模式 在电动叉车的驱动电机控制器接收到制动踏板的信号且加速踏板开度为0时，此时车辆处于制动模式，整车制动力由油刹制动与驱动电机制动共同提供，其中驱动电机制动部分可以进行能量回收。

（7）斜坡起步模式 电动叉车运行到斜坡上驻车后，驱动电机控制器检测到车辆挡位不在空挡时，驱动电机将短时间提供一定的反向转矩保证车辆平稳起步，以避免半坡起步严重溜坡的危险情况的发生。

（8）充电模式 当充电枪插入高压锂离子电池的充电座上并"握手"成功后，电动叉车进入下高压步骤，停止动力电池的输出，此时整车控制器与电池管理单元的供电由充电桩的24V辅助电源提供，以监控整车充电过程的状态，其他控制器处于断电状态。

高压锂电电动叉车变速器一般为固定传动比的减速器，所以并没有传统不同传动比的挡位，仅有前进挡、空挡、倒车挡三种挡位，而相对应的是前行模式、空挡模式、后行模式。驾驶人在使用换挡改变电动叉车的行走模式时还需要综合考虑其他因素，避免驾驶人在进行误操作时损坏整车部件及发生行驶事故。图3.18所示为高压锂电电动叉车行走挡位变化的控制策略。

驱动电机控制在检测到驻车制动取消驻车信号后，才能对驱动电机进行使能，否则驱动电机控制器不向驱动电机提供能量。电动叉车处于空挡时，驱动电机输出转矩始终为0，而从空挡切换至前行挡或倒车挡时，需要根据车速来判断是否允许进行模式切换：当电动叉车车速小于等于3km/h时，驱动电机控制器判定此时处于低速行走或停车状态，由于电动叉车工况经常处于低速的前进后退切换，为了提高驾驶人操作的流畅度，此时行走模式可以根据挡位随意切换；当电动叉车车速高于3km/h时，需要等待车速降到3km/h以内时才能完成行走模式切换，这主要是为了避免驱动电机在高速旋转时，加速踏板给出过大的反向转矩而产生过大的反向电流，从而使驱动电机控制器与高压管理单元熔断器损坏。

3. 斜坡起步控制策略

电动叉车运用场景丰富，经常有在斜坡上工作的情况。当叉车驾驶人在斜坡上起步时，整车控制器会收到制动踏板松开一段时间再得到的加速踏板的输入信号，在踏板切换的间隔时间里制动力降为0，车辆开始向坡下溜车，这对于叉车等大负载工况的工程机械来说，是十分危险的工况。

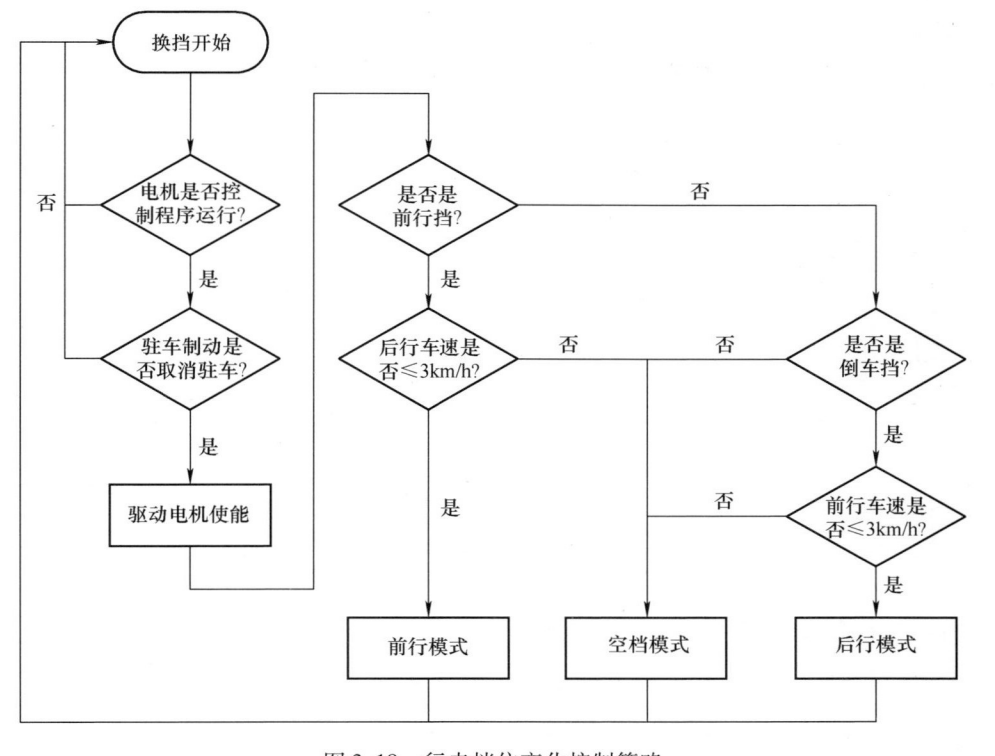

图 3.18 行走挡位变化控制策略

　　而高压锂电电动叉车由于使用了电机作为动力源，行走系统的动力输出都来自驱动电机的输出转矩。因此，电动叉车在斜坡工作时可以对驱动电机制定斜坡起步的控制策略，实现车辆平稳起步，避免半坡起步严重溜坡的危险情况的发生。整车控制器实时监控坡度与车速变化，结合挡位状态制定斜坡起步控制策略，如图 3.19 所示。

　　其控制原理为：

　　1）整车控制器通过陀螺仪模块接收到车辆坡道信息及车辆朝向状态，以此来判断电动叉车是否进入斜坡工作场景。

　　2）当处于斜坡工作场景时，整车控制器会根据电动叉车的车速来判断整车是否处于斜坡停车或缓行状态，再结合挡位与制动踏板的情况判断车辆是否要进入斜坡起步控制。

　　3）在程序进入斜坡起步控制状态时，整车控制器通过陀螺仪得到斜坡角度，根据电动叉车受力情况，计算得到防止溜坡转矩，把计算转矩值通过 CAN 总线传输至驱动电机控制器，驱动电机结合加速踏板开度输出对应转矩，达到防止或减缓电动叉车溜坡情况的发生。

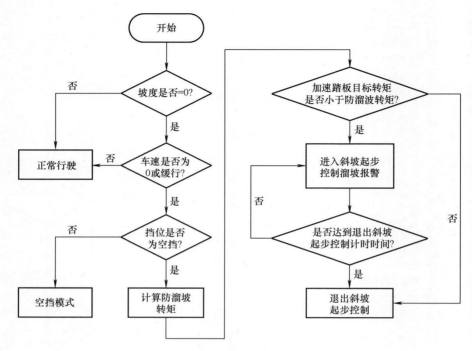

图 3.19 斜坡起步控制策略

4）当加速踏板开度加大，开度对应的目标转矩值大于防止溜坡转矩时，整车程序退出斜坡起步控制，进入正常叉车行走工况。

高压锂电电动叉车的斜坡控制策略只能在特定的坡度范围内才能达到防止或减缓溜坡的情况，若坡道过大，电动叉车仍会发生溜坡情况。且永磁同步电机在堵转或者近零转速工作时，单相电流较大、电机温升过快，所以驱动电机不能长时间工作在斜坡起步防止溜坡的工况下，在驱动电机上升到一定温度时，需要间隔一段时间待电机冷却才能继续输出防溜坡转矩。因此，在进入斜坡起步控制时，整机控制器需要发出相应的报警声警告驾驶人尽快退出斜坡起步控制。

4. 整车故障处理模块

整车故障处理模块同样是行走控制策略中重要的一环，其作用是评估整车故障状态，并给予相应的解决方案，保护人员与高压锂电电动叉车的安全性。整车故障处理模块包含整车各个故障信息的采集，根据整车故障信息反馈进行整理得到如下四类故障判定与处理方式：

（1）下高压故障 当电动叉车出现下高压故障时，行走控制策略开始进入行走下电控制，并终止行走再次上电过程，此时驾驶人需要停机排查故障。其判断准则是只要出现以下故障信息就需进入下高压：急停开关按下、高压管理单元互锁故障、电池管理系 4 级故障、电池管理系统 CAN 通信丢失、电池管理系统上电自检报警、电池管理系统连接器未互锁、正极绝缘阻值小于 1000kΩ、负极绝缘阻值小于 1000kΩ、电机控制器 CAN 通信丢失、电机控制器母线过电压、IGBT 模块故障、电机控制器短路。

（2）禁止上高压故障　禁止上高压故障与下高压故障的不同之处为禁止上高压故障处理是在上电控制过程中判断的，其故障内容包含下高压故障的所有内容。当电动叉车出现禁止上高压故障时，则行走控制策略禁止上电控制，上电过程需终止并进入下电控制，驾驶人需要停机排查故障。其判断准则是只要出现以下情形就执行禁止上高压故障处理：下高压故障、电池管理系统自检未就绪、电池管理系统主继电器粘连故障。

（3）限功率为 0 故障　当电动叉车出现限功率为 0 故障，此时整车仅允许高压锂离子电池正常输出，通过高压管理单元限制举升电机与驱动电机功率为 0，而 DC/DC 正常输出保证低压控制系统正常工作，此时举升电机与驱动电机最大转速与最大转矩输出为 0。其判断准则是只要出现以下情形就执行限功率为 0：电池管理系 3 级故障、充电状态（State of Charge，SOC）过低、单体电池过欠电压、单体电池过高温、单体电池过低温、24V 蓄电池过欠电压、举升操作杆传感器输入异常、加速踏板输入异常。

（4）限功率为 50% 故障　当电动叉车出现限功率为 50% 故障，高压管理单元将对举升电机与驱动电机分别进行限制输出功率为最大输出的 50%，并限制举升电机最大转速 1000r/min 与驱动电机最大输出转矩 82.5N·m。其判断准则是只要出现以下情形就执行限功率为 50%：电池管理系统 2 级故障、SOC 小于 25%、单体电池欠电压、单体电池高温、单体电池低温、电机控制器过温、24V 蓄电池欠电压。

5. 加速踏板控制策略

（1）基准转矩控制策略　高压锂电电动叉车的驱动电机直接连接至减速器，然后通过差速器与前桥驱动轴相连，最终驱动叉车车轮，所以驱动电机的响应与速度控制方式直接影响叉车的车速变化。驱动电机为永磁同步电机，依据给定与输出方式的不同分为转速控制模式与转矩控制模式。转速控制模式为整车控制器发送目标转速信号到驱动电机控制器，控制驱动电机输出对应转速；转矩控制模式则是整车控制器发送目标转矩信号到驱动电机控制器，控制驱动电机输出对应转矩。根据两种模式控制特点可以得到，转速控制模式可以使驱动电机转速迅速匹配驾驶人加速踏板信号，加速踏板开度直接对应驱动电机的输出转速；而转矩控制模式的加速踏板开度对应的则是驱动电机的输出转矩。

电动叉车是以搬运负载为主的工程机械，所以在电动叉车搬运过程中需运行平稳、作业效率高且控制精度好。转速控制模式中车速响应快但带来的问题是加减速过程冲击大，需要对加减速曲线实时处理以控制转速，保证负载运输过程的平稳性；而转矩控制模式通过给定目标转矩方式，使加减速过程平稳、冲击较小。因此，针对 3t 高压锂电电动叉车，其驱动电机采用以转矩控制模式为主的控制方式。

驱动电机采用加速踏板开度对应基准转矩的控制方式，其油门开度对应基准转矩系数曲线如图 3.20 所示，其中曲线 1 为性能模式（即动力模式），曲线 2 为经济模式。系数曲线分为两个区间：第一段为设定的死区开度，为了避免因电动叉车本身供电电压不稳定、外负载冲击与自身振动导致加速踏板开度在零附近信号波动，或者驾驶人的脚放置在加速踏板上方后有微小开度变化导致整车控制器对驾驶意图的误判；第二段为基准转矩系数最小到最大之间与油门开度变化的关系。曲线 2 从第二段开始其基准转矩系数与加速踏板开度呈线性关系，这种加速踏板控制策略能很好地兼顾动力性与经济性，并且控制器计算过程简单；曲线 1 从第二段开始其基准转矩系数都比曲线 2 大，可以很好地发挥电动叉车的动力性能。

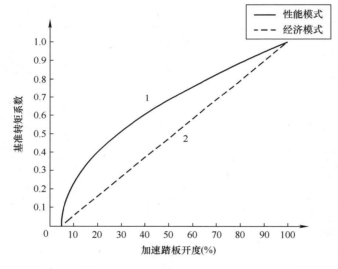

图 3.20 加速踏板开度与基准转矩系数关系曲线

在整车控制器给定目标转矩值时，还需要考虑不同车速下驱动电机的最大输出转矩限制值。图 3.21 所示为驱动电机的 MAP 图，从图中可知电机转速与电机最大转矩间的关系，其中曲线 1 为性能模式，曲线 2 为经济模式。

高压锂电电动叉车样机采用电子加速踏板，其控制原理如图 3.22 所示，整车控制器获得加速踏板输出的开度电压信号，通过计算占空比得到加速踏板开度，根据加速踏板开度与基准转矩系数关系曲线得到基准转矩系数，再通过驱动电机的 MAP 曲线判断当前车速所能输出的最大转矩限制值，最后基准转矩系数乘以转矩限制值得到基准转矩值。

（2）加速踏板驾驶意图判断　电动叉车作为物流运输、装卸机械，在工作循环时，经常进行加减速操作。电动叉车加速踏板在进行加减速操作时，可以通过加

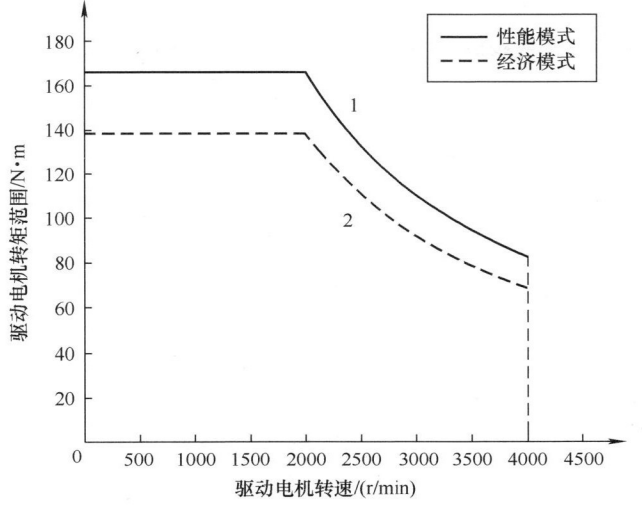

图 3.21　驱动电机的 MAP 图

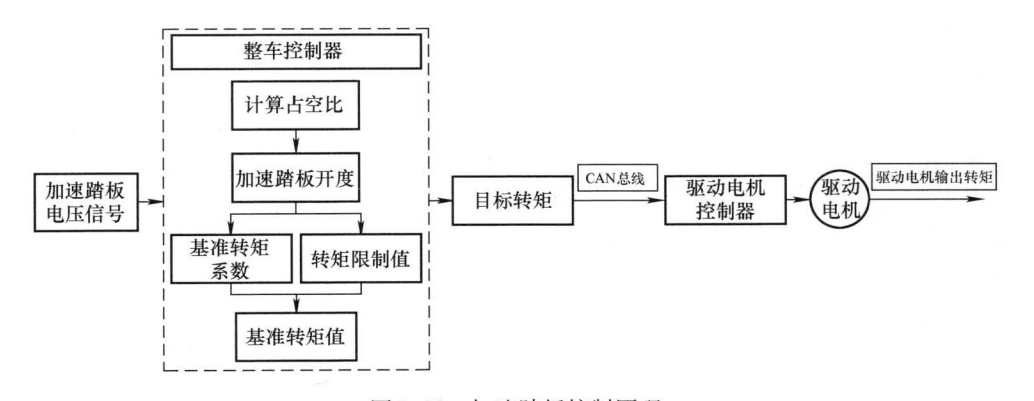

图 3.22　加速踏板控制原理

速踏板的变化率判断驾驶人的操作意图，再结合电池的 SOC、车速、制动踏板信号判定加速踏板的加减速程度。最后根据加减速强度计算出补偿转矩值，整车控制器输出到驱动电机控制器的目标转矩为基准强度与补偿扭转值，以达到更快速预测与实现驾驶人操作意图的目的。因此，目标扭矩与基准转矩、补偿转矩的关系为

$$\begin{cases} T_{m1} = T_b + T_{com} \\ T_m = \min(T_{m1}, T_{max}) \end{cases} \tag{3-32}$$

式中，T_{m1} 为计算目标转矩值；T_b 为基准转矩；T_{com} 为驾驶意图的补偿转矩；T_m 为最终目标转矩值；T_{max} 为最大转矩限制值。

电动叉车加速踏板的驾驶人操作意图判断通过使用模糊控制实现，以下为对整

车主要影响参数的划分：

1) 加速踏板开度变化率划分。电动叉车加速踏板的输出信号为电压信号，电压值与踏板开度为固定斜率曲线对应关系，而加速踏板在行驶过程中开度变化率为

$$F(t_n) = \frac{U_{acc}(t_n) - U_{acc}(t_{n-1})}{t_n - t_{n-1}} \tag{3-33}$$

式中，$F(t_n)$ 为加速踏板开度变化率；$U_{acc}(t_n)$ 和 $U_{acc}(t_{n-1})$ 分别为加速踏板在 t_n 时刻和 t_{n-1} 时刻的输出电压信号。

令加速踏板变化范围在 [-1, 1] 区间内，在加速踏板变化率为负值时，为驾驶人抬升加速踏板，其工况分为：轻抬（DS）、中抬（DM）、重抬（DH）三个加速踏板变化率范围区间；在加速踏板变化率为正值时，为驾驶人踩下加速踏板，其工况分为：轻踩（AS）、中踩（AM）、重踩（AH）三个区间。

2) 电动叉车加减速意图划分。当电动叉车的加速踏板处于变化时，通过不同加速踏板变化率可以得出不同的叉车加减速意图，根据加减速程度可划分：低减速意图（DL）、中减速意图（DM）、高减速意图（DH）、低加速意图（AL）、中加速意图（AM）、高加速意图（AH）。

3) 电动叉车车速划分。电动叉车抬升加速踏板后，驱动电机的转矩给定，同时兼顾抬升时的车速情况，驱动电机在工作时可分为：较低速行驶（VS）、低速行驶（VL）、中速行驶（VM）、高速行驶（VH）四种行驶车速区间。

4) 电动叉车加减速强度划分。综合考虑加速踏板开度变化率、电动叉车加减速意图、电动叉车车速等因素，将电动叉车减速强度划分为：加减速强度很弱（O）、减速强度较弱（DSL）、减速强度弱（DL）、减速强度中（DM）、减速强度略强（DSH）、减速强度强（DH）、加速强度较弱（ASL）、加速强度弱（AL）、加速强度中（AM）、加速强度略强（ASH）、加速强度强（AH）等 11 种区间。

电动叉车在判断加减速强度后，根据对应强度给定相应的补偿转矩值，整车控制器输出到电机控制器的目标转矩值由基准转矩、补偿转矩、最大输出转矩共同决定。其中在高压锂电电动叉车作业过程中，当计算目标转矩方向与驱动电机转速方向相反时，驱动电机进入减速制动能量回收工况，对这部分能量进行回收能延长电动叉车的工作时长。

高压锂电电动叉车在行驶作业过程中的加速踏板控制策略如图 3.23 所示。当蓄电池 SOC 大于等于 90% 时，禁止整车进行能量回收；当蓄电池 SOC 小于 90% 时，对加速踏板信号与制动踏板信号进行采集，若驾驶人踩下制动踏板，此时制动踏板信号为 TRUE，退出补偿转矩的计算；若制动踏板无制动信号输入时，通过计

算加速踏板变化率，再结合上述的划分规则预测驾驶意图，经过模糊控制后输出电动叉车加减速强度，通过整车控制器计算与判断并输出目标转矩。若驱动电机最终输出负转矩，则高压锂电电动叉车进行减速制动进行能量回收。

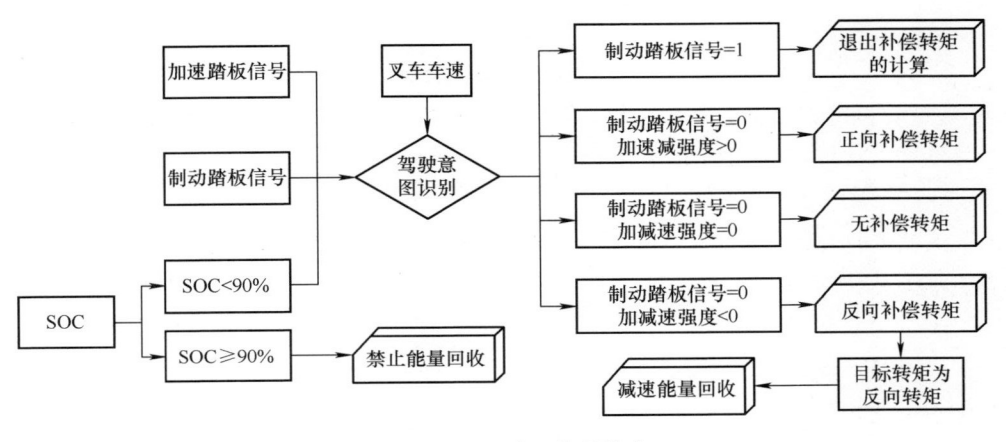

图 3.23　加速踏板控制策略

3.6　高压锂电电动叉车行走动力总成仿真研究

3.6.1　仿真模型搭建

根据加速踏板控制策略对电动叉车加速踏板开度变化率划分集合为 {DH，DM，DS，AS，AM，AH}，其范围为 [-1，1]，如图 3.24a 所示；经过模糊控制判断得到电动叉车加减速意图集合为 {DH，DM，DL，AL，AM，AH}，其范围为 [-1，1]，如图 3.24b 所示；再加入电动叉车车速的判断条件，对车速划分为 {VS，VL，VM，VH}，通过高压锂电电动叉车动力总成参数匹配需求获得最高车速为 18km/h，所以其划分范围为 [0，18]，如图 3.24c 所示；最终得到电动叉车加减速强度的判断，根据不同强度划分为 {DH，DSH，DM，DL，DSL，O，ASL，AL，AM，ASH，AH}，其范围为 [-1，1]，如图 3.24d 所示。

高压锂电电动叉车加速踏板能量回收的模糊控制规则按照 3t 电动叉车实际控制经验制定。加速踏板变化率越大，说明驾驶人需要更快的减速意图，反之则减速意图更小。再根据电动叉车实时的车速情况判断减速强度，在车速较高时，为了缩短减速时间，需要给予更强的减速强度，让叉车驱动电机提供更大的反向减速转矩。因此，可以得到表 3.9 所示的加速踏板驾驶意图判断模糊控制规则表。

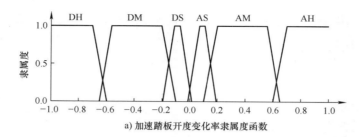

a) 加速踏板开度变化率隶属度函数

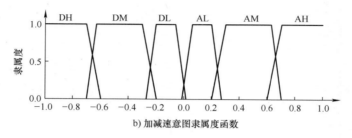

b) 加减速意图隶属度函数

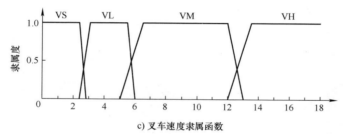

c) 叉车速度隶属函数

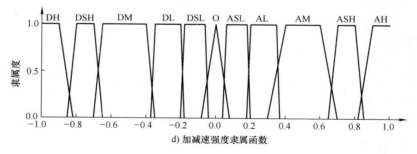

d) 加减速强度隶属函数

图3.24 加速踏板驾驶意图模糊判断隶属度

表3.9 加速踏板驾驶意图判断模糊控制规则表

加速踏板开度变化率 F		DH	DM	DS	AS	AM	AH
减速意图 D		DH	DM	DL	AL	AM	AH
车速 v	VS	DL	DSL	O	O	ASL	AL
	VL	DM	DL	DSL	ASL	AL	AM
	VM	DSH	DM	DSL	ASL	AM	ASH
	VH	DH	DM	DL	AL	AM	AH

按照上述模糊控制规则，使用 Mamdani 模糊系统可以得到图 3.25 所示的加速踏板驾驶意图判断模糊推理规则曲面。

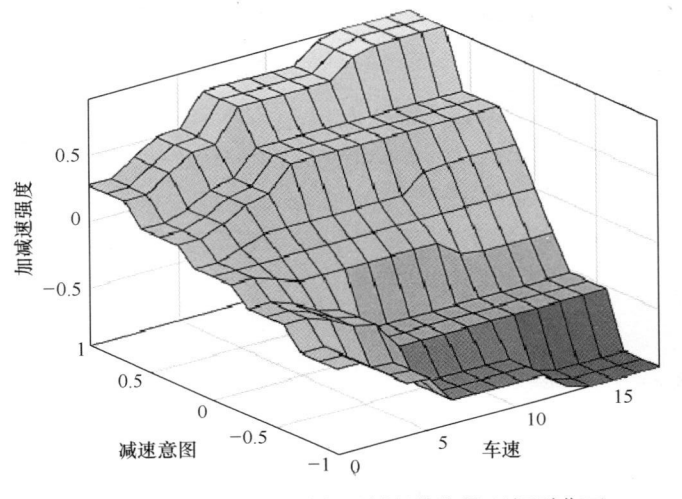

图 3.25　加速踏板驾驶意图判断模糊推理规则曲面

综上所述，根据加速踏板驾驶意图判断隶属关系与模糊控制规则，使用 MAT-LAB/Simulink 软件搭建加速踏板控制策略仿真模型，如图 3.26 所示，通过输入加速踏板开度变化曲线、SOC、车速、制动踏板信号，输出电动叉车加减速强度，得到驱动电机补偿转矩并与加速踏板开度对应的基准转矩相加，所得到的计算目标转矩值与驱动电机 MAP 最大转矩限制值对比得到最终输出的目标转矩，目标转矩计算模块如图 3.27 所示。经过电动叉车行走系统动力学方程得到对应的车速变化。

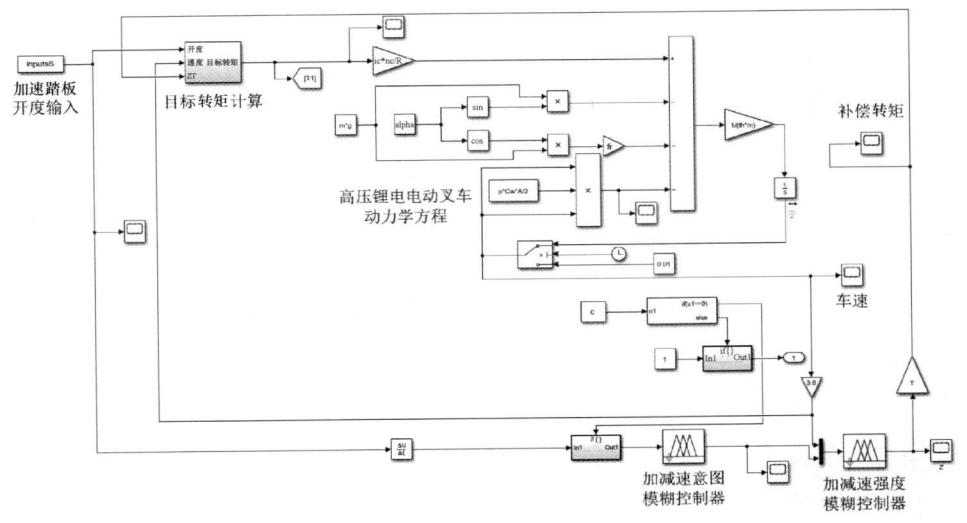

图 3.26　加速踏板控制策略仿真模型

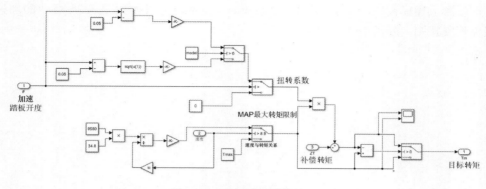

图 3.27　目标转矩计算模块

3.6.2　仿真结果分析

　　3t 高压锂电电动叉车的行走车速变化是通过驾驶人控制加速踏板与制动踏板实现的，在探究加速踏板控制策略的可行性时，需要输入加速踏板开度随时间变化的曲线，图 3.28 所示为 3t 电动叉车实际操作时的一段加速踏板开度曲线。仿真过程中，电池 SOC 初始值为 50%，即使用制动能量回收模块，整车在水平路段行驶。

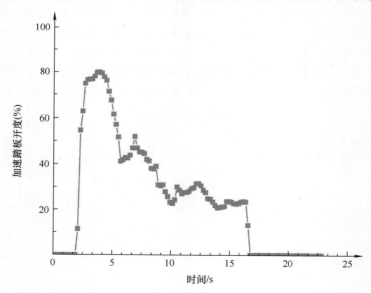

图 3.28　加速踏板开度变化曲线

　　其中加速踏板开度增大部分，即加速踏板开度在 0～1 之间时，对应电动叉车匀速或加速的操作意图，通过模糊控制判断得出加速强度系数；而加速踏板开度曲线斜率为负时，通过模糊控制器得到对应的补偿转矩大小，当所得到的补偿转矩大于加速踏板开度给定的基准转矩时，驱动电机最终输出负转矩，进行制动能量回收。经过 MATLAB/Simulink 软件仿真后可得图 3.29 所示结果，即加速踏板能量回收模糊推理规则所得到的加减速强度判断结果。

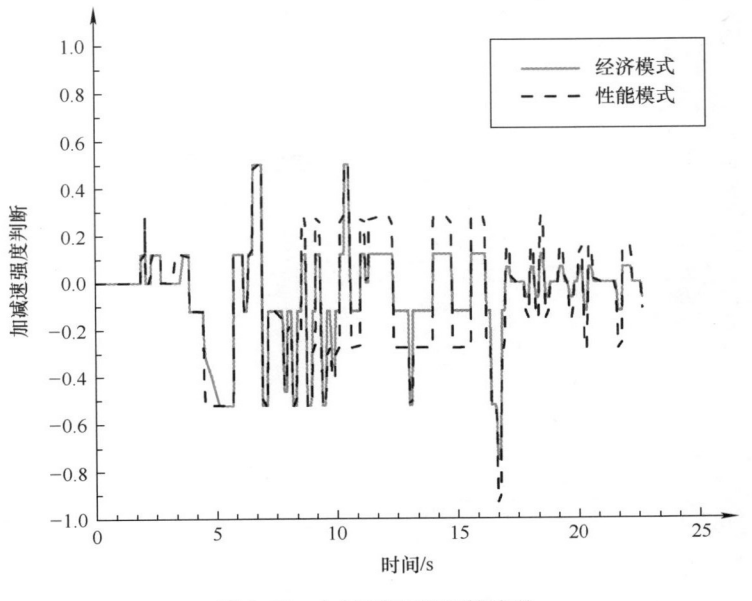

图 3.29　加减速强度判断结果

图 3.30 中负值转矩表示驱动电机输出反向减速转矩，说明驱动电机此时处于制动能量回收工况。

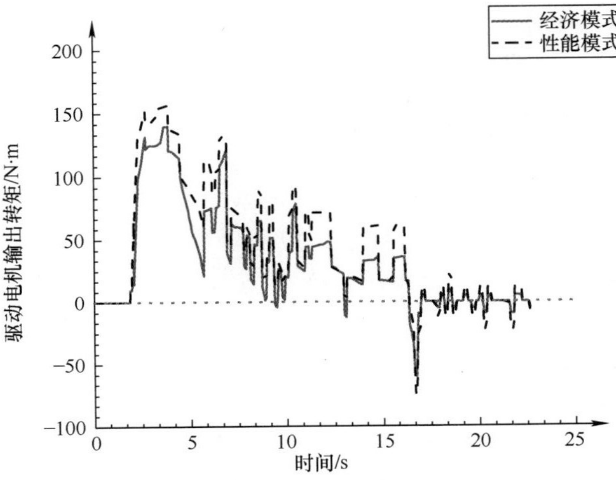

图 3.30　驱动电机输出转矩

根据驱动电机输出转矩仿真曲线得到图 3.31 所示的高压锂电电动叉车的经济模式与性能模式控制策略的车速对比。在同样加速踏板输入的条件下，性能模式最高车速可以达到 16.94km/h，而经济模式最高车速仅达到 11.03km/h，分析可得性能模式的动力性能强于经济模式。

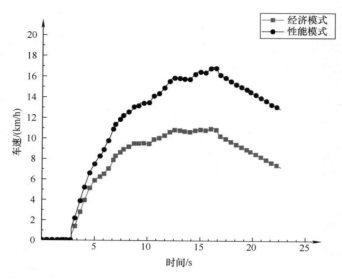

图 3.31　加速踏板控制策略车速仿真结果

综上所述，通过 MATLAB/Simulink 对仿真模型进行参数输入，分析仿真结果得到所制定的加速踏板加减速模糊控制规则的输出结果，并求得驱动电机在该过程中产生的补偿转矩，最终对比分析了经济模式与性能模式之间的动力性能差异，验证了加速踏板控制策略在高压锂电电动叉车上的可行性。

3.7　试验平台搭建与试验研究

本节主要验证高压锂电电动叉车动力总成系统方案在实际样机上的应用效果。需要搭建 3t 高压锂电电动叉车试验样机，包含硬件设备的装配、样机程序编制及试验数据采集程序的编写。对搭建的试验样机进行整车能耗试验与热平衡试验，并对其试验结果进行分析。

3.7.1　试验样机硬件搭建

根据高压锂电电动叉车动力总成方案，以及 3.4 节参数匹配中所确定的主要部件型号内容，根据图 3.32 所示的系统结构对传统 3t 电动叉车进行改造。

由于电动叉车安装空间较为紧凑，磷酸铁锂电池箱无法使用现有的标准电池箱，需要单独定制其箱体结构。图 3.33 所示为传统 3t 电动叉车蓄电池箱框架，为

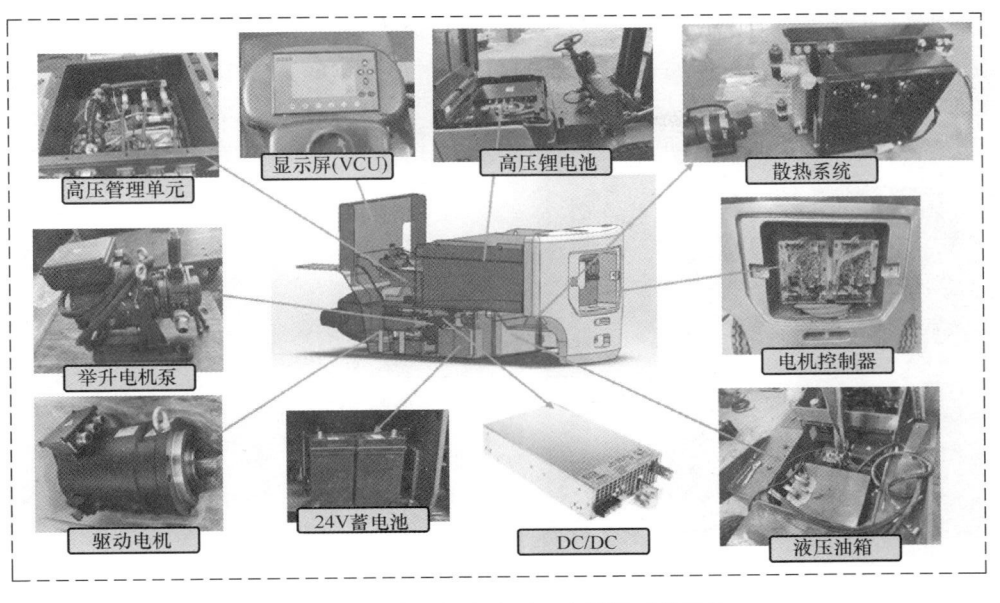

图 3.32　3t 高压锂电电动叉车样机系统结构

了保护磷酸铁锂电池箱不受外部碰撞导致电池损坏，故保留电池框架结构，将磷酸铁锂电池箱放入电池框架内。电池管理系统主要管理电池组的各个状态，对电池组发生的故障进行诊断与保护，并控制整车动力源的输出，为了节省布置空间，将电池管理系统直接集成至电池箱体内，磷酸铁锂电池箱的结构如图 3.34 所示。

图 3.33　蓄电池箱框架

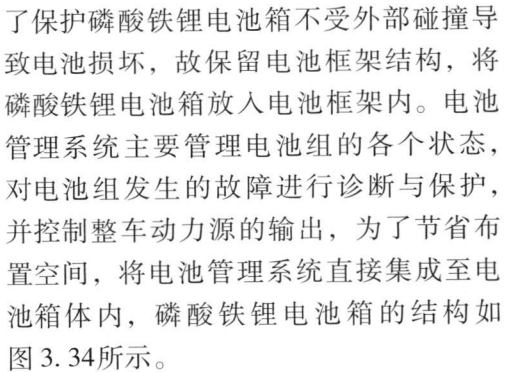

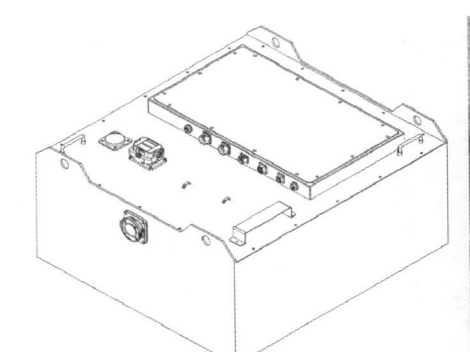

图 3.34　磷酸铁锂电池箱的结构

举升电机是高压锂电电动叉车液压系统的驱动部件，由于3t电动叉车的液压泵体积与质量较小，可以通过花键轴直接固定到举升电机上，举升电机泵的组装方式如图3.35所示。驱动电机如图3.36所示，驱动电机直接连接至横置式电动叉车减速器上，为高压锂电电动叉车提供行走动力。

图3.35　举升电机泵的组装方式

图3.36　驱动电机

3t高压锂电电动叉车使用了两台永磁同步电机，因此需要为其配置两台电机控制器。电机控制器是电动叉车重要的控制单元，需要放置在车架安全处，可放置空间有电池框架下部车架处与后配重处。在电动叉车行驶过积水路段时，下车架会少部分涉水，对于电机控制器安装而言是不利的，因此将电机控制器安装至水平位置较高的后配重处，两台电机控制器的安装位置如图3.37所示。

高压管理单元为整车能量分配进行实时控制与监控，并反馈整车能量流状态信息至整车控制器，高压管理单元箱体内部装有限制过流的熔断器，熔断器为易损元器件，因此需要将高压管理单元布置到容易检修的位置。3t高压锂电电动叉车座椅下方放置质量较重的电池箱体，而后部配重空间安放电机控制器，因此易检修且不易涉水的位置仅剩加速踏板的盖板下方，其布置位置如图3.38所示。

图3.37　两台电机控制器的安装位置

图3.38　高压管理单元安装位置

由于电机控制器的功率模块在高压锂电电动叉车工作时，发热量较大、温升过快，需要增加散热系统使其可长时间工作在许可温度范围内，保证电机控制器的可靠性。因此，高压锂电电动叉车选用液冷散热系统，同时为了降低永磁同步电机的工作温度，举升电机与驱动电机均接入该液冷散热系统。图 3.39 所示为 3t 高压锂电电动叉车样机的散热水路，其中为了确保叉车在爬坡或者重负载工况时不会发生驱动电机过热使整车行走动力中断的危险，应使行走驱动电机的散热水路单独一路以确保其散热效果。散热器总成与电动水泵安装位置如图 3.40 所示。

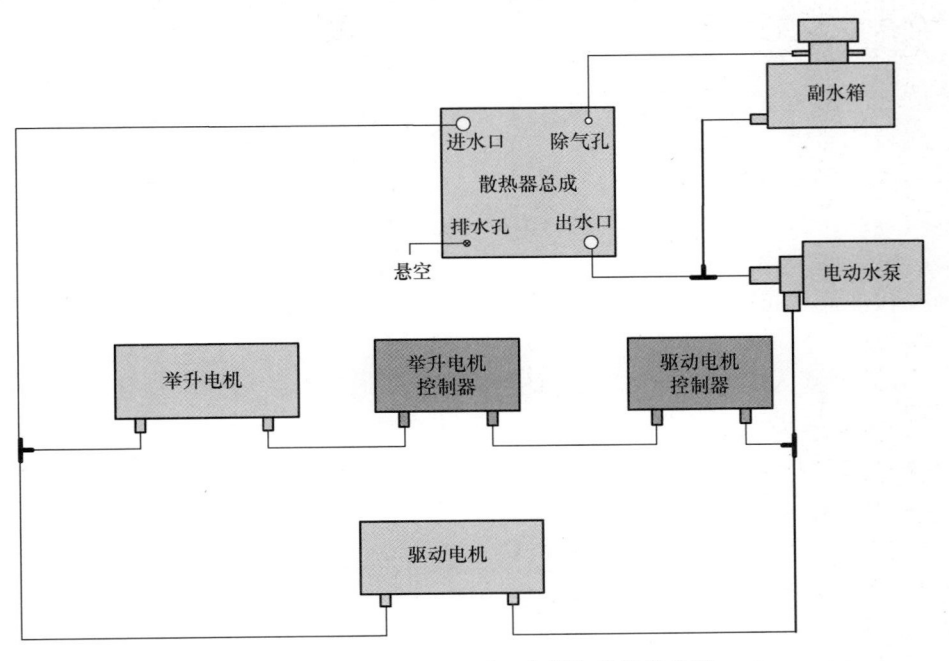

图 3.39　3t 高压锂电电动叉车样机的散热水路

综上所述，3t 高压锂电电动叉车试验样机三维模型如图 3.41 所示，样机实物如图 3.42 所示。

 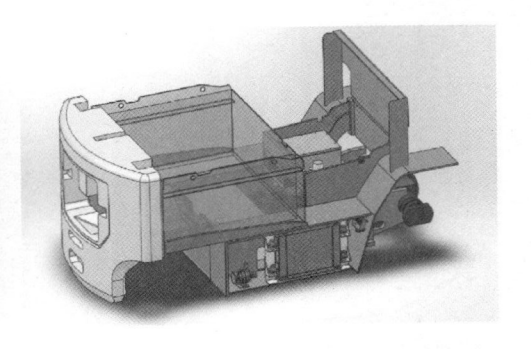

图 3.40　散热器总成与电动水泵安装位置　　图 3.41　3t 高压锂电电动叉车试验样机三维模型

3.7.2 试验数据采集平台

试验数据的采集主要通过 PCAN 与上位机来实现，整车各控制器的所有信息均通过一条 CAN 总线来实现信息的传递。上位机程序使用 PCAN 配套软件 PCAN-Explorer 进行二次编程，从而实现 CAN 总线数据的采集、自动解析与实时监控。在进行试验采集前，需要通过 PCAN-Explorer 查看高压锂电电动叉车样机 CAN 总线的负

图 3.42　3t 高压锂电电动叉车试验样机实物

载率，借鉴电动汽车的经验，其 CAN 总线负载率需要小于30%，以减少 CAN 总线错误帧、传输高延迟、总线设备连接不稳定等故障现象的发生。通过 PCAN-Explorer 软件读取可得所搭建的 3t 高压锂电电动叉车样机的 CAN 总线负载率范围为20.1%。

由于3t 高压锂电电动叉车样机的所有信息均通过单条 CAN 总线传输，因此采集整车试验数据时，数据会过于庞大难以处理，需要通过 PCAN-Explorer 中的 PCAN 符号编辑器进行解析程序编写，如图 3.43 所示，以实现采集软件中的实时解析，节约后期处理时间。

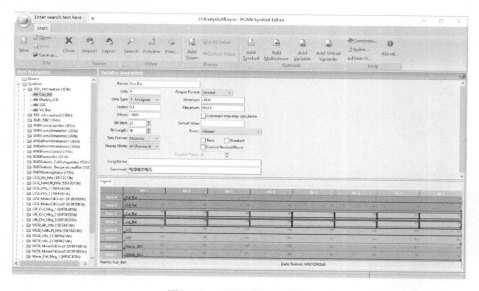

图 3.43　PCAN 符号编辑器

因此，整车试验数据采集平台的实物如图 3.44 所示，通过 PCAN 设备实现样机的 CAN 测试口与上位机的实时通信与数据采集。其中，PCAN- Explorer 试验数据采集界面如图 3.45 所示，而实时解析与实时显示界面如图 3.46 所示。

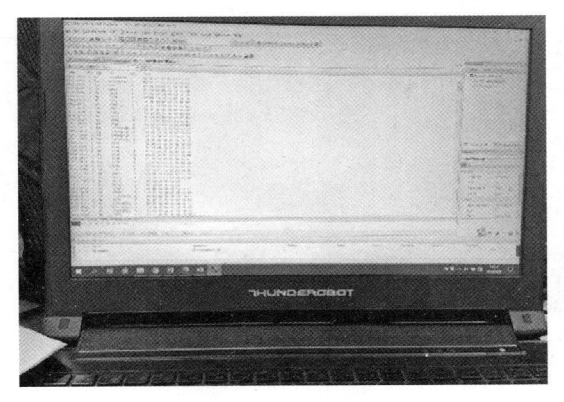

图 3.44　整车试验数据采集平台

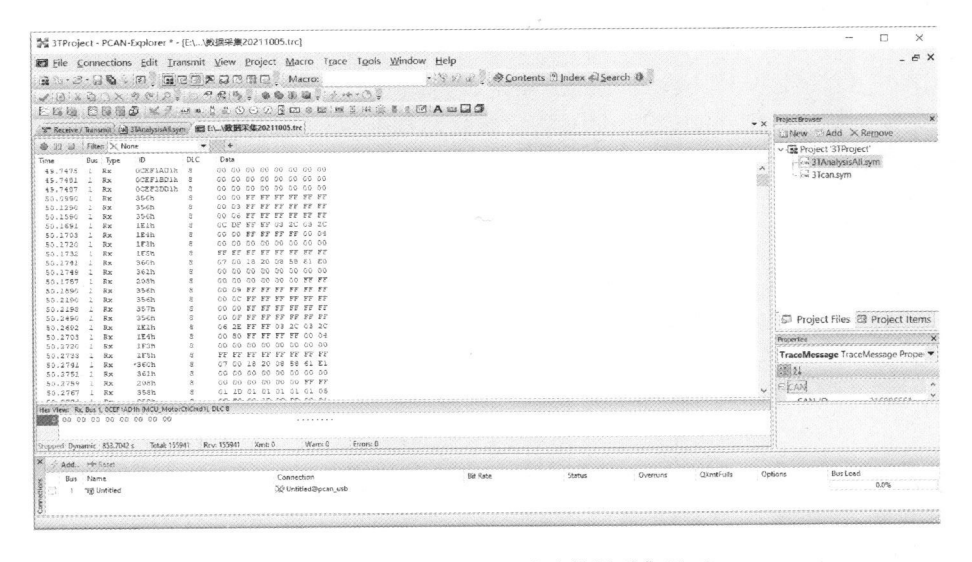

图 3.45　PCAN- Explorer 试验数据采集界面

3.7.3　高压锂电电动叉车能耗试验方法

在搭建完成 3t 高压锂电电动叉车样机后，通过对整车进行能耗试验，来验证动力总成及所对应的行走控制策略的实用性。试验方法主要参考《平衡重式叉车整机试验方法》（JB/T 3300—2010），主要分为平均能耗试验及强化试验。

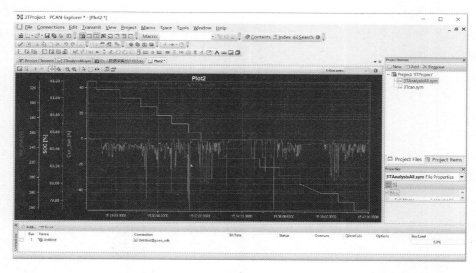

图 3.46　PCAN- Explorer 试验数据实时解析与实时显示界面

1. 平均能耗试验方法

3t 高压锂电电动叉车平均能耗测试运行路线图如图 3.47 所示，图中 L_0 为货物叉装运行距离。该测试方法使用固定额定载荷作为负载来测试电动叉车正常来回作业的能耗，测试工况包含：满载行走、满载转向、满载举升、满载下放、满载倾斜，通过多次重复运行作业，求取其平均能耗。

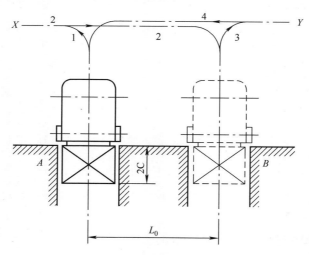

图 3.47　叉车平均能耗测试运行路线图

根据图 3.47 所示，电动叉车平均能耗试验运行步骤为：

1）电动叉车在 A 处，货叉处于空载情况，前进叉取重物，举升货物距离地面

300mm 处，门架后倾至限位。

2）电动叉车沿路线 1 倒车运行至 X 处。

3）电动叉车由 X 处沿路线 2 前行运行至 B 处，驻车在 B 处后，门架前倾至垂直位置，垂直举升货物 2000mm 后再降回距离地面 300mm 处，门架后倾至限位。

4）电动叉车沿路线 3 倒车运行至 Y 处。

5）电动叉车由 Y 处沿路线 4 前行运行至 A 处，驻车在 A 处后，门架前倾至垂直位置，垂直举升货物 2000mm 后再降回距离地面 300mm 处，门架后倾至限位。

其中，步骤 1 为首次作业时需要完成的步骤，从步骤 2 到步骤 5 为一次正常作业循环，电动叉车需要不间断地循环步骤 2 到步骤 5，直至连续运行超过 1h，记录运行次数及全过程 CAN 总线整车数据，求取每次循环平均能耗。

2. 强化试验方法

通过平均能耗试验可以求得电动叉车在额定载荷下的平均能耗，但该试验方法的作业循环方式较为单一，无法模拟实际使用电动叉车叉装不同负载及不同行驶方式的能耗情况。因此，需再对 3t 高压锂电电动叉车样机进行强化试验，强化试验运行路线图如图 3.48 所示，通过更改不同负载质量来模拟实际大负荷工作情况，再通过计算得到样机的电池容量在强化作业下的工作时长。

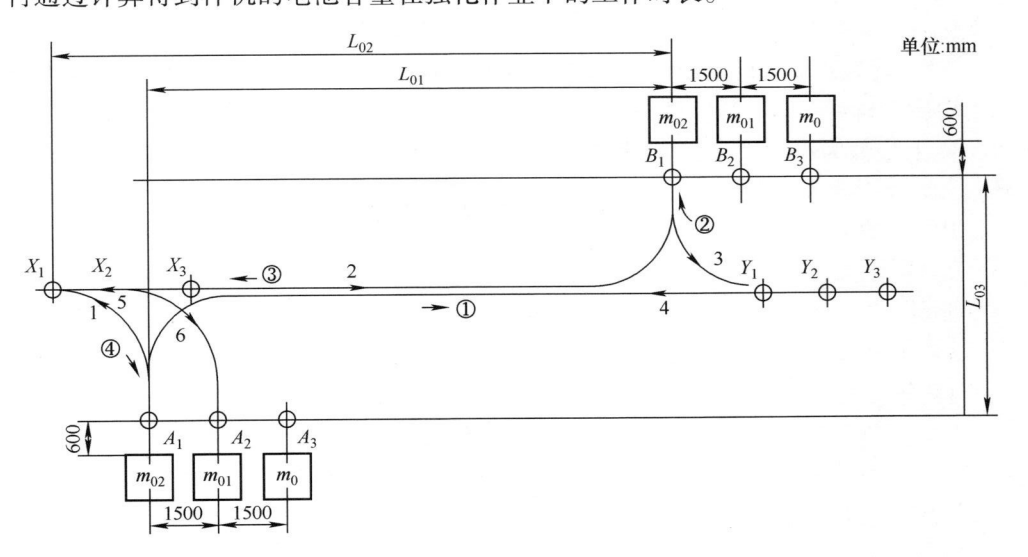

图 3.48　叉车强化试验运行路线图

电动叉车的强化试验包含两种不同行驶方式的循环。一种为与平均能耗试验相同，仅在把货物叉离货堆 A 处和 B 处时为倒车行驶，在中间长距离转场行走时，为前行的行驶方式；另一种为电动叉车把货物在 A 处叉取完成后，直接后行转场行走至放置货物的 B 处附近，前行放置货物。这两种作业方式都是电动叉车常见的行驶方式，其中后者方法可以有效减少作业时变速器前进挡与后退挡的切换频率，可提高作业效率与操作顺畅度，变速器齿轮的磨损较小，但缺点是需要驾驶人有丰富的后轮转向型车辆的倒车经验，增加了驾驶人操作难度。

根据图 3.48 所示，电动叉车强化试验前行运行步骤为：

1）电动叉车在 A_1 处，货叉处于空载情况，前进叉取 m_{02} 质量的负载。

2）电动叉车的门架倾斜至垂直位置，举升货物至距离地面 2000mm 处后，再下降回距离地面 150mm 处，门架后倾至限位。

3）电动叉车沿着路线 1 倒车运行至 X_1 处并制动。

4）电动叉车由 X_1 处沿着路线 2 前行运行至 B_1 处，制动并驻车在 B_1 处后，门架前倾至垂直位置，垂直举升货物 3000mm 后再降回距离地面 150mm 处，门架后倾至限位。

5）电动叉车沿着路线 3 倒车运行至 Y_1 处并制动。

6）电动叉车由 Y_1 处沿着路线 4 前行运行至 A_1 处，制动并驻车。

7）重复步骤 2 到步骤 6，m_{02} 质量的负载需要循环共 3 组，循环完成后，电动叉车在 Y_1 处卸下负载 m_{02}，沿路线 5 退至 X_1 处并制动。

8）电动叉车沿着线路 6 前行运行至 A_2 处，货叉叉取 m_{01} 质量的负载，重复步骤 2 到步骤 5，按照路线 A_2—X_2—Y_2—B_2—X_2—A_2 完成共 5 次循环。

9）与步骤 7 相同，放下 m_{01} 质量的负载，退至 X_2 处并制动。

10）电动叉车前行运行至 A_3 处，货叉叉取 m_0 质量的负载，重复步骤 2 到步骤 5，按照路线 A_3—X_3—Y_3—B_3—X_3—A_3 完成共 2 次循环。

以上步骤为电动叉车强化试验的前行作业路径，总共完成 10 组不同工况的循环过程。而后行的强化试验也同样需要完成 10 组，其试验步骤为：

1）电动叉车在 A_1 ~ A_3 与 B_1 ~ B_3 处的作业方式与前行对应步骤中一样。

2）电动叉车叉取负载 m_{02}，同步骤 1 进行作业后，沿着路线①直接后行至 Y_1 处并制动。

3）电动叉车沿着路线②前行至 B_1 处并制动，接着同步骤 1。

4）电动叉车沿着路线③直接后行至 X_1 处并制动。

5）电动叉车沿着路线④前行至 A_1 处并制动。

6）重复上述步骤，分别完成负载 m_{02} 的 3 组循环、负载 m_{01} 的 5 组循环、负载 m_0 的 2 组循环。

综上所述，该 20 组循环为电动叉车一次完整的强化试验，全部试验过程通过 PCAN 与上位机进行采集并记录，依据整车数据进行 3t 高压锂电电动叉车能耗的计算分析。

3.7.4 高压锂电电动叉车能耗试验结果分析

上一节对高压锂电电动叉车的能耗试验方法进行了详细的阐述，结合所搭建的试验数据采集平台，实现了对 3t 高压锂电电动叉车样机数据的实时采集，本节主要对样机平均能耗试验与强化试验采集的结果进行处理与分析。图 3.49 所示为能耗试验的现场照片。

图 3.49　3t 高压锂电电动叉车能耗试验的现场照片

1. 平均能耗测定结果分析

根据 3t 高压锂电电动叉车样机参数，平均能耗试验的具体试验参数见表 3.10，每次举升与行走载荷都为最大负载 3000kg，测试负载为标准砝码 2000kg 与 1000kg 组成，图 3.50 所示为负载标准砝码实物图。

表 3.10　平均能耗试验参数

项目	数值
额定载荷 m_0/kg	3000
运行距离 L_0/m	30
最大起升高度/mm	2000
测试时长 t_{c1}/s	4026
循环次数/次	37

对整个测试过程进行整车参数的数据采集，提取电池的总电压与总电流的 CAN 报文并对其进行解析，绘制电压与电流曲线。通过对数据的记录，3t 高压锂电电动叉车在平均能耗试验时的总测试时长为 4026s，循环次数为 37 次，平均每次循环用时为 108.81s。图 3.51 所示为电池总电压的曲线图，电池电压在工作时，根据每次循环中的不同工作状态会有小幅度的电压波动，电池总电压值在 320～328.5V

图 3.50　负载标准砝码实物图

区间内波动。而电池总电流如图 3.52 所示，电流的大小与作业时的瞬时功率有关，当电动叉车在做满载举升工况时，举升电机功率输出增大，其电流亦会大幅度上升，最大为 44.5A。

通过对图 3.52 中的电池总电流进行积分，可以得到这 37 次循环作业的总消耗

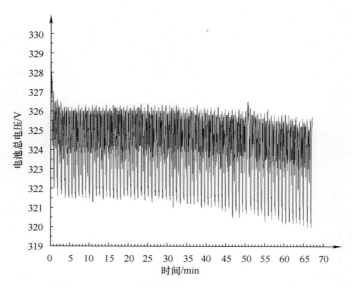

图 3.51　平均能耗试验电池总电压的曲线图

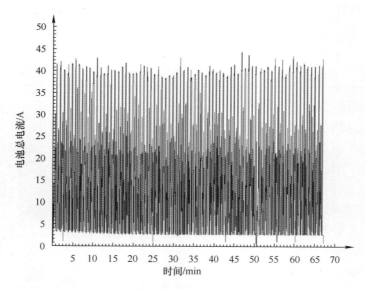

图 3.52　平均能耗试验电池总电流的曲线图

容量，其值为 19.07Ah，通过式（3-34）可计算得到该蓄电池可供循环次数：

$$n_x = \frac{\eta_b Q}{Q_d} \tag{3-34}$$

式中，n_x 为电池可供循环次数（次）；Q_d 为单次循环平均消耗容量（Ah）；η_b 为蓄电池放电效率，取 0.95。

而该电池容量在平均能耗测试下的可工作时长为

$$t_{\mathrm{m}} = \frac{n_{\mathrm{x}} T_{\mathrm{d}}}{3600} \tag{3-35}$$

式中，t_{m} 为电池可供试验循环时间（h）；T_{d} 为平均每次循环用时（s）。

通过平均能耗试验下得出的工作时长，可以预估实际 3t 高压锂电电动叉车样机在正常工况时的工作时长。

$$t_{\mathrm{G}} = K t_{\mathrm{m}} \tag{3-36}$$

式中，t_{G} 为电池可供样机使用的时长（h）；K 为叉车用户工作系数，一般 $K = 2.0 \sim 3.0$。

通过电池管理系统中发出的 CAN 报文可以得到蓄电池在试验工作输出的总功率（见图 3.53），由于电池总电压值波动较小，所以电池总输出功率曲线周期趋势与总电流曲线相似，其最大功率为 14.3kW。通过对曲线进行积分，可以得到样机在平均能耗试验的总能耗：

$$W_{\mathrm{c1}} = \frac{\int_0^t P_{\mathrm{c1}} \mathrm{d} t_{\mathrm{c1}}}{3600} \tag{3-37}$$

式中，W_{c1} 为样机平均能耗试验的总能耗（kW·h）；P_{c1} 为电池的总输出功率（kW）；t_{c1} 为样机平均能耗试验测试时长（s）。

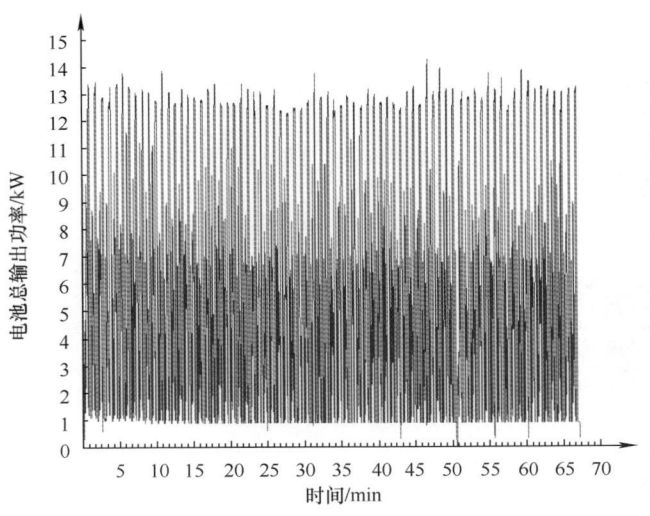

图 3.53　平均能耗试验电池总输出功率的曲线图

经过上述公式可以得到 3t 高压锂电电动叉车在平均能耗试验的工况下，样机试验总能耗为 6.16kW·h，电池总容量可供循环 184 次，在该总容量条件下可以工作 5.56h，考虑叉车用户的工作系数，可以得到该样机可以在正常工况环境下工作 11.12 ~ 16.68h。但在用户使用时，要尽量避免把电池容量全部消耗完，需要预留一定的容量保证电动叉车能转场充电，且避免电池过放电影响电池使用寿命。因此，电池一般需要预留 20% 的容量，此时样机在正常工况环境下可以工作 8.89 ~ 13.34h，符合蓄电池选型设计时一班 7.5h 的工作时长。

图 3.54 所示为 3t 高压锂电电动叉车样机在平均能耗试验中 2 次循环的电池总输出功率曲线，从图中标注可以分辨出电动叉车的工作情况。通过对每一部分进行积分分析，就可以得出电动叉车在不同工况下所消耗能量的占比，其占比情况见表 3.11。

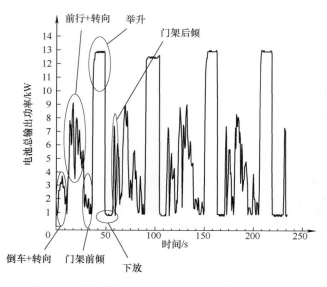

图 3.54　平均能耗试验电池输出功率曲线工况分析

表 3.11　平均能耗试验不同工况能耗占比

工况	整车能耗占比（%）
倒车 + 转向	7.1
前行 + 转向	29.6
门架前倾	3.7
举升	53.1
下放	2.1
门架后倾	4.4

3t 高压锂电电动叉车在额定载荷负载工作时，整车能耗最高是在满载举升时，占比超过整个平均能耗试验过程的一半。在行走动力系统方面包括了前进和后退行走与转向，平均能耗试验中行走动力系统总能耗占比为 36.7%。在电动叉车下放重物的过程中，由于整车处于驻车状态，只有举升液压缸在进行下放动作，举升电机由于未检测到举升信号、倾斜信号、加速信号与制动信号而进入停机节能模式，

此时整车能耗主要来自于整车各个辅件供电与 DC/DC 的工作消耗。

综上所述，3t 高压锂电电动叉车在平均能耗试验的总能耗为 6.16kW·h，经过估算可得该动力总成参数方案可以使正常用户作业 8.89 ~ 13.34h，符合用户每班工作时长的要求。通过对平均能耗试验过程中各个工况整车能耗占比的计算与分析，可知整车能耗最高为满载举升工况，能耗占比 53.1%，其次是行走动力系统，占比 36.7%。

2. 强化试验结果分析

依据强化试验方法及 3t 高压力锂电电动叉车动力总成的参数匹配，本次强化试验参数见表 3.12。所设计的强化试验方法中采用 3 种不同的负载质量进行测试，分别为 0、2000kg、3000kg 的标准砝码进行测试。

表 3.12　强化试验参数

项目	数值
额定载荷 m_0/kg	3000
负载质量 m_{01}/kg	2000
负载质量 m_{02}/kg	0
运行距离 L_{01}/m	30
运行距离 L_{02}/m	33.5
运行距离 L_{03}/m	7
A 处举升高度/mm	2000
B 处举升高度/mm	3000

电动叉车强化试验分为前行与后行试验，每一部分都包含不同负载的工况测试，其前行的电池总输出功率曲线如图 3.55 所示，而后行的电池总输出功率曲线

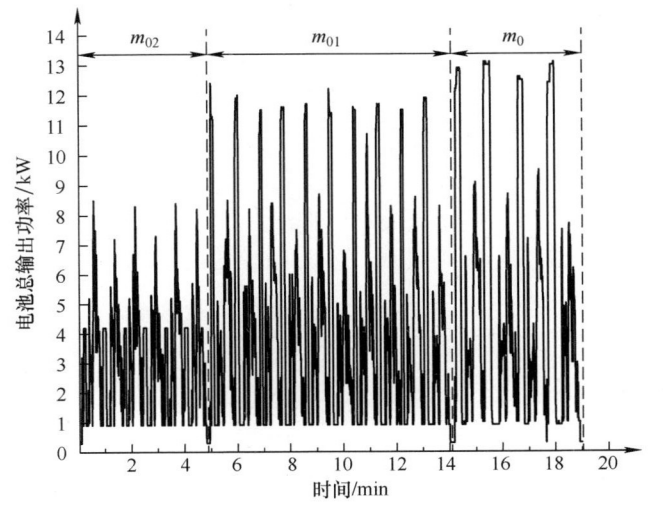

图 3.55　强化试验前行的电池总输出功率曲线

如图 3.56 所示。其中，前三组循环为 m_{02} 的负载质量，中间 5 组循环为 m_{01} 的负载质量，最后 2 组循环为最大负载质量 m_0。样机的前行强化试验共计用时 1138s，后行强化试验用时 1227s，使用式（3-38）分别对两部分强化试验进行计算：

$$W_{c2} = \frac{\int_0^t P_{c2} \, dt_{c2}}{3600} \tag{3-38}$$

式中，W_{c2} 为样机强化试验的总能耗（kW·h）；P_{c2} 为样机强化试验电池的总输出功率（kW）；t_{c2} 为样机强化试验的测试时长（s）。

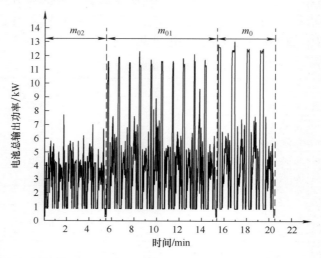

图 3.56　强化试验后行的电池总输出功率曲线

通过积分计算可以得到不同负载质量下的强化试验能耗见表 3.13。样机强化试验前行总能耗为 1.30kW·h，后行总能耗为 1.39kW·h，所以强化试验 20 组循环总能耗为 2.69kW·h。通过式（3-39）计算可得蓄电池总电量可供强化试验的次数：

$$n_y = \frac{\eta_b W_e}{W_{c2}} \tag{3-39}$$

式中，n_y 为电池可供循环次数（次）；W_e 为电池总电量（kW·h）。

表 3.13　不同负载质量下的强化试验能耗

运行方向	负载质量/kg	循环次数/次	试验能耗/kW·h
前行	0	3	0.25
	2000	5	0.65
	3000	2	0.40
后行	0	3	0.28
	2000	5	0.69
	3000	2	0.42

由上述可知电动叉车强化试验总时长为 2365s，可以求得 3t 高压锂电电动叉车样机电池总电量可供强化试验的时长为 7.42h，并结合式（3-36）预估样机在正常工况工作时间为 14.84 ~ 22.26h，为了保护电池与保证电动叉车能转场充电，用户的实际使用电量为总电量的 80%。因此，3t 高压锂电电动叉车样机在实际使用过程中的工作时长为 11.87 ~ 17.80h，符合蓄电池容量设计选型时的使用时长。

图 3.57 所示为 3t 高压锂电电动叉车样机在空载时的电池输出功率曲线，图上标注了电动叉

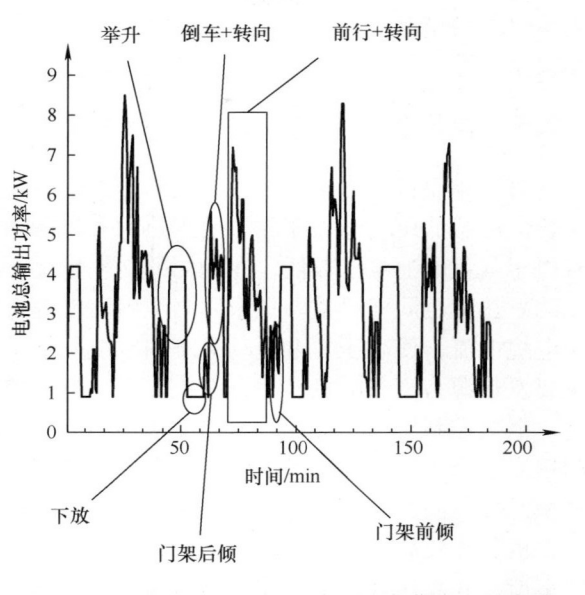

图 3.57　强化试验空载电池输出功率曲线工况分析

车不同功率曲线所代表的作业工况。与平均能耗试验满载作业工况相比，可以明显得到不同负载对举升功率的影响，货叉在空载举升时，举升电机所需功率较小，使电池总输出功率比满载举升工况低。通过对各个不同工况情况的输出功率进行积分，可以得到表 3.14 所示的 3 种不同负载下电动叉车不同工况整车的能耗占比。

表 3.14　强化试验空载时不同工况能耗占比　（%）

工况	空载	2t 负载	3t 负载
倒车 + 转向	18.5	12.0	9.6
前行 + 转向	47.3	41.1	30.4
门架前倾	6.0	4.2	3.8
举升	22.0	35.5	49.6
下放	4.1	2.8	2.9
门架后倾	2.1	4.5	3.7

通过对比可得，3t 高压锂电电动叉车样机在空载时，行走动力总的能耗最大，占整车能耗的 65.8%，而举升工况仅为 22.0%；当载荷为 2000kg 负载时，其行走系统占比为 53.1%，举升能耗占比为 35.5%；而在满载时，强化试验能耗与平均能耗分析相近，均为满载举升时能耗最多，占比为 49.6%，而行走系统占 40.0%。

综上所述，通过两种试验方法对 3t 高压锂电电动叉车进行不同工况下的能耗测试，依据《平衡重式叉车 整机试验方法》（JB/T 3300—2010）对高压锂电电动叉车样机进行数据计算，验证整车动力总成参数匹配的正确性，整车预估工作时长

满足每班的作业时长。并通过积分计算方式，分析了每种工况的能耗占比，得到电动叉车在进行举升与行走时消耗的能量最多。

3.7.5 高压锂电电动叉车热平衡试验

对叉车而言，热平衡的性能是十分重要的，直接影响叉车工作的可靠性及作业时长。传统低压电动叉车的主要发热源来自驱动电机、举升电机、电机控制器，同时由于其蓄电池电压较低，在相同的功率情况下，电机需要的电流更大，故使其电缆的发热量也同样严重。在采用高压磷酸铁锂蓄电池后，提升电池电压的同时减小了电缆电流，使高压锂电电动叉车的电缆发热量下降，因此，高压锂电电动叉车的主要发热源为驱动电机、举升电机、驱动电机控制器及举升电机控制器。

电机控制器的功率元件对温度较为敏感，在较高温度下工作易使功率元件的控制精度下降，影响高压锂电电动叉车的正常使用，长时间高温工作甚至会直接损坏功率元件。而驱动电机与举升电机都是采用较高功率密度的永磁同步电机，永磁同步电机若在较高温度的情况下工作，会存在一定的失磁风险，从而影响到整车的安全性。3t 高压锂电电动叉车为了避免整车热量过高，在动力总成设计时增加了液冷散热系统，其水路接线图如图 3.39 所示，将驱动电机、举升电机及所对应的电机控制器接入整车散热水路中。本节主要分析样机液冷散热系统达到热平衡时，整车的电机与电机控制器的温度情况。

1. 叉车正常作业热平衡分析

在进行热平衡测试前，需要先标定测温点的位置。在驱动电机控制器与举升电机控制器中，其发热量主要来自于功率元件，而产生较多热量且对工作温度较为敏感的功率元件为 IGBT 模块，所以监控电机控制器温度变化主要在 IGBT 模块附近。驱动电机与行走电机的测温点主要在其安装位置空间内，两台电机都布置在驾驶人脚底盖板下方与座椅下方，电机的发热会影响驾驶人的操作体验，且其热量的释放可能会影响到其他相邻的电气设备，如高压管理单元、电池箱体、DC/DC 等。

3t 高压锂电电动叉车的热平衡试验温度采集工作由两台电机控制器上的 I/O 接口实时采集，电机控制器通过其 CAN 通信模块将采集的温度信息发送至 CAN 总线上，上位机使用 PCAN-Explorer 对总线上的温度报文进行记录与实时解析。而为了更快地让样机进入热平衡状态，本试验的测试方法与平均能耗的作业工况相同，使用 3000kg 负载，作业循环包含行走、转向、举升、下放及倾斜正常作业等，让电机及电机控制器温度较快地上升。样机热平衡试验温度采集结果如图 3.58 所示。

根据图 3.58 中曲线可知，热平衡试验现场环境温度为 24℃，通过对比可得驱动电机控制器与举升电机控制器温度上升较快且温度比电机舱高。经过约半小时的作业，驱动电机控制器、举升电机控制器及驱动电机舱温度开始趋于平稳，温度分别为 42℃、42℃与 36℃，而举升电机舱温度依旧缓慢上升。举升电机舱温度继续上升有以下原因：首先，图 3.59 所示为热平衡试验两个循环周期的电机转速曲线，

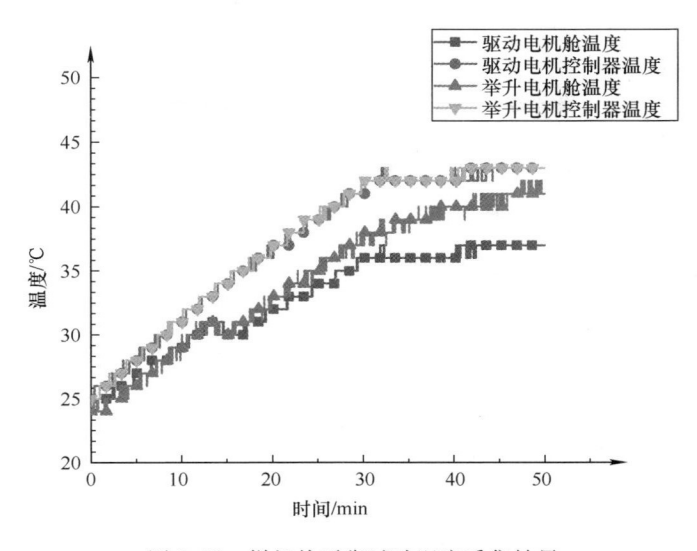

图 3.58　样机热平衡试验温度采集结果

其中举升电机全过程基本都处于满载举升与 1000r/min 怠速状态，而驱动电机的工作方式为间歇工作，使举升电机发热量继续提升；其次，驱动电机散热系统水路为单独一路，而举升电机散热系统水路串联至两台电机控制器后端，前端水路带来的热量会继续提升举升电机舱温度；再者，驱动电机安装位置为叉车前驱动桥后端，叉车在行驶时会带走驱动电机舱的部分热量，而举升电机安装至电池箱下方与液压油箱旁，空间较为封闭且会受到液压油箱散热影响。最终，举升电机在 43min 时达到热平衡，此时整车处于热平衡作业工况。

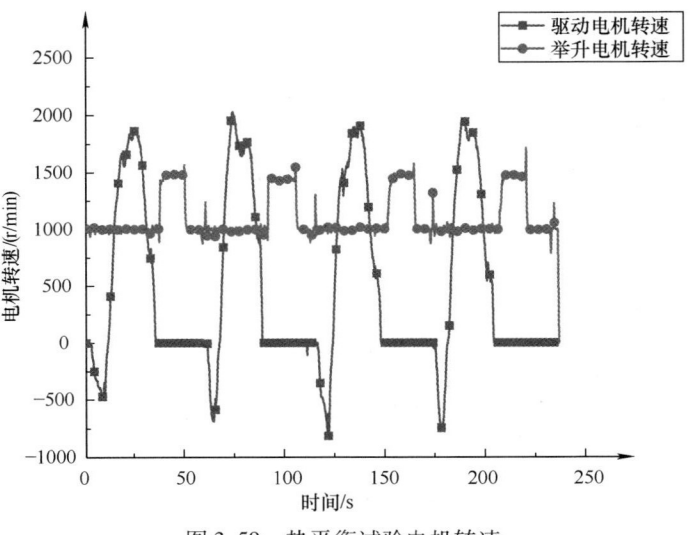

图 3.59　热平衡试验电机转速

综上所述，3t 高压锂电电动叉车试验样机在平均能耗测试工况下，需要经过 43min 整车达到热平衡，此时驱动电机控制器热平衡温度为 43℃，举升电机控制器为 43℃，驱动电机舱为 37℃，举升电机为 41 ~ 42℃。电机控制器设置停机保护工作温度为 80℃，样机达到热平衡后低于该保护温度，因此整车散热系统可以保证 3t 高压锂电电动叉车长时间稳定工作。

2. 叉车行走作业热平衡分析

通过上述小节可以得到 3t 高压锂电电动叉车在正常作业时的热平衡情况，正常作业时，驱动电机主要负责短距离搬运，在电动叉车举升与下放工况中，叉车都处于驻车状态，使驱动电机在整个正常作业过程中处于间歇工作。然而，电动叉车的使用场景丰富，有时会作为中长距离搬运车辆使用，所以需要单独对行走作业工况进行热平衡分析，确保中长距离搬运负载行走系统的可靠性。为了兼顾叉车在运输过程中的加速、制动、转向、前行、后行的工况，因此叉车行走作业路线与平均能耗试验所示的路线与试验方案相同，但在 A 处与 B 处不做举升与倾斜作业，仅做连续运输 3000kg 负载试验。

在进行行走作业热平衡试验时，驱动电机一直处于工作状态，举升电机全程处于 1000r/min 目标转速下工作，以确保行走转向系统正常工作。通过试验数据采集平台所采集的数据（见图 3.60），驱动电机控制器的热平衡温度为 43℃，驱动电机舱的热平衡温度为 36℃。其中驱动电机控制器热平衡温度低于 80℃ 的安全温度，所以 3t 高压锂电电动叉车散热系统可以满足满载长时间行走工况。

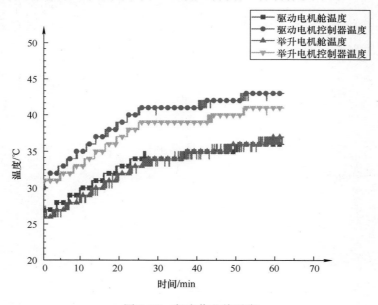

图 3.60　行走作业热平衡

第4章　电动叉车重力势能电气式回收系统

传统电动叉车仅将发动机替换为电动机，未对其举升系统深入研究改造。电动叉车举升液压系统需要频繁地完成搬运、装卸货等作业，当货物随举升系统货叉下降时，负载重力势能损失通常会使举升液压系统发热，导致叉车液压系统振动、寿命降低，也限制了电动叉车单班工作时间。电动叉车势能回收可以有效改善上述问题，回收能量的再利用可大幅提高蓄电池的续驶时间，对于保证电动叉车正常作业和延长其单班续驶时间具有重要意义。

4.1　电动叉车举升系统方案分析与设计

4.1.1　势能回收工况分析

不同额定载荷能力的叉车耗能有所不同，但其各个部分耗能占比大致相同。电动叉车整车能量 50% 消耗于行走系统、40% 消耗于举升系统、10% 用于转向、俯仰、风扇等其他系统，其中举升系统所消耗的整车 40% 能量大部分转化为负载的重力势能。可见，在电动叉车在作业过程中，对举升系统势能进行回收再利用具有重要意义。

在叉车单次作业中，存在多次举升与下降、倾斜、转向及起动、制动。对于传统阀控的电动叉车，液压缸的运行速度依靠阀口开度来调节。图 4.1 所示为传统阀控系统在举升过程中的能耗占比示意图，其中负载压力 p_L 的大小决定了系统压力

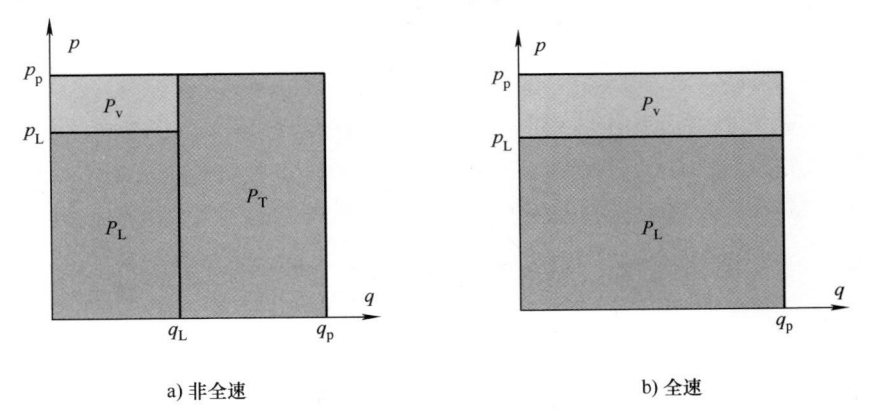

a) 非全速　　　　　　　　　　　　b) 全速

图 4.1　传统阀控举升能耗占比示意图

p_p 的大小，而 p_p 与 p_L 之间的差值则为节流阀节流引起的阀口压差损失，q_p 为系统总流量，q_L 为进入升降液压缸的实际流量，P_L、P_v 及 P_T 分别为负载消耗功率、节流损失功率与三位六通换向阀中位回油节流损失功率。

可以看出，在非全速举升时，由于电机采用定转速的控制方法，泵输出流量是固定的，小部分流量进入举升液压缸，大部分流量则从换向阀中位回到油箱，故此时会存在较大的回油节流损失，这部分能量转换为热能继而影响液压系统的使用寿命与安全性能。而全速举升时，尽管油液全部进入举升液压缸，但是节流阀口还是会不可避免地产生一定的节流损失。

另外，在下降工况中，由于传统叉车液压系统并没有装置能够实现回收负载下降时的重力势能，这部分能量最终通过节流损失转化成热能进一步影响液压系统的安全性能。

通过上述分析可知，节流损失功率 P_v 的大小与节流阀本身参数及执行器的目标流量大小有关，因此无法消除，仅能通过减小阀口前后压差来减小。因此本章主要研究对象在于如何消除回油节流损耗失功率 P_T 及回收下降时的负载消耗功率 P_L。

4.1.2 现有电动叉车势能回收储能方式分析

1. 基于飞轮的机械式储能分析

飞轮和弹簧可作为机械式能量回收系统的储能装置。对于经常进行往复循环运动的液压系统来说，由于弹簧式回收系统容易发生疲劳而断裂，所以不适用；作为机械式能量回收的代表，飞轮的转动是被外部载荷带动旋转运动的，其他形式的能量会以动能的形式储存到飞轮上，图4.2所示为飞轮储能原理图，影响飞轮储存能量的因素为飞轮的本体构成，飞轮能够回收的能量跟飞轮的体积成正比，在不间断上升和下降的工况下可以使用飞轮，李建松等人设计了动臂势能回收和重复使用的方案，该方案效率达65%。飞轮储存能量的公式为

$$E = \frac{1}{2}J\omega^2 \tag{4-1}$$

式中，J 为飞轮的转动惯量（kg·m²）；ω 为飞轮的角速度（rad/s）。

因为飞轮旋转的速度很快会产生很大的离心力，也会对系统产生不良影响。通常飞轮的最高旋转速度是被轴向力限制的：

$$\delta = \frac{3+\lambda}{9}\rho\omega_{max}^2 r_f^2 \tag{4-2}$$

$$\omega_{max} = \sqrt{\frac{9\delta}{(3+\lambda)\rho r_f^2}} \tag{4-3}$$

式中，δ 为许用应力；λ 为泊松比；ω_{max} 为最大角速度（rad/s）；r_f 为飞轮的半径（m）；ρ 为材料的密度（kg/m³）。

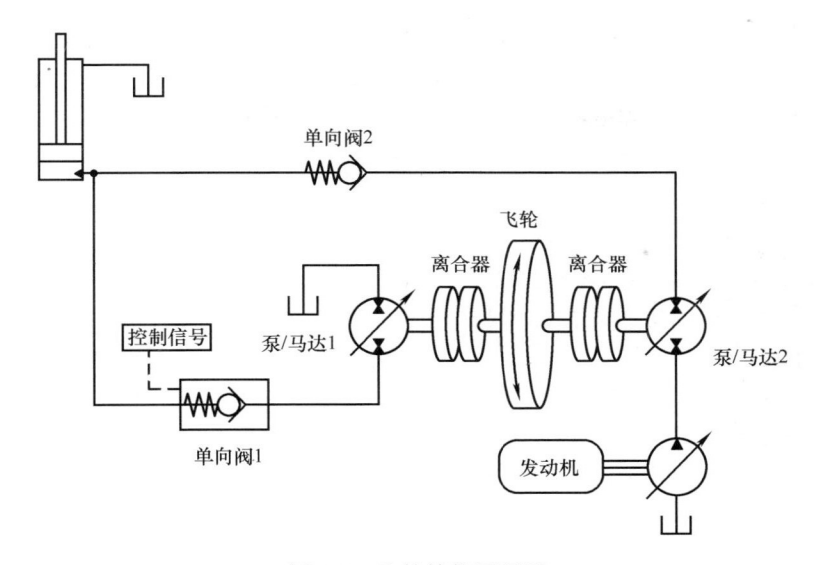

图 4.2　飞轮储能原理图

　　在小型发电机中使用飞轮装置，是因为它使用方便、储能密度高，且损失的能量少、无污染。飞轮的安装位置空间和体积成正比，而工程机械空间较小，故而飞轮不适宜在工程机械上应用。

2. 基于液压蓄能器的液压式储能分析

　　液压蓄能器是液压式势能回收系统的能量储存装置，液压蓄能器优点是功率密度高，回收能量和释放能量迅速，能够吸收压力冲击，工程机械的载荷波动较大，因此适宜于液压蓄能器。液压蓄能器储能原理是高压的液压油流入液压蓄能器中，液压蓄能器气囊中的气体被压缩而压力升高，储存能量，液压蓄能器里的液压油体积增加；当液压蓄能器释放能量时，内部的气囊气体体积膨胀将液压油挤出，内部油液压力降低。

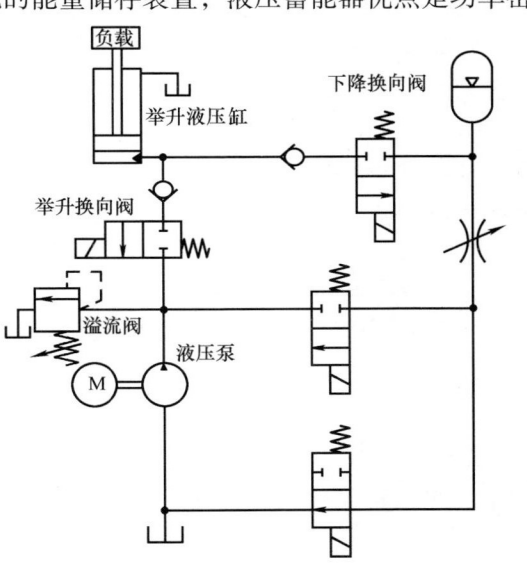

　　图 4.3 所示为基于液压蓄能器的液压式能量回收系统原理图，当举升液压缸随载荷下降时，液压蓄能器的压力逐渐增大，举升液压缸无杆腔内的压力油经过单向阀和下降电磁阀最后进入液压蓄能器中，这时能量被回

图 4.3　基于液压蓄能器的液压式能量
回收系统原理图

收。当系统中的压力值减小时，液压蓄能器中的高压油液就会通过电磁阀释放到液压泵的入口处，降低液压泵的进出口压差与驱动电机的功率，进而实现能量的再利用。液压蓄能器的压力和电磁阀的控制都需要满足系统要求。液压蓄能器按能量释放的方法不同可以分为五种：经过电磁阀释放到另外的执行器；被直接释放到液压泵的进口处，目的是降低进出口的压差进而降低能量损失；经由平衡液压缸释放；经由液压泵/马达释放；被释放到液压泵的出油口给载荷提供油液。

3. 基于蓄电池的电气式储能分析

在基于蓄电池的电气式势能回收系统中，举升液压缸随负载下降而下降，举升液压缸无杆腔中的液压油带动液压马达转动进而马达驱动发电机发电，将重力势转变成电能储存到蓄电池中。

蓄电池电气式储能的优点是能量密度大，能量损失少。由于铅酸蓄电池成本低，所以常作为车辆电池为车辆供能。图4.4所示为基于蓄电池的电气式势能回收原理图。

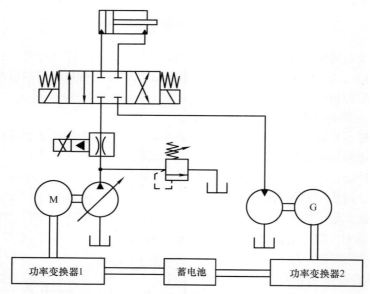

图4.4　基于蓄电池的电气式势能回收原理图

蓄电池的容量计算公式：

$$Q = \int_0^t i(t)\,\mathrm{d}t \tag{4-4}$$

式中，Q 为蓄电池容量（Ah）；i 为蓄电池的充电电流（A）；t 为蓄电池的充电时间（h）。

蓄电池能量回收系统在电动叉车上应用，其优点是可以充分利用原叉车上的铅酸蓄电池，无须在原本的空间上增加额外的装置。缺点是铅酸蓄电池的功率密度小，在负载下降时能量不能在较短时间进行回收储存。

4. 基于超级电容的电气式储能分析

超级电容储能跟蓄电池储能类似，系统也相似，只不过蓄电池储能是将能量储存到蓄电池中，超级电容储能是将能量储存到超级电容中，同属于电化学的储能范围。举升液压缸无杆腔中的液压油带动液压马达转动，液压马达进而驱动发电机发电，负载的重力势能通过发电机转化为超级电容中的电能。图 4.5 所示为超级电容储能原理图。

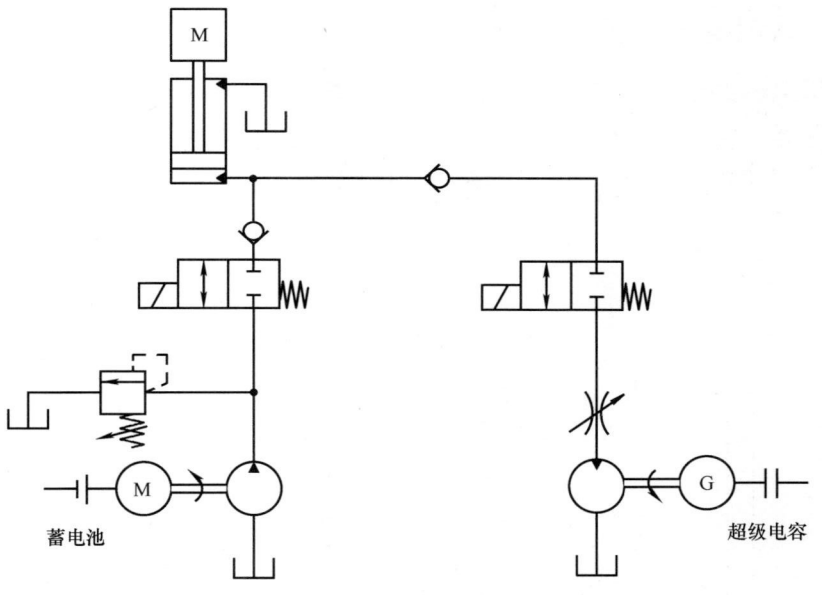

图 4.5　超级电容储能原理图

图 4.6 所示为超级电容的结构组成图，其原理是对电解质进行极化，超级电容的组成包括电解液、隔膜、正负极等。

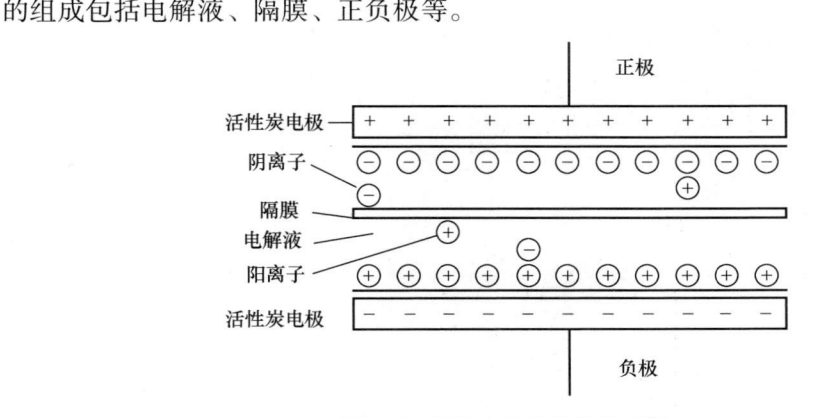

图 4.6　超级电容的结构组成图

超级电容能够储存能量的公式如下：

$$E = \frac{1}{2}CU^2 \qquad (4-5)$$

式中，U 为超级电容两端的电极电压（V）；C 为超级电容的电容（F）。

超级电容的优点是功率密度大，能量的回收与释放都可以在短时间内实现，而且充放电流高，可以进行瞬时大电流的回收与释放；缺点是对系统进行改动的地方多，成本高，控制复杂，故而在工程机械的使用受到了一定限制。

4.1.3 新型电动叉车势能回收方案设计

针对上述传统叉车液压系统中存在的回油节流损失，以及下降时重力势能存在浪费的情况，如图 4.7 所示，提出了一种基于电动/发电-泵/马达阀口压差控制的电动叉车举升驱动与回收一体化系统。工作原理如下：

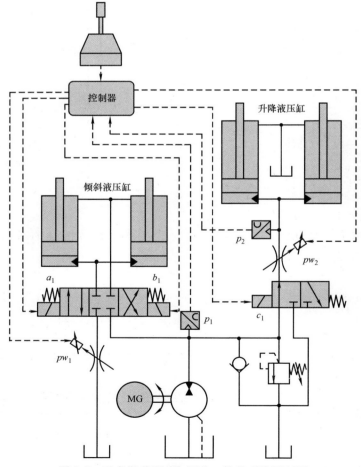

图 4.7　叉车举升驱动与回收一体化系统原理图

1）升工况：操作人员操作手柄发出举升信号，控制器根据接收到的手柄信号解析出比例节流阀的目标开度并输出到比例节流阀 pw_1 电磁铁，此时保持电磁换向阀 a_1、b_1、c_1 与比例节流阀 pw_2 电磁铁均不得电。

与此同时，控制器采集比例节流阀 pw_1 前后压力数值 p_1、p_2，通过式（4-6）计算得到实际压差，与目标压差一并作为 PID 闭环算法输入，计算得出目标电机转速、转矩并输出至电机控制器控制电机正转，从而完成举升工况。

$$\Delta p = p_1 - p_2 \qquad\qquad (4\text{-}6)$$

2）降工况：与上升时相似，不同在于此时压差计算应通过式（4-7）来计算得到，由此控制电机反转实现下降工况，并回收势能。

$$\Delta p = p_2 - p_1 \qquad\qquad (4\text{-}7)$$

另外，当压差控制失效或处于势能不回收模式时还可通过电磁换向阀 c_1 电磁铁得电换位，此时液压缸无杆腔与油箱相连，从而实现传统的阀控节流调速下降。

3）倾斜工况：与传统阀控类似，通过切换电磁换向阀 a_1、b_1 电磁铁得电与否，即可实现前倾与后倾。

4.2　举升系统数学模型分析

4.2.1　调速原理介绍

当前在叉车举升系统中，常见的有传统阀控节流调速系统与变转速泵控容积调速系统，其余调速方式反而会使原本简单的叉车液压系统复杂化，因此并不适合中小型叉车，此处不再论述。

1. 传统阀控节流调速系统

在传统阀控节流调速系统电动叉车中，升降系统通常包括电机、定量泵、手动换向多路阀及升降液压缸，传统阀控调速系统示意图如图 4.8 所示。通常电机转速固定不变，即泵出口流量大小不变，操作人员操控手动比例换向阀控制阀口开度来分配流量。只允许目标流量进入执行器，多余流量则通过多路阀中位回到油箱。虽然阀控具有响应快、成本低、系统简单等优点，但依然存在如下三个问题：

1）存在较大的节流损失，难以实现势能回收，液压式、电气式回收均不适用。导致液压油温升加快，长时间工作容易引发泄漏等问题，导致安全性、可靠性降低。

2）阀口压差随流量的变化而变化，从而导致液压

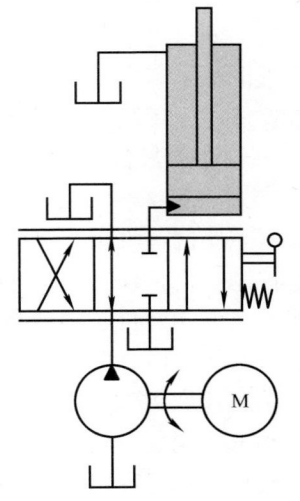

图 4.8　传统阀控节流
调速系统示意图

缸的实际运行速度并不完全正比于手柄开度，操控体验感和速度线性度较差。

3）通常控制阀为手动款，不利于进一步实现电动叉车的智能化、无人化自动作业。

2. 变转速泵控容积调速系统

变转速泵控容积调速技术随着电机、电驱技术的不断发展而趋于成熟，逐渐应用于叉车举升调速系统中。然而在目前的研究中大部分依靠一套电机泵与一套液压马达发电机来实现举升驱动与下降势能回收，并不完全适用中小型叉车。得益于液压元件制造业的发展，当前有不少液压泵产品能够实现泵和马达双工况，因此可将原来的电机泵替换为电动/发电-泵/马达，将传统的手动换向多路阀替换为电磁开关阀，届时液压缸速度则完全依靠电动/发电机的转速进行调节，电机正转时，液压缸上升，液压缸下降时则带动发电机转动发电，可实现势能回收，变转速泵控容积调速系统示意图如图4.9所示。

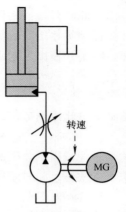

图4.9 变转速泵控容积调速系统示意图

与变量泵控容积调速相比，变转速泵控容积调速的优势在于：

1）液压系统油路更加简单。

2）电机转速响应快于泵的变排量机构，因此系统响应较快。

3）电机的低转速区间整体效率要高于泵的低排量区间效率，因此系统效率更高。

与传统阀控节流调速相比，变转速泵控容积调速的优势在于：减少了系统节流损失，同时更加容易对负载势能进行电气式回收，提高系统节能效率；不足则在于系统取消了节流阀，系统的阻尼减小，因此系统在操控性上要逊色于传统阀控节流调速。

3. 泵阀复合控制调速

为了提高系统阻尼特性，泵阀复合控制调速在结构上保留了比例节流阀（见图4.10）。执行器运动时通过闭环调节控制电机，使比例节流阀阀口压差保持不变。此时改变比例节流阀开度，由小孔通流公式可以得知：当节流阀前后压差不变时，其通流流量大小与其通流面积成正比，即节流阀开度越大，执行器速度越快。故而通过此种控制方式理论上能获得更优于传统阀控节流调速的调速精度和优于变转速泵控容积调速的响应速度。

泵阀复合控制调速与传统阀控节流调速的主要区别在于此时电机转速并非固定不变，而是随着目标液压缸速度

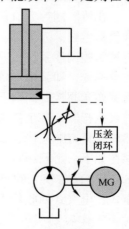

图4.10 泵阀复合调速示意图

的变化而变化，即通过压差闭环，电机转速会自适应目标流量需求。从而消除了回油节流损失，实现了节能。与变转速泵控容积调速的不同在于保留了比例节流阀，减小了由于开关阀引起的油路瞬间接通、关闭带来的水锤效应，保证了整车安全与性能。同时比例节流阀带来的流量-压力增益也会有利于液压缸速度的稳定性。

为进一步对三种控制方法进行对比，下面将以下降过程为例，从数学建模出发，以液压缸速度响应为分析指标，进一步分析三者之间的差异性。

4.2.2　传统阀控节流调速数学模型分析

为了减小建模难度，在建模分析时，对系统做如下简化：

1）举升液压缸下降时，有杆腔压力很小，忽略其对举升液压缸运动速度的影响。

2）忽略外力干扰及弹性负载。

3）举升液压缸下降期间，系统安全阀未溢流。

4）多路阀简化为比例节流阀。

5）腔室压力均匀，液体密度为常数。

6）忽略温度变化的影响。

对升降液压缸进行受力分析，有：

$$m_T g - p_1 A_1 - f_c - B_c v_c = m_T \frac{\mathrm{d}v_c}{\mathrm{d}t} \tag{4-8}$$

式中，m_T 为活塞杆、活塞等负载总质量；p_1 为液压缸无杆腔压力；A_1 为无杆腔作用面积；f_c 为缸摩擦力；B_c 为液压缸线性运动的黏滞阻尼系数；v_c 为活塞杆运动速度。

对液压缸，根据连续方程有：

$$\frac{V_1}{\beta_e} \frac{\mathrm{d}p_1}{\mathrm{d}t} = A_1 v_c - q_v - C_{e1} p_1 \tag{4-9}$$

式中，V_1 为无杆腔体积；β_e 为液压油有效体积弹性模量；q_v 为通过的节流阀流量；C_{e1} 液压缸内外泄漏之和。

节流阀流量方程为

$$q_v = C_d W x_v \sqrt{\frac{2p_1}{\rho}} \tag{4-10}$$

式中，C_d 为节流阀流量系数；W 为节流阀过流面积梯度；x_v 为节流阀阀芯位移；ρ 为液压油密度。

对式（4-8）~式（4-10）进行拉氏变换可得：

$$-p_1(s)A_1 = (m_T s + B_c) v_c(s) \tag{4-11}$$

$$\left(\frac{V_1}{\beta_e} s + C_{e1} \right) p_1(s) = A_1 v_c(s) - Q_v(s) \tag{4-12}$$

$$Q_v(s) = K_{vq}x_v(s) + K_{vp}p_1(s) \tag{4-13}$$

式中，K_{vq} 为节流阀位移-流量增益系数；K_{vp} 为节流阀压力-流量增益系数。

节流阀目标位移与实际位移之间为一阶惯性环节，可表示为

$$\frac{x_v(s)}{x_v^*(s)} = \frac{1}{\tau_v s + 1} \tag{4-14}$$

式中，x_v^* 为目标节流阀阀芯位移；τ_v 为该一阶环节时间常数。

联立式（4-11）~式（4-14）可得节流阀阀芯位移与举升液压缸运动速度的传递函数：

$$\frac{v_c(s)}{x_v^*(s)} = \frac{1}{\tau_v s + 1} \cdot \frac{K_{vq}A_1}{\dfrac{V_1 m_T}{\beta_e}s^2 + \left[\dfrac{V_1 B_c}{\beta_e} + (K_{vp} + C_{e1})m_T\right]s + A_1^2 + (K_{vp} + C_{e1})B_c} \tag{4-15}$$

为了方便比较，这里忽略上述一阶环节与液压缸的黏滞阻尼，则其固有频率 ω_{vc} 及阻尼比 ζ_{vc} 可表示如下：

$$\omega_{vc} = \sqrt{\frac{A_1^2 \beta_e}{V_1 m_T}} \tag{4-16}$$

$$\zeta_{vc} = \frac{K_{vp} + C_{e1}}{2A_1}\sqrt{\frac{\beta_e m_T}{V_1}} \tag{4-17}$$

4.2.3 变转速泵控容积调速数学模型分析

在上述简化假设的基础上补充以下几点：

1）液压马达为定排量。

2）液压马达与发电机同轴连接。

3）液压马达的回油压力为零。

4）忽略活塞运动对无杆腔和液压马达之间容腔体积的影响。

5）单向阀没有补油。

在变转速泵控容积调速中，对液压缸，受力与式（4-8）相同，流量方程与式（4-9）相同，此处不再赘述，对节流阀有：

$$q_v = C_d W x_v \sqrt{\frac{2(p_1 - p_2)}{\rho}} \tag{4-18}$$

式中，p_2 为液压马达入口（泵出口）压力。

对液压马达有：

$$\frac{V_2}{\beta_e}\frac{\mathrm{d}p_2}{\mathrm{d}t} = q_v - \frac{\omega_m D_m}{2\pi} - C_{e2}p_2 \tag{4-19}$$

式中，V_2 为液压马达入口腔体积；ω_m 为液压马达角速度；D_m 为液压马达排量；

C_{e2} 为液压马达内、外泄漏系数之和。

对式（4-18）和式（4-19）进行拉氏变换可得：

$$q_v(s) = K_{vq} x_v(s) + K_{vp}[p_1(s) - p_2(s)] \tag{4-20}$$

$$\left(\frac{V_2}{\beta_e}s + C_{e2}\right)p_2(s) = q_v(s) - \frac{\omega_m(s)D_m}{2\pi} \tag{4-21}$$

在此模式中，开关阀并不起到节流调速的作用，几乎全开，因此，$p_1 = p_2$，$C_{e1} = C_{e2}$。则式（4-20）又可等价于：

$$q_v(s) = A_1 v_c(s) \tag{4-22}$$

此时液压马达与电机可视为一体，则液压马达实际转速与液压马达目标转速之间的传递函数可表示为以下的二阶环节：

$$\frac{\omega_m(s)}{\omega_m^*(s)} = \frac{\tau_s s + 1}{\dfrac{s^2}{\omega_s^2} + \dfrac{2\zeta_s}{\omega_s}s + 1} \tag{4-23}$$

式中，ω_m^* 为发电机目标转速；τ_s 为电机控制器的时间常数；ω_s 为转速环固有频率；ζ_s 为转速环阻尼比。

联立式（4-21）~式（4-23）得液压缸运动速度与电机目标转速之间的传递函数为

$$\frac{v_c(s)}{\omega_m^*(s)} = \frac{\tau_s s + 1}{\dfrac{s^2}{\omega_s^2} + \dfrac{2\zeta_s}{\omega_s}s + 1} \cdot \frac{\dfrac{D_m}{2\pi}A_1}{\dfrac{V_1 m_T}{\beta_e}s^2 + \left[\dfrac{V_1 B_c}{\beta_e} + C_{e1}m_T\right]s + A_1^2 + C_{e1}B_c} \tag{4-24}$$

同样地，为了方便比较，忽略其黏滞阻尼与上述二阶环节，其固有频率 ω_{sc} 及阻尼比 ζ_{sc} 可表示为

$$\omega_{sc} = \sqrt{\frac{A_1^2 \beta_e}{V_1 m_T}} \tag{4-25}$$

$$\zeta_{sc} = \frac{C_{e1}}{2A_1}\sqrt{\frac{\beta_e m_T}{V_1}} \tag{4-26}$$

4.2.4　压差闭环泵阀复合调速数学模型分析

在压差闭环泵阀复合调速中，其液压缸受力方程、流量方程与式（4-8）、式（4-9）相同，其节流阀流量方程与式（4-18）相同，其液压马达流量方程与式（4-19）相同，故此处不再赘述。

对泵/马达-电动/发电机整体受力分析有：

$$J_m \frac{d\omega_m}{dt} = \frac{p_2 D_m}{2\pi} + T_e - B_m \omega_m - T_m \tag{4-27}$$

式中，J_m 为泵/马达-电动/发电机单元转子的总转动惯量；T_e 为永磁发电机的电磁转矩；B_m 为泵/马达-电动/发电机单元旋转运动的黏滞阻尼系数；T_m 为泵/马达-电

动/发电机单元旋转运动的摩擦转矩。

由式（4-27）拉氏变换得：

$$(J_m s + B_m)\omega_m(s) = \frac{D_m}{2\pi}p_2(s) + T_e(s) \tag{4-28}$$

电动/发电机目标转矩可按式（4-28）得出：

$$T_e^* = \frac{D_m}{2\pi}K_p\left\{\left[(p_2 - p_1) - \Delta p\right] + \frac{1}{T_i}\int\left[(p_2 - p_1) - \Delta p\right]dt + T_d\frac{d\left[(p_2 - p_1) - \Delta p\right]}{t}\right\} \tag{4-29}$$

式中，T_e^* 为电动/发电机目标转矩；K_p、T_i、T_d 分别为 PID 闭环算法控制参数；Δp 为节流阀前后目标压差。

由式（4-29）拉氏变换得：

$$T_e^*(s) = \frac{D_m}{2\pi}\mathrm{PID}(s)\left[p_2(s) - p_1(s)\right] \tag{4-30}$$

式中，$\mathrm{PID}(s) = K_p\left(s + \frac{1}{T_i s} + T_d s\right)$

联立式（4-20）、式（4-21）、式（4-28）、式（4-30），得：

$$q_v(s) = G_{tq}(s)x_v(s) + G_{tp}(s)p_1(s) \tag{4-31}$$

阀芯位移与流量之间的传递函数 G_{tq} 和无杆腔压力与流量之间的传递函数 G_{tp} 分别表示如下：

$$G_{tq}(s) = \frac{s^2 + \left(\dfrac{C_{e2}\beta_e}{V_2} + \dfrac{B_m}{J_m}\right)s + \left[C_{e2}B_m + (\mathrm{PID}(s) + 1)\dfrac{D_m^2}{4\pi^2}\right]\dfrac{\beta_e}{V_2 J_m}}{s^2 + \left[(K_{vp} + C_{e2})\dfrac{\beta_e}{V_2} + \dfrac{B_m}{J_m}\right]s + \left[(K_{vp} + C_{e2})B_m + (\mathrm{PID}(s) + 1)\dfrac{D_m^2}{4\pi^2}\right]\dfrac{\beta_e}{V_2 J_m}}K_{vq} \tag{4-32}$$

$$G_{tp}(s) = \frac{s^2 + \left(\dfrac{C_{e2}\beta_e}{V_2} + \dfrac{B_m}{J_m}\right)s + \left[C_{e2}B_m + \dfrac{D_m^2}{4\pi^2}\right]\dfrac{\beta_e}{V_2 J_m}}{s^2 + \left[(K_{vp} + C_{e2})\dfrac{\beta_e}{V_2} + \dfrac{B_m}{J_m}\right]s + \left[(K_{vp} + C_{e2})B_m + (\mathrm{PID}(s) + 1)\dfrac{D_m^2}{4\pi^2}\right]\dfrac{\beta_e}{V_2 J_m}}K_{vp} \tag{4-33}$$

忽略液压马达-发电机单元的黏滞阻尼，以上两个二阶传递函数的固有频率和阻尼比均表示如下：

$$\omega_t = \frac{D_m}{2\pi}\sqrt{\frac{(\mathrm{PID}(s) + 1)\beta_e}{V_2 J_m}} \tag{4-34}$$

$$\zeta_t = \frac{\pi(K_{vp} + C_{e2})}{D_m}\sqrt{\frac{\beta_e J_m}{(\mathrm{PID}(s) + 1)V_2}} \tag{4-35}$$

联立式（4-11）、式（4-12）、式（4-31）可得液压缸运动速度与阀芯位移之间的传递函数为

$$\frac{v_{c}(s)}{x_{v}^{*}(s)} = \frac{1}{\tau_{v}s + 1} \cdot \frac{G_{tq}(s)A_{1}}{\frac{V_{1}m_{T}}{\beta_{e}}s^{2} + \left[\frac{V_{1}B_{c}}{\beta_{e}} + (G_{tp}(s) + C_{e1})m_{T}\right]s + A_{1}^{2} + (G_{tp}(s) + C_{e1})B_{c}}$$

$$(4\text{-}36)$$

同样地，为便于比较，忽略上式一阶环节及黏滞阻尼，保留二阶的形式，则其固有频率及阻尼比可表示为

$$\omega_{tpc} = \sqrt{\frac{A_{1}^{2}\beta_{e}}{V_{1}m_{T}}} \qquad (4\text{-}37)$$

$$\zeta_{tpc} = \frac{G_{tp}(s) + C_{e1}}{2A_{1}}\sqrt{\frac{\beta_{e}m_{T}}{V_{1}}} \qquad (4\text{-}38)$$

对比分析式（4-16）、式（4-25）、式（4-37），可以看出三者形式上几乎一样，然而实际上在变转速泵控容积调速系统中［见式（4-25）］，由于节流阀功能等同于开关阀，此时的液压马达入口腔体积 V_{1} 实际上等于 $V_{1} + V_{2}$，要较另外两种控制方式［式（4-16）、式（4-37）］中的 V_{1} 更大，因此实际上变转速泵控容积调速系统的固有频率及阻尼比要比另外两者小一些，即其动态响应速度及稳态的抗干扰性能会稍差。对比式（4-17）、式（4-38）可以看出二者主要的差别在于 K_{vp} 与 $G_{tp}(s)$，即只要 PID 参数调定得当，压差闭环泵阀复合调速就能取得与传统阀控相接近的优异响应及良好的抗干扰能力。故综合考虑系统节能性与操控性，本书采用泵阀复合调速。

同时，从式（4-34）、式（4-35）中可以看出，增大液压马达排量、减小液压马达入口腔容积及减小泵/马达-电动/发电机单元转子的总转动惯量都有益于提高系统的响应速度，相对地，也会导致系统阻尼比变小，影响系统的抗干扰性能。另外，PID 参数对系统的固有频率及阻尼比也有较大影响。由于微分环节在噪声处理上容易将干扰放大，导致系统震荡，降低系统的稳定性，因此在后续仿真及试验中，均采用 PI 控制器进行调节。

图 4.11 所示为 PI 控制逻辑框图。由其原理可知初始响应速度与 PI 内部参数有关，选取较大的目标压差将有助于提高目标响应速度，但过大的目标压差也会使系统的稳定性降低。

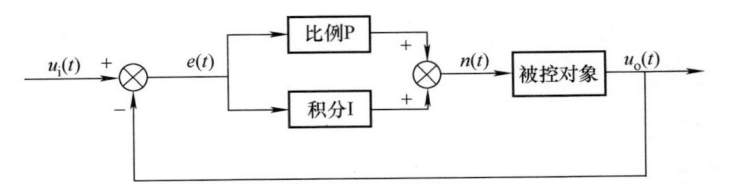

图 4.11　PI 控制逻辑框图

4.3 系统参数匹配

能量回收的储能形式主要有：机械式、液压式、电气式三种。机械式、液压式均不适合本章所提系统，因此采用电气式能量回收方式。泵/马达选用对称式内啮合齿轮泵，其结构简单、转速高、压力等级高、噪声低、自吸性强且寿命长；电机则选用永磁同步电机，其体积小、重量轻、功率密度高、调速性强、过载能力强；蓄电池选用高性能锂离子动力电池，允许充放电电流大且快，适合类似叉车这种工况持续时间短且工况切换频繁的能量回收场景。

根据所提系统方案，对系统关键元件：泵/马达、电机、蓄电池关键等参数进行匹配，叉车举升机构、升降液压缸等则与传统 3t 电动叉车一致。

图 4.12 所示为叉车升降系统结构简图，包括内门架、外门架、动滑轮、链条、属具、货叉以及升降液压缸。

因动滑轮特性，液压缸实际所受压力为负载重力的两倍。忽略属具沿内门架运动的阻力、内门架沿外门架运动的阻力，忽略滑轮组效率损失，举升负载时单个举升液压缸所产生的推力为

$$F = \frac{1}{2}(2M_L + 2M_f + M_n)g \qquad (4\text{-}39)$$

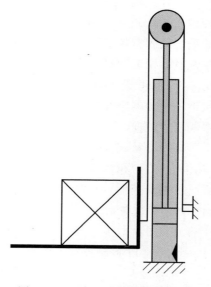

式中，F 为单个液压缸所受推力；M_L 为负载的总质量；M_f 为货叉及属具的总质量；M_n 为内门架的总质量；g 为重力加速度。

简单分析可知，对于相同质量负载，泵工况下系统压力、功率要求、电机转矩转速需求等均会大于液压马达工况，因此各项参数若能满足泵工况的使用需求，则一定能够满足液压马达工况的使用需求，因此在进行参数匹配计算时可只考虑泵工况以减少工作量。

图 4.12　叉车升降系统结构简图

则升降液压缸无杆腔压力为

$$p_1 = \frac{F}{A_1} = \frac{\frac{1}{2}(2M_L + 2M_f + M_n)g}{A_1} = \frac{2(2M_L + 2M_f + M_n)g}{D^2\pi} \qquad (4\text{-}40)$$

式中，D 为无杆腔内径。

系统最高压力为

$$p_p = \frac{p_1}{\eta_{me}} + p_f + \Delta p_b \qquad (4\text{-}41)$$

式中，p_p 为系统最高压力；η_{me} 为升降机构机械效率；p_f 为沿程压力损失；Δp_b 为节流阀前后目标压差。

升降时单个液压缸所需流量为

$$q_c = v_c A_1 \tag{4-42}$$

故液压泵的排量为

$$D_p = \frac{2q_c}{n\eta_v} \tag{4-43}$$

式中，D_p 为液压泵排量；n 为液压泵转速；η_v 为液压泵容积效率。

故液压泵的转矩为

$$T_p = \frac{p_p D_p}{2\pi\eta_m} \tag{4-44}$$

式中，T_p 为液压泵转矩；η_m 为液压泵机械效率。

电机的功率为

$$P_m = \frac{p_p D_p n}{\eta_p} \tag{4-45}$$

式中，P_m 为电机功率；η_p 为液压泵效率。

在式（4-40）～式（4-45）中，已知固定参数见表 4.1，代入式（4-40）～式（4-45）并进行计算，结果见表 4.2。

表 4.1　举升系统固定参数

参数符号	数值	参数符号	数值
M_L/kg	3000	$\Delta p_b/\text{MPa}$	2
M_f/kg	260	$v_c/(\text{m/s})$	0.1
M_n/kg	200	$n/(\text{r/min})$	1200
$g/(\text{m/s}^2)$	9.8	η_v	0.98
D/mm	54.9	η_m	0.9
η_{me}	0.965	η_p	0.85
p_f/MPa	1		

表 4.2　计算结果参数

参数符号	数值	参数符号	数值
F/N	32928	$D_p/(\text{mL/r})$	24.14
p_1/MPa	13.92	$T_p/\text{N}\cdot\text{m}$	72.26
p_p/MPa	16.92	P_m/kW	9.61
$q_c/(\text{L/min})$	14.20		

将表 4.2 中系统压力 p_p 圆整为 17.5MPa，液压泵/马达排量 D_p 圆整为 25mL/r，

则液压泵转矩 $T_p = 77.41\mathrm{N \cdot m}$，电机功率 $P_m = 10.29\mathrm{kW}$。

鉴于永磁同步电机优良的过载性能，其峰值转矩最大可 2 倍于其额定转矩，峰值功率最大可 1.2 倍于其额定功率，因此最终选择的电机额定转矩为 44N·m，额定功率为 9kW。

电池容量选择时需要考虑叉车货叉起升、倾斜时消耗的能量和叉车行驶时消耗的能量。根据《平衡重叉车 整机试验方法》（JB/T 3300—2010），有文献对叉车在 1.5t 负载下各工况功率需求及时间占比进行测试，获得的测试结果见表 4.3。

表 4.3　单次作业各个工步的功率需求及时间占比

工况	电机功率/kW	时间占比（%）
举升	$P_1 = 7.2$	$k_1 = 29.82$
下降	$P_2 = 0$	$k_2 = 27.24$
行走	$P_3 = 7.5$	$k_3 = 42.94$

蓄电池能量 C_{bat} 可由式（4-46）计算得到：

$$C_{bat} = \frac{(P_1 k_1 + P_2 k_2 + P_3 k_3)t}{K(S_h - S_1)\eta_{bat}\eta_m} \tag{4-46}$$

式中，C_{bat} 为蓄电池能量；t 为锂离子电池组的工作时间；S_h、S_1 分别为锂离子电池组 SOC 的上下限值；η_{bat} 为锂离子电池组平均工作效率；η_m 为电机平均工作效率；K 为工作制系数。

表 4.4　计算参数取值

参数符号	数值	参数符号	数值
t/h	8	η_{bat}	0.9
S_h	0.3	η_m	0.85
S_1	0.9	K	2.5

根据式（4-46）及表4.3和表4.4数值取值，可计算出锂离子电池组所需能量为 37.42kW·h，本章选取的高压锂离子电池组的额定电压为 307V，所以锂离子电池组容量为 121.89Ah。考虑后续叉车在下降过程将会回收部分势能，最终选择锂离子电池组容量为 120Ah。综上所述，叉车举升系统关键参数见表 4.5。

表 4.5　举升系统关键参数

元件	参数	数值
液压泵/马达	额定压力/MPa	20
	额定排量/（mL/r）	25
	额定转速/（r/min）	100 ~ 2500

（续）

元件	参数	数值
电机	额定转矩/N·m	44
	额定转速/（r/min）	2000
	额定功率/kW	9
锂离子电池	额定电压/V	307
	额定容量/Ah	120

4.4　三种调速方法对比分析研究

在 4.2 节分析的基础上，在 AMESim 仿真软件中针对三种调速方法分别搭建模型，进一步分析传统阀控节流调速、变转速泵控容积调速及压差闭环泵阀复合调速三种方法的动态、稳态性能差异，同时验证 4.2 节中数学模型的正确性，并进一步分析比例节流阀开度不同、前后压差不同对操控性能的影响。

AMESim 是一款多领域复杂系统建模仿真软件，具有多学科建模仿真平台、图形化物理建模方式、强大的二次开发能力、鲁棒性极强的智能求解器和齐次的分析工具等特性，非常适宜电动叉车系统的建模。

4.4.1　传统阀控节流调速仿真模型搭建

为了更方便地研究举升系统，在搭建仿真模型的过程中，根据图 4.8 所示传统阀控节流调速液压原理图搭建的仿真模型如图 4.13 所示，其中 1（双点画线框）用于模拟负载，由一个质量块元件用于模拟活塞杆、货叉架、内门架等质量固定不变的负载，同时实现实际液压缸的限位功能，自定义信号元件加信号-力转换元件用于模拟可变的外负载；2（点线框）用于模拟手动比例多路阀；3（虚线框）用于模拟电机控制器、电机与液压泵，另外，为了直观地展现传统阀控节流调速叉车系统的能耗情况，同时也为了保

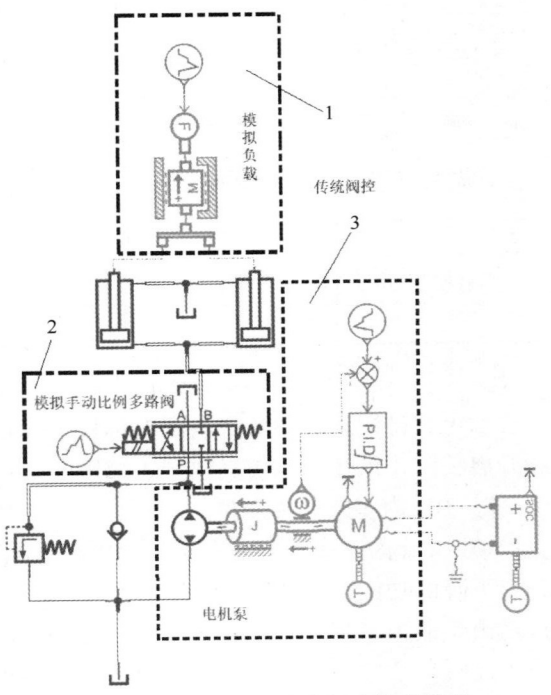

图 4.13　传统阀控节流调速仿真模型

证仿真变量尽可能相同，在电动机元件上增加了一个转速 PID 闭环控制，用于实现传统阀控节流调速叉车系统中电机的定转速运行。

主要元件的子模型与参数设定见表 4.6。另外，三个自定义信号元件则根据实际需要进行修改。

表 4.6 主要元件的子模型与参数设定

元件	子模型	主要参数	数值
质量块	MECMAS21	质量/kg	720
		动摩擦力/N	3000
		黏滞阻尼系数/[N/(m/s)]	5000
液压缸	HJ020	长度限位/m	1.5
		无杆腔直径/mm	54.9
		活塞杆直径/mm	44.9
三位六通换向阀	HSV34_05	流量压力梯度/[(L/min)/bar]	1.8
安全溢流阀	RV010	溢流压力/MPa	18
液压泵	HYDFPM01	排量/(mL/r)	25
电动机	DRVEM01	最大转矩/N·m	88
		最大功率/kW	13.5
		效率	0.9
蓄电池	DRVBAT001	额定电压/V	307
		额定容量/Ah	120
温度	EXHTS	环境温度/K	293.15
旋转块	MECRL0	转动惯量/kg·m²	0.015
		旋转阻尼系数/[N·m/(r/min)]	0.001
转速 PI	PID001	K_p	4
		K_i	10
		限幅	±88

注：1K = −272.15℃。

设定软件的运行参数，设定电机目标转速为 1800r/min，负载为 3t，多路阀阶跃开启关闭，试运行该仿真模型，结果如图 4.14 所示。

0～10s 内多路阀为左位，液压缸上升；10～15s 内，多路阀为中位，液压缸锁止；15～25s 内，多路阀为右位，液压缸下降。可见仿真模型能够实现传统叉车举升与下降的功能。由图 4.14 还可得知，液压缸速度在多路阀开启时有较大波动，这是由于液压系统压力波动导致的。另外，虽然设定目标转速为 1800r/min，但是由于此时负载为满载 3t，因此由于功率限制并不能达到设定转速，这也符合传统叉车的实际情况。10s 时多路阀回到中位，系统压力下降，转速有所回升，并在 2.5s

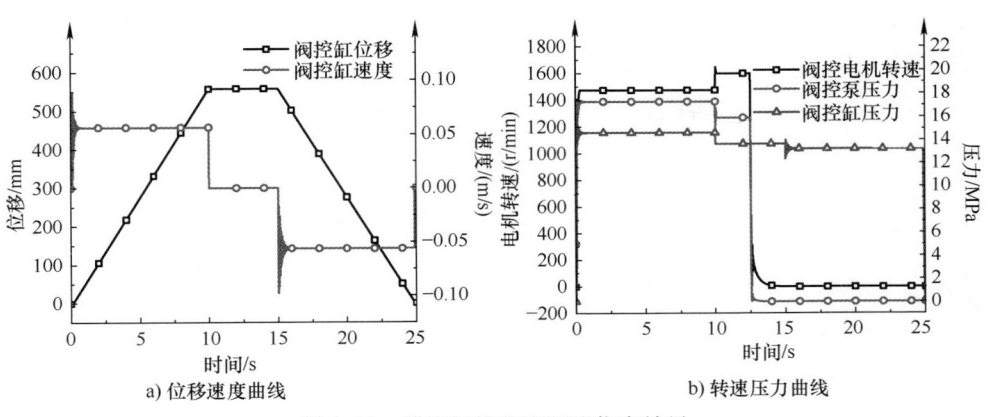

a) 位移速度曲线　　　　　　b) 转速压力曲线

图 4.14　传统阀控节流调速仿真结果

后电机停转。

4.4.2　变转速泵控容积调速仿真模型搭建

　　变转速泵控容积调速从元件方面来看，与传统阀控并无太多不同，更多的差异是在自定义信号元件上，由原先的定转速阀控改为换向阀阶跃开启或关闭，改变电机泵转速来调节液压缸速度。仿真模型如图 4.15 所示，元件差异主要在 2（点画线框）中，通过改变 3（虚线框）中的自定义信号元件的参数来调节电机转速，其余元件子模型设定相同，且参数也都相同，不再复述。

　　同样设定好软件参数后运行，结果如图 4.16 所示：0 ~ 10s 内，换向阀处于左位，电机目标转速阶跃设定为 719r/min，负载同样为 3t，液压缸正常上升；10 ~ 15s 内，换向阀处于中位，电机目标转速阶跃调整为 0r/min，液压缸锁止；15 ~ 25s 内，换向阀处于右位，电机目标转速阶跃设定为 -577r/min，液压缸正常下降。从图 4.16 亦可以看出，在

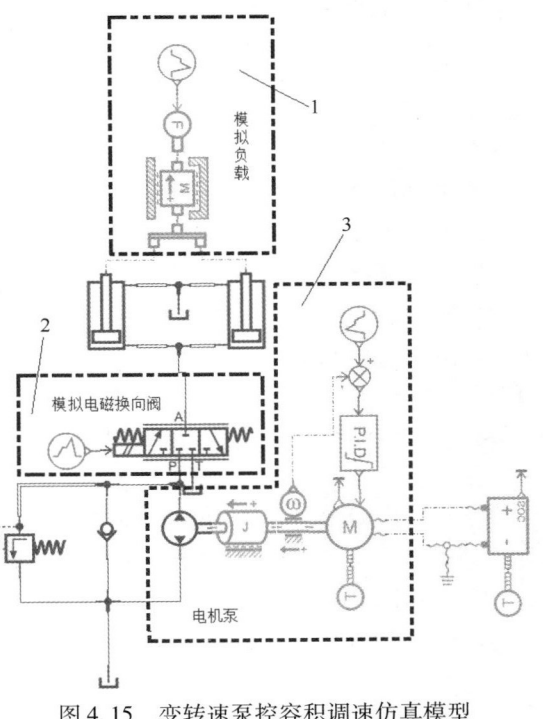

图 4.15　变转速泵控容积调速仿真模型

这种控制模式下，液压缸速度与电机转速直接关联，其响应速度完全取决于电机泵

的转速响应速度。另外与传统阀控节流调速相似，液压缸由静止状态转变为运动状态时其速度与无杆腔压力均存在较大的波动。

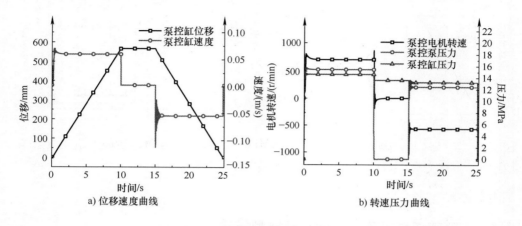

图 4.16　变转速泵控容积调速仿真结果

4.4.3　压差闭环泵阀复合调速仿真模型搭建

　　压差闭环泵阀复合调速仿真模型与 4.4.1 节和 4.4.2 节中的仿真模型相似，不同在于将换向阀改为了比例节流阀，同时在比例节流阀前后各新增了一个压力传感器用作压差闭环控制的输入，如图 4.17 中虚线框内所示。

　　通过将目标压差与实际压差作为目标输入 PI 控制器，控制电机转速、转矩自适应负载大小。需要说明的是，尽管升降过程相似，但部分参数，如位移、速度等大小或方向上存在差异，因此为了获得更优良的控制精度及效果，举升与下降的 PI 参数需要单独调定。另外由于仿真与实际控制中存在差异，因此仿真通过重置 PI 闭环控制来实现控制电机的停转。

　　相同的部分参数见表 4.6，压差闭环泵阀调速仿真 PI 参数见表 4.7。

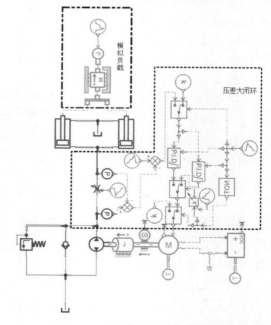

图 4.17　压差闭环泵阀复合调速仿真模型

表 4.7　压差闭环泵阀调速仿真 PI 参数

元件	子模型	主要参数	数值
举升 PID	PID001	K_p	10
		K_i	80
		限幅	±88
下降 PID	PID001	K_p	9.5
		K_i	50
		限幅	±88

设定比例节流阀前后目标压差为 0.8MPa，负载同样为 3t，阶跃开启或关闭来控制液压缸上升与下降，仿真结果如图 4.18 所示。

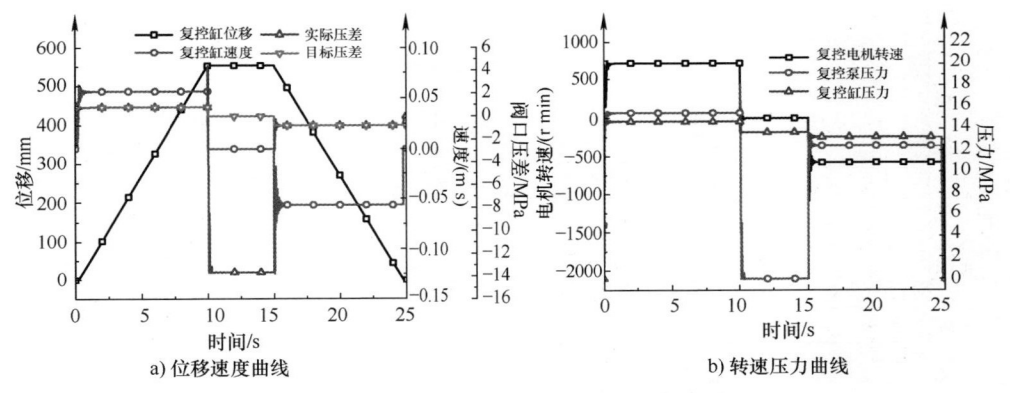

a) 位移速度曲线　　　　　　　　b) 转速压力曲线

图 4.18　压差闭环泵阀复合调速仿真结果

0 ~ 10s 内，比例节流阀前后实际压差迅速响应而后稳定为目标压差设定值，刚开始液压缸速度存在波动，但液压缸能够正常稳定上升，可以看出这是液压缸初期建压所产生的波动；10 ~ 15s 内，比例节流阀闭死，PI 元件被重置，此时其输出为 0，从而使电机输出转矩降为 0N·m，转速也降为 0r/min，液压缸锁止，此时泵压为 0，然而无杆腔依旧存在压力，因而此时压差变为负值且大小与实际负载大小有关；15 ~ 25s 内，阶跃开启比例节流阀，并设定其前后压差为 −0.8MPa，实际压差短暂波动随后稳定为目标值，液压缸速度与电机转速同样经过短暂波动随后稳定，实现控制液压缸平稳下降。

4.4.4　对比分析

基于 4.4.1 ~ 4.4.3 节中所搭建的仿真模型，调整上述模型中的液压阀通流参数相同，控制三者液压缸的升降速度相同，以便于进一步比较分析三种控制方法的差异及优缺点。仿真设定目标液压缸速度先阶跃至 0.028m/s，在随后的 10s 内递增至 0.056m/s。图 4.19 所示为不同调速方法液压缸速度响应分析。

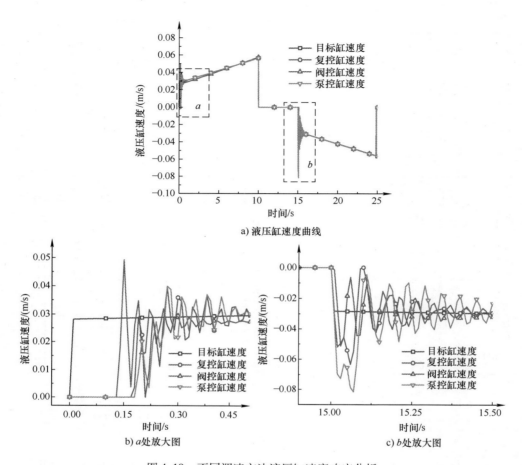

图 4.19 不同调速方法液压缸速度响应分析

由图 4.19b 可知，在三种调速方法中，传统阀控节流调速在上升时响应最快，响应延迟时间仅 130ms，但初始由于阀口开度较小，因此速度波动较大，但迅速归于平稳，然而由于其阀口前后压差并没有得到有效控制，因此尽管阀口开度比例增大，通过阀口的流量并不呈现比例关系。在低阀口开度时，其液压缸速度要低于另外两者，随着阀口开度的增大，液压缸速度逐渐增大，接近并最后反超另外两者。而复合控制调速在响应上要稍快于变转速泵控容积调速，但变转速泵控容积调速下液压缸速度则更快趋于平稳，两者的液压缸速度变化基本跟随目标速度变化。由图 4.19c 中可以看出，三者的响应速度几乎相同，都是立即响应，但传统阀控节流调速波动最小，最快最平稳，复合控制调速次之，变转速泵控容积调速波动最剧烈，稳定耗时最长。在后续的斜坡变化中，三者均能稳定，相差无几。从图 4.20 不同调速方法的液压缸位移曲线中亦可看出传统阀控节流调速的平均速度要略小于变转速泵控容积调速及复合控制调速，速度控制精度较低。

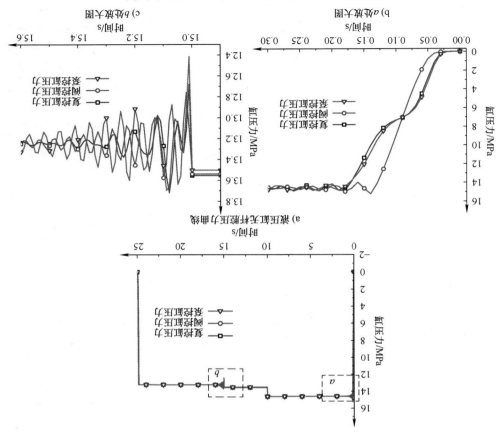

图 4.21 不同控制方案流速压力在杆腔压力影响分析

b) a 处放大图

c) b 处放大图

a) 液压缸无杆腔压力曲线

图 4.21 和图 4.22 所示为不同测速方案下流速压力在杆腔与差出口压力曲线关系

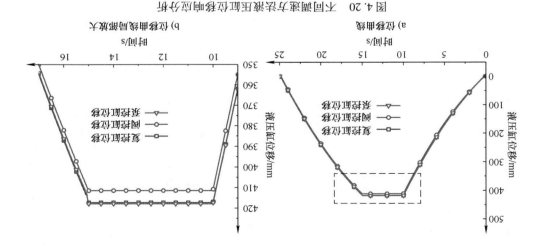

图 4.20 不同测速方案流速压力在杆腔影响分析

a) 位移曲线

b) 位移曲线局部放大

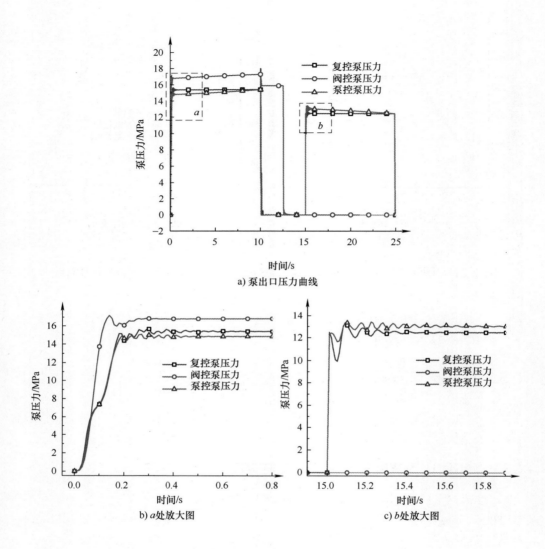

图 4.22 不同控制方法泵出口压力响应分析

对应局部放大图。可以看出，在上升工况中，当阀的开度较小时，传统阀控节流调速无杆腔建压较慢，随着开度的增大，压力迅速增大，并首先稳定下来，变转速泵控容积调速与复合控制调速中无杆腔压力的响应相似；而在下降工况中，变转速泵控容积调速中无杆腔压力波动剧烈，传统阀控节流调速次之，复合控制调速则最优。此外还可以看出，除了复合控制调速外，另外两种控制方法中的泵出口压力都随着速度需求的变化而变化。这是因为进入液压缸的流量大小随着液压缸速度的变化而变化，流量增大意味着节流阀（换向阀）前后压差的增大，而无杆腔压力又只与负载的大小相关，因此上升工况中泵出口压力呈增大趋势，而下降工况又呈下降趋势。另外，仿真中液压阀的流量压力梯度设置相同，因此对于阀口一直全开的变转速泵控容积调速而言，其阀口前后压差初始要小于复合控制调速，直到复合控制中的节流阀阀口也全开时两者才又相等，而对于传统阀控节流调速而言，为了控制液压缸速度则必须保持保持阀口开度较小，因此其泵出口压力较另外二者要高出 1.8MPa。且在后续的斜坡变化中，三者的缸压力及泵压力均比较稳定，相差无几。

综上所述，在上升工况中，传统阀控节流调速不论是活塞杆速度响应或是无杆腔压力响应都要优于变转速泵控容积调速及复合控制调速，然而换向阀前后压差没办法有效控制，因此速度控制精度要差于其他两种控制方法，此外变转速泵控容积调速与复合控制调速的动态、稳态性能相差不大；但在下降工况中，复合控制调速有着比拟于传统阀控节流调速的优异响应速度，且优于传统阀控节流调速、变转速泵控容积调速的抗干扰性能。但在液压缸速度需求较低时，与变转速泵控容积调速相比，由于复合控制调速为定压差、变开度控制，尽管控制的方法不同，但最终电机泵的转速却是相同的，即通过节流阀的流量是相等的，而变转速泵控中节流阀作为开关阀使用时，几乎全开，因此节流阀前后压差要小于复合控制调速，此时，复合控制调速引起的节流损失将高于变转速泵控。

4.5　压差闭环泵阀复合调速特性分析

为了进一步研究压差闭环泵阀复合调速动态、静态性能的影响因素，下面将以4.4.3 节中所搭建的仿真模型做进一步的分析。仿真模型仍为图 4.17。

4.5.1　不同比例节流阀开度动态响应分析

由 4.2.4 节中所述压差闭环泵阀复合调速原理可知，液压缸的速度是通过改变节流阀开度来调节的，这里的仿真以节流阀开度为单一变量，保持其他变量如阀口目标压差等不变。图 4.23 所示为比例节流阀不同开度阶跃信号下液压缸速度曲线。可见随着开度百分比的增大，液压缸速度不断增大，表明控制方法有效。且随着开度百分比的增大，其举升时的响应速度不断加快，超调量逐渐增大，速度波动越来越小，稳定所需时间逐渐减少；而下降时速度响应均比较快，其余变化趋势与举升时相同。

图 4.24 所示为比例节流阀前后压差曲线，压差建立的快慢一定程度上反映了系统响应的快慢，压差的稳定也意味着系统的稳定。由图 4.24 中可以得知，当阀口开度较小时，系统难以稳定且响应较慢；相反，随着阀口开度的增大，系统响应加快，也更快地趋于稳定，当阀口开度增大到一定程度时，上述现象趋于缓和，系统响应并不会继续加快，稳定所需时间也不会继续缩短。

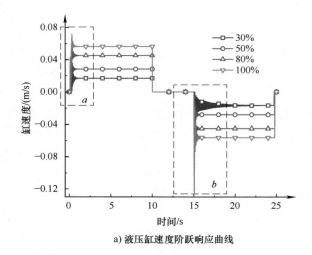

a) 液压缸速度阶跃响应曲线

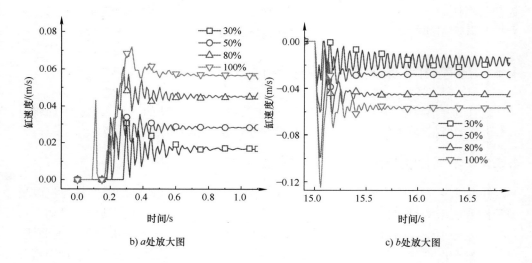

b) *a*处放大图   c) *b*处放大图

图4.23   不同阀口开度液压缸速度响应分析

综上所述，为了取得较好的响应速度与良好的抗干扰性能，阀口开度不能太小，过小的阀口开度会导致阀口前后压差波动难以稳定，由此便会导致液压缸速度难以快速稳定，将引发安全隐患。

4.5.2   比例节流阀前后不同压差动态响应分析

除了4.5.1节中提到的改变节流阀开度来调节液压缸速度以外，改变节流阀阀

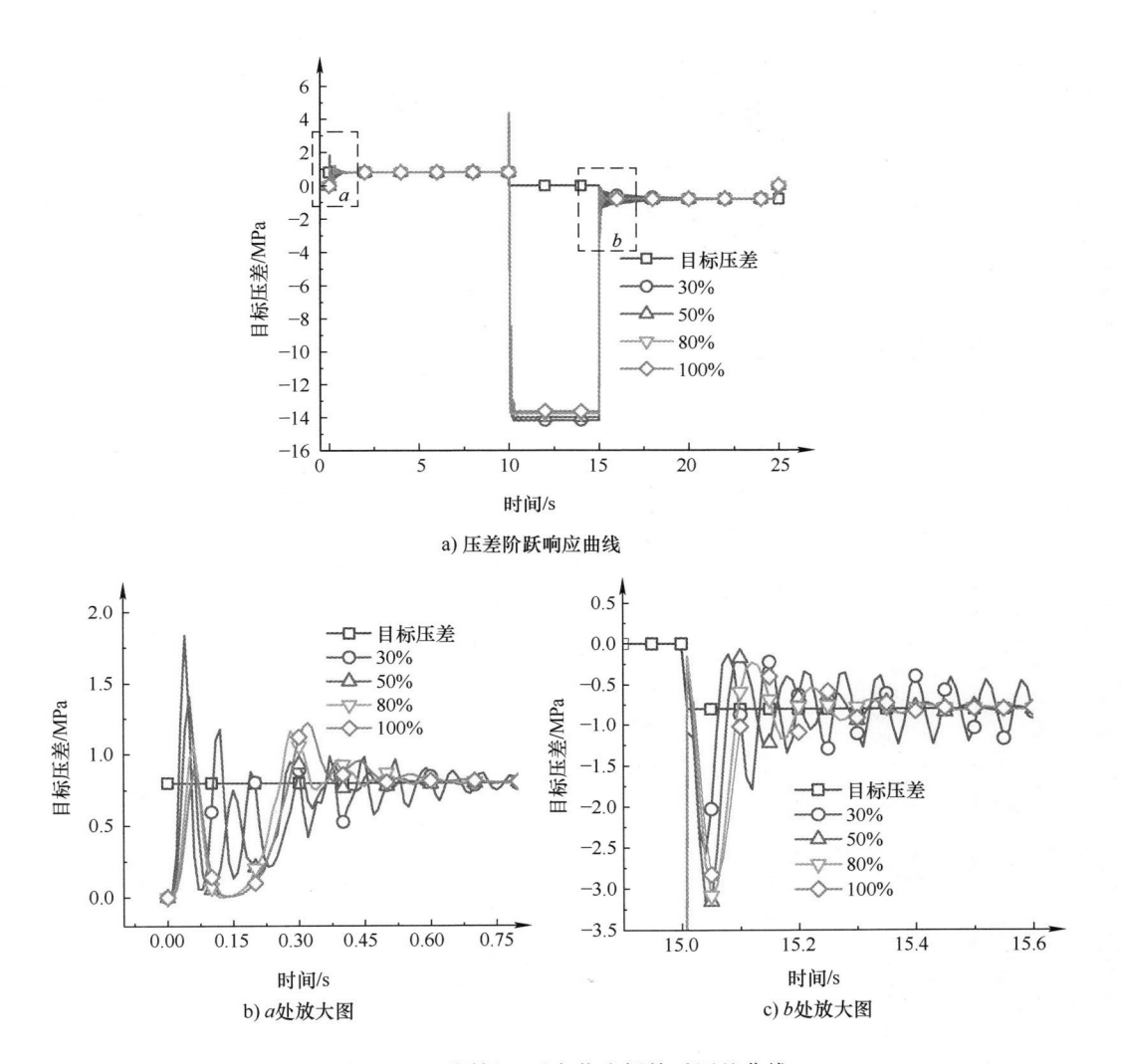

a) 压差阶跃响应曲线

b) a 处放大图

c) b 处放大图

图 4.24 　不同阀口开度节流阀前后压差曲线

口前后压差亦可以得到不同的液压缸速度。将阀口开度设定保持相同，均设定为在第 0 s 与第 15 s 时阶跃给定 50% 的阀口开度，并在随后的 10 s 内递增至 100%，仅改变阀口目标压差，进行仿真。图 4.25 所示为不同目标阀口压差液压缸速度响应分析。

可以看出，当阀口目标压差较小时，液压缸的速度响应较慢，速度波动则相对较小，随着阀口目标压差的增大，响应速度呈抛物线趋势，压差越大，下降时的速度波动越剧烈。这也侧面验证了 4.2.4 节中所述，合理的目标压差将在不损害系统稳定性的前提下提高系统的响应速度，因此目标压差不能过大也不能过小。

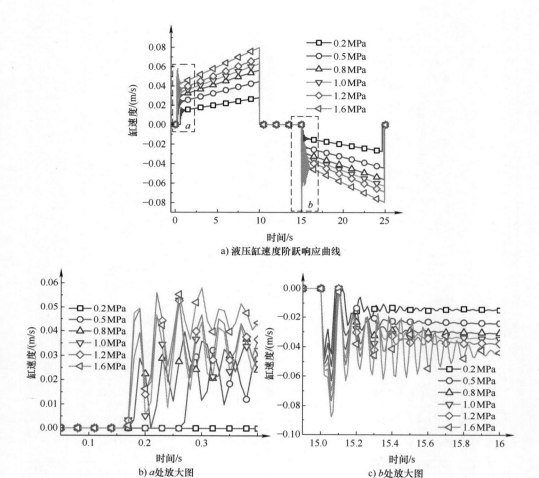

a) 液压缸速度阶跃响应曲线

b) a处放大图

c) b处放大图

图 4.25　不同目标阀口压差液压缸速度响应分析

图 4.26 所示为不同目标阀口压差节流阀前后压差响应分析。

仿真结果表明，不论目标压差设定值的大小，实际压差最终都能很好地稳定在目标压差的设定值，当目标压差设定值偏小时，其调整时间较长；随着目标压差设定值的增大，调整逐渐加快；然而过大的目标压差则会降低系统的稳定性，从而使其稳定时间较长。

综上所述，目标阀口压差偏大、偏小都会降低系统的操控性，使系统响应变慢、难以稳定。就仿真结果而言，当阀口开度大于 50% 时，阀口前后压差波动较小且能够快速稳定于目标值；当阀口目标压差设定为 0.8MPa 时，系统响应快，能够快速稳定。然而仿真与实际仍然存在些许差异，因此目标阀口压差的值尚需进一步分析。

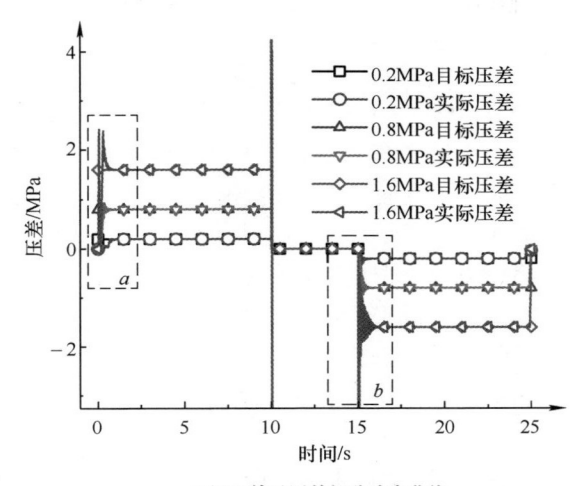

a) 阀口前后压差部分响应曲线

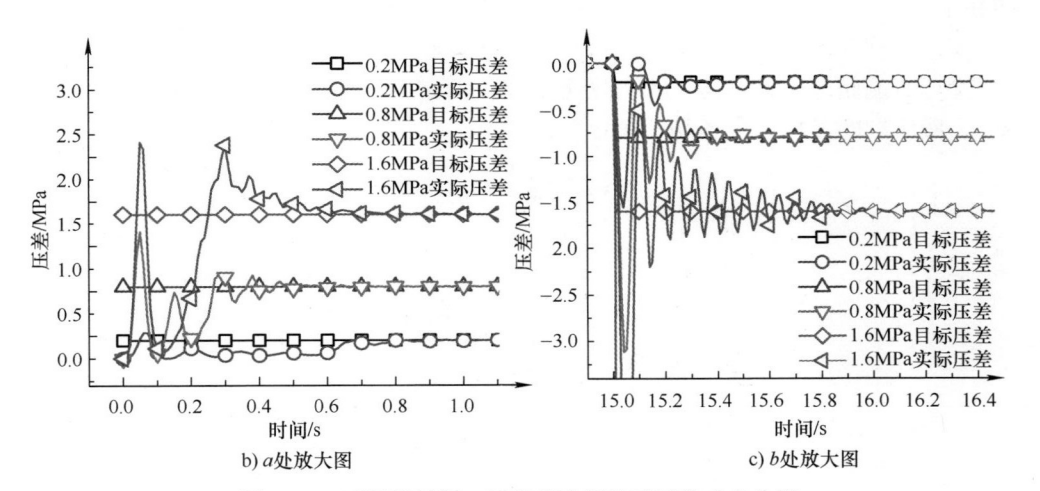

b) *a*处放大图　　　　　　　　　c) *b*处放大图

图 4.26　不同目标阀口压差节流阀前后压差响应分析

4.6　基于操控与节能平衡的变压差控制策略

针对阀口目标压差设定值过大过小均难以兼顾操控性与节能性的问题，结合电控化后系统控制更加灵活的优势，提出了操控与节能平衡的变压差控制泵阀复合调速策略。利用 AMESim 搭建该控制策略仿真模型，验证了控制策略的可行性。进一步在仿真中对定压差控制策略与变压差控制策略展开对比分析，并开展最小压差对系统性能影响的仿真分析。

4.6.1　工作原理及控制策略

由压差闭环泵阀复合调速原理可知，在压差闭环泵阀复合调速中，改变节流阀前后目标压差与调节节流阀开度均能够调节液压缸的速度。当目标压差设定值较小时，系统节流损失较低，节能性较高。但为了满足系统最高调速等级需求，则需要选用通流面积较大的比例节流阀，一方面增加了成本，另一方面大通径的比例节流阀尺寸较大，也不适合在中小型叉车上安装。另外，由 4.5.2 节中仿真结果可知当节流阀前后目标压差较小时，液压缸速度响应较慢，响应延迟较长，操控性较差。因此目标压差设定值不能太小。

而当目标压差设定值较大时，选用节流阀的通流面积可适当减小，不仅满足了系统最高调速等级需求，也可降低采购成本。但系统速度较小时较大目标压差则存在较大的节流损失，从而降低系统节能性。

为解决上述矛盾，兼顾操控性与节能性，结合电控化所带来的优势，提出基于操控与节能平衡的变压差泵阀复合调速控制策略。

图 4.27 所示为变压差泵阀复合调速原理图，与 4.2.4 节中所述的工作原理不同在于：

1）手柄开度不再与比例节流阀开度直接关联。

2）节流阀前后目标压差不再固定不变，而是与当前节流阀通流面积（阀口开度）、液压缸的目标速度密切相关。

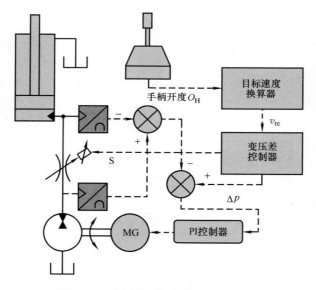

图 4.27 变压差泵阀复合调速原理图

图 4.28 所示为变压差泵阀复合调速控制策略流程图，此时，手柄的开度 O_H 经目标速度换算器换算后，直接对应液压缸的目标速度 v_{re}。此时手柄开度越大，则目标速度越大。同时手柄摆角朝前则目标速度为正值，对应液压缸上升；手柄摆角朝后则目标速度为负值，对应液压缸下降。

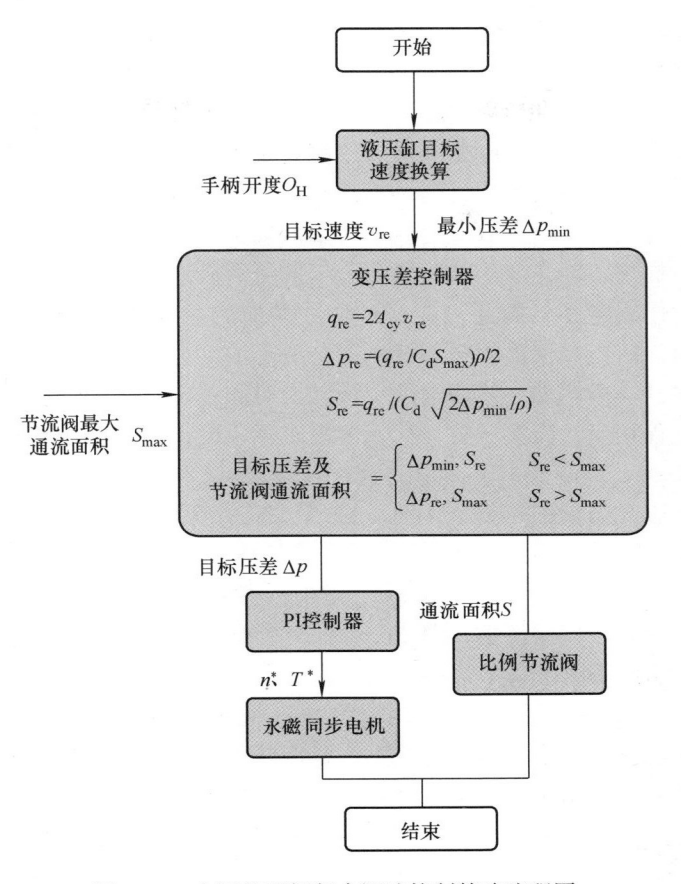

图 4.28 变压差泵阀复合调速控制策略流程图

变压差控制器收到目标速度 v_{re} 时，先进行需求流量估算得到目标流量 q_{re}，随后先以最小压差 Δp_{min} 作为节流阀前后目标压差，再根据小孔流量公式计算得出目标节流阀通流面积 S_{re}（阀口开度 u_{re}）并与该比例节流阀最大通流面积 S_{max}（最大阀口开度 u_{max}）进行对比，若目标节流阀通流面积 S_{re} 小于节流阀最大通流面积 S_{max}，则此时为定压差阶段，输出最小压差 Δp_{min} 至 PI 控制器、控制比例节流阀实际通流面积为目标节流阀通流面积 S_{re}，经 PI 控制器计算，输出电机目标转速 n^{*}、目标转矩 T^{*}，控制电机正反转实现液压缸的举升或下降。

若目标节流阀通流面积 S_{re} 大于节流阀最大通流面积 S_{max}，则表明此时节流阀通流面积已经不足以满足液压缸的目标速度需求，因此此时需进入变压差阶段。此阶段以最大通流面积 S_{max} 为通流面积，再根据小孔流量公式计算得出目标节流阀前后压差 Δp_{re}，此时 $\Delta p_{re} \geqslant \Delta p_{min}$ 且随着液压缸的目标速度变化而变化，则输出目标节流阀前后压差 Δp_{re}、最大通流面积 S_{max} 至闭环控制器，经 PI 控制器计算，输出电机目标转速 n^{*}、目标转矩 T^{*}，控制电机正反转实现液压缸的举升或下降。

通过上述方式将调速过程分为了定压差、变压差两个阶段。定压差阶段的工作原理与4.2.4节中所述相同，此时节流阀前后压差保持不变，改变节流阀通流面积可以对液压缸速度进行调节。对于电比例节流阀来说，原则上其阀芯位移只与输入电信号的大小有关，然而实际中其前后压差大小不同会导致其阀芯所受液动力大小不同，因此其实际的通流面积也受其前后压差大小的影响，而在定压差调速阶段，由于其前后压差固定不变，故此时阀芯所受液动力几乎不变，因此电比例节流阀控制精度将有所提高。而在变压差阶段，由于节流阀阀芯位移受限，其最大通流面积在设计制造时便固定了，因此只能通过增大其前后目标压差实现进一步的速度提升。尽管此时前后压差不再固定不变，阀芯所受液动力也不再固定不变，但此时阀芯位移也无法进一步增大，从而消除了液动力对阀芯位移控制精度的影响。

与上述过程相反，当液压缸目标速度需求减小时，将从变压差阶段逐步减小目标压差设定值 Δp_{re}，直至小于设定的最小压差 Δp_{min}，此时则切换至定压差阶段。若液压缸目标速度需求进一步减小时，则通过减小节流阀通流面积 S_{re} 进一步匹配液压缸目标速度需求直到为零停止。

理论上，上述最小压差设定值 Δp_{min} 越小，则由节流阀引起的节流损失则越低，系统节能性则越高。然而最小压差 Δp_{min} 并不能无穷小。这是由于进出口压差越小，在同等液压缸速度需求下，节流阀所需的通流面积越大，当最小压差 Δp_{min} 为零时，意味着通过节流阀的流量为零，此时液压缸速度则为零。且由4.5.2节中论述可知，压差过小也将影响系统的响应速度、稳定性及操控性。因此，为了系统操控性与节能性的平衡，最小压差设定值 Δp_{min} 需要通过仿真及试验进一步分析确定。

4.6.2 仿真研究

1. 仿真模型搭建

为验证所提出的变压差泵阀复合调速控制策略的可行性，以4.4.3节中所搭建的仿真模型为基础，增加了AMESim中的状态流程图模块以便于实现定压差、变压差阶段切换判断。状态流程图能够根据控制信号按照预先设定的状态进行状态转移。状态流程图主要包括四点要素：现态、事件、动作及次态。现态即当前所处的状态；事件即条件，为状态转移时需要满足的条件；动作则是事件发生后执行的动作；次态即下一个状态，次态是相对的，当次态被激活时，次态便成了现态，如图4.29所示。

变压差泵阀复合调速状态流程图主要由五个状态组成：静止状态、定压差上升状态、变压差上升状态、定压差下降状态、变压差下降状态。仿真中为了简化模型，直接从阀芯控制信号端口获取当前比例节流阀的阀芯位移，从而直接得到节流阀当前的通流面积。

最终所搭建的仿真模型如图4.30所示，模型中质量块、液压部分及压差闭环部分参数均与4.4.3节中相同。

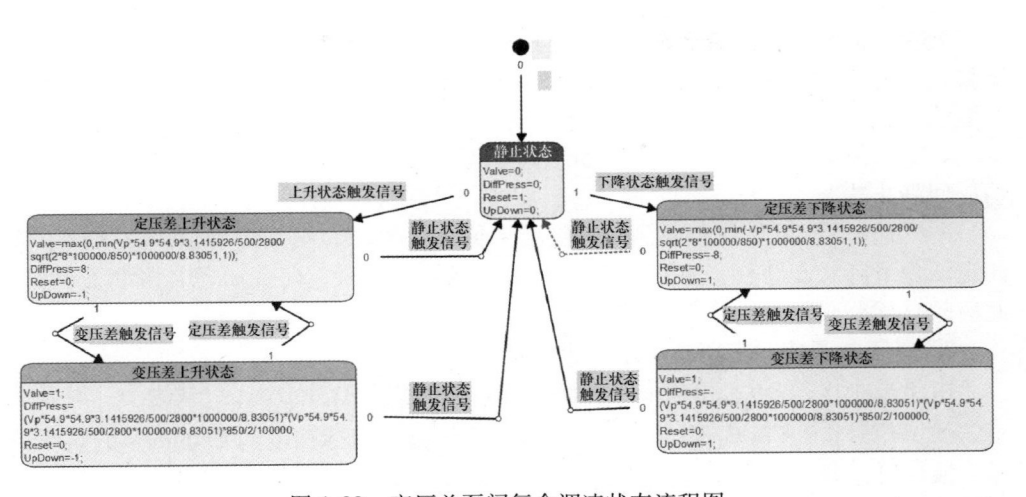

图 4.29　变压差泵阀复合调速状态流程图

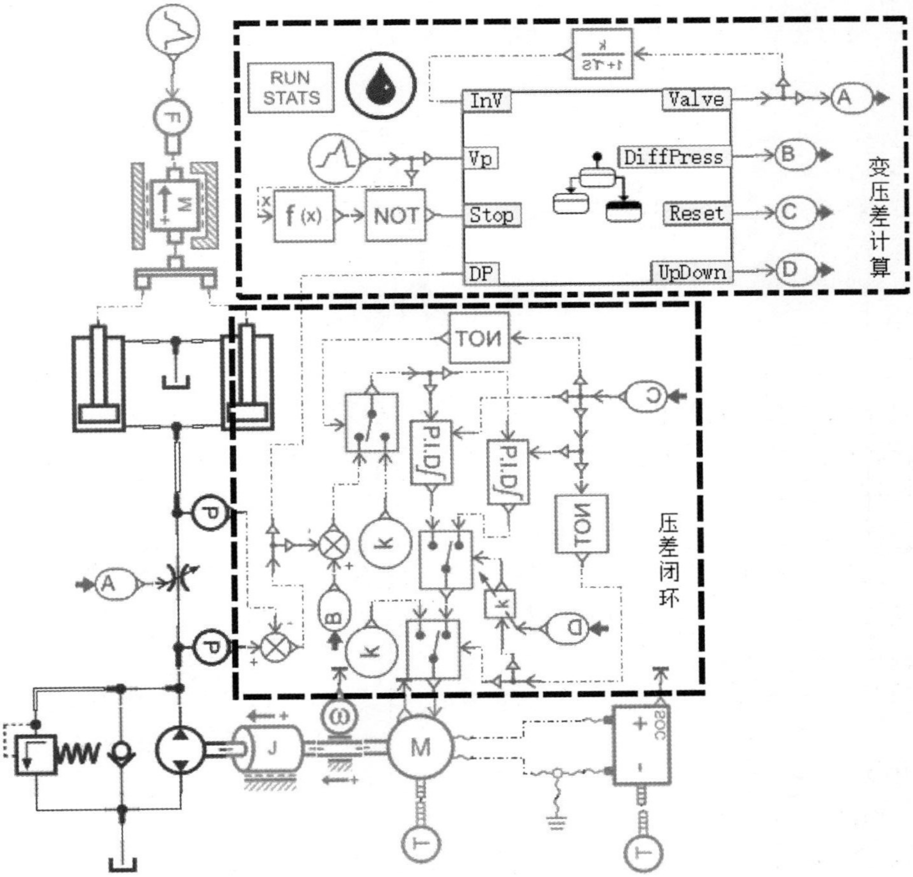

图 4.30　变压差泵阀复合调速仿真模型

当状态流程图 Vp 端口接收到正值速度请求时，由静止状态向定压差上升状态转移，随着速度请求值的增大，阀芯位移逐渐增大直至最大，此后随着速度请求值的继续增大，将由定压差上升状态转移至变压差上升状态，相反若速度请求值逐渐减小，则将由变压差上升状态向定压差上升状态转移。期间，若速度请求值归零则均返回静止状态。

同样地，当 Vp 端口接收到的速度请求值为负值时，则判定为液压缸下降，先向定压差下降状态转移，直到节流阀阀芯位移至最大后，向变压差下降状态转移。此后阀口压差减小至设定最小压差值时，则向定压差下降状态转移。

2. 变压差调速、定压差调速对比分析

由于最小压差 Δp_{min} 值需要进一步确定，故暂设为 0.8MPa，负载为 1t。对系统给定如下信号：0～1s 内保持静止，1s 时给系统施加目标速度为 0.04m/s 的阶跃信号，液压缸上升，并在 5s 内递增至 0.1m/s。随后在第 6s 时开始递减，并在第 11s 时目标速度降为 0m/s。11～12s 内保持静止，12s 时阶跃给定目标速度为 −0.04m/s，液压缸开始下降，同样地，5s 内递增至 −0.1m/s。第 17s 时开始递减，至 22s 时为 0m/s，运行仿真得到如图 4.31 所示的液压缸速度曲线。

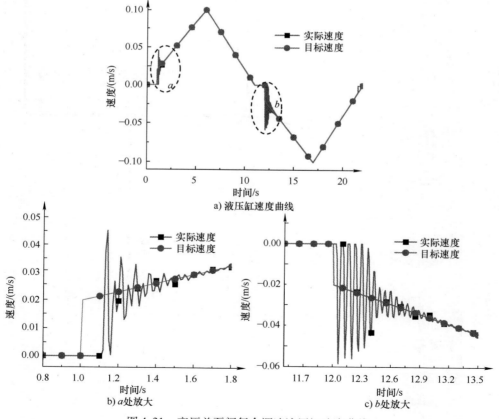

图 4.31 变压差泵阀复合调速液压缸速度曲线

　　由图 4.31 可知，举升时，液压缸速度响应存在 100ms 延迟，且存在较大超调，波动后迅速稳定。下降时，存在 30ms 延迟，速度波动较举升时剧烈，同样很快地趋于稳定。且液压缸下降期间的平均速度要略大于上升期间，因而在 21.5s 时，液压缸实际已完全下降触底，从而导致此时目标速度不为零而实际液压缸速度为零。尽管阶跃信号下，系统速度波动较大，但在后续斜坡信号阶段中，实际速度与目标速度跟随性良好，几乎没有波动。

　　调整 4.4.3 节中所搭建的定压差调速仿真模型中的节流阀阀口目标压差大小，调节节流阀阀口开度使两者的液压缸目标速度曲线完全重合。图 4.32 所示为定压差液压缸速度曲线，与图 4.31 对比可以看出，与变压差泵阀复合调速不同的是：

　　1）定压差调速中液压缸速度波动的剧烈程度要远大于变压差泵阀复合调速。

　　2）液压缸速度将要归零时，液压缸速度也存在较大波动。

　　与变压差泵阀复合调速相似的是：

　　1）举升时的速度波动要小于下降时的速度波动。

　　2）举升时也存在响应延迟，约 120ms，下降延迟约 30ms。

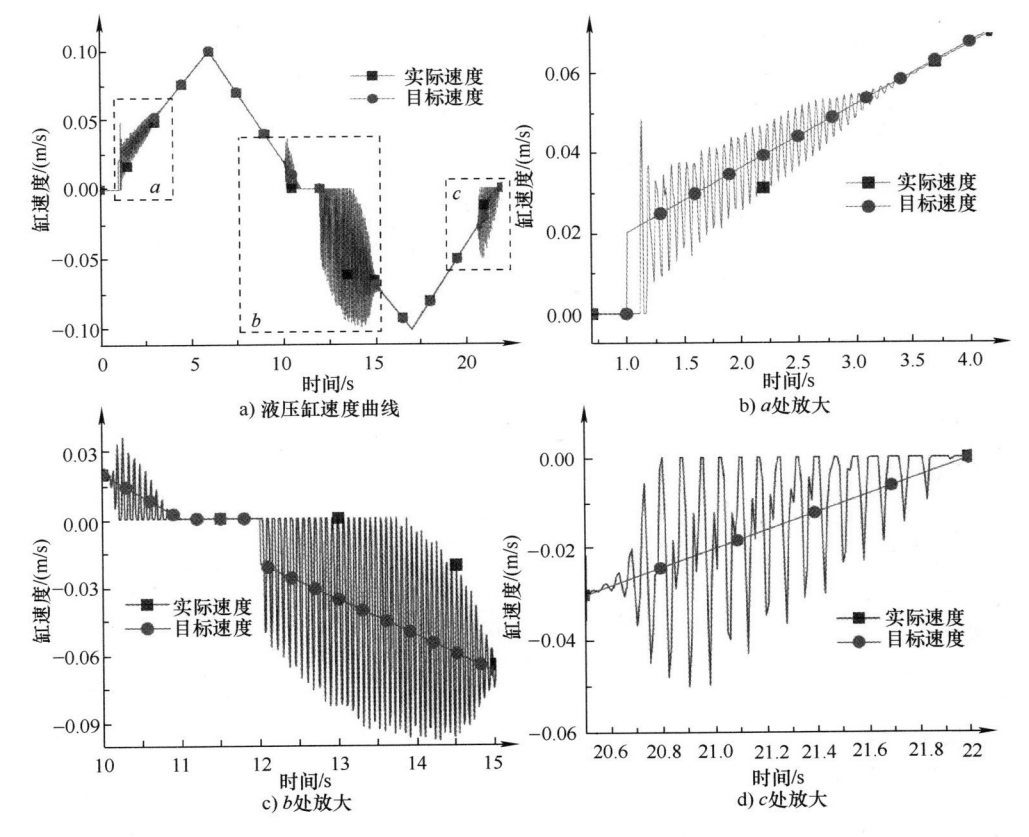

图 4.32　定压差液压缸速度曲线

如图 4.33、图 4.34 分别为两种调速方式对应的阀口开度曲线、液压缸位移曲线、阀口目标压差与实际压差曲线。从图 4.33b 中可见两者液压缸位移几乎重合，因此两种控制策略均具有良好的速度控制精度。由图 4.34 可以看出，除了在节流阀开启、关闭阶段阀口实际压差存在波动外，其余阶段基本上能够稳定在目标压差值。

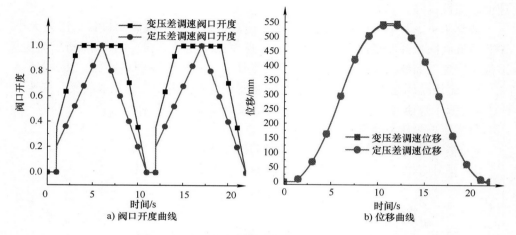

图 4.33　变、定压差调速阀口开度、位移曲线

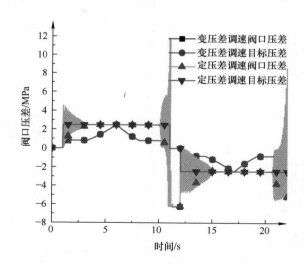

图 4.34　变、定压差调速阀口压差曲线

从 4.5.2 节中的分析可知，阀口压差偏大或阀口开度较小时，液压缸速度波动较大，阀口实际压差波动也更加剧烈，由图 4.33、图 4.34 可以看出，在同样的液压缸目标速度下，定压差调速控制策略中阀口目标压差更大，而阀口开度却更小，由此产生了较大的速度波动与压差波动，这也印证了 4.5 节中结论的正确性。因此

采用变压差控制策略有利于提高系统的操控性。

图 4.35 所示为定、变压差泵阀复合调速能耗曲线。仿真表明在两者所消耗机械功相同情况下，变压差泵阀复合调速能耗仅为定压差泵阀复合调速能耗的 79.13%，具体能耗数值见表 4.8。可见采用变压差控制策略系统节能性会有所提高。

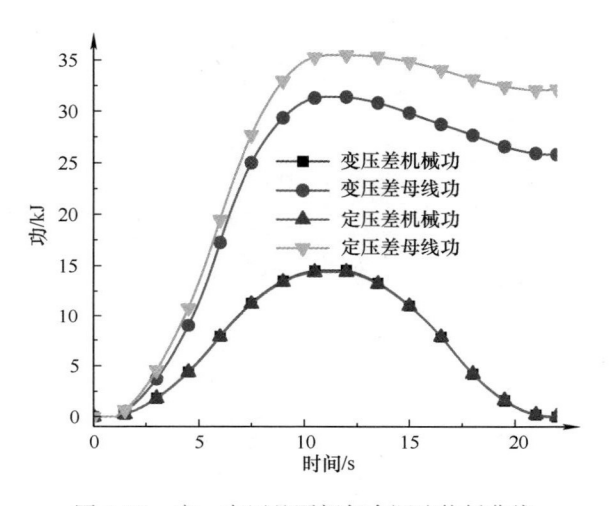

图 4.35　定、变压差泵阀复合调速能耗曲线

表 4.8　定、变压差调速能耗

工况		变压差调速	定压差调速
举升工况	举升高度/mm	545	540
	机械功/kJ	14.53	14.40
	母线功/kJ	31.07	35.49
下降工况	下降高度/mm	−545	−540
	机械功/kJ	−14.53	−14.34
	母线功/kJ	−5.67	−3.39

3. 最小压差仿真分析

为进一步分析最小压差的值对系统操控性及节能性的影响，将最小压差 $\Delta p_{\min}$ 分别设置为 0.5MPa、0.8MPa、1.2MPa，其余设定保持不变。图 4.36 所示为不同最小压差下液压缸位移曲线，三者几乎完全重合，可见在变压差控制策略下，液压缸的实际速度大小只与输入的目标速度大小有关，并不受最小压差大小的影响。

图 4.37 所示为不同最小压差下液压缸速度曲线，仿真结果表明：

1）举升时，取较大的最小压差有利于加快液压缸的速度响应，但也会略微加剧速度波动。

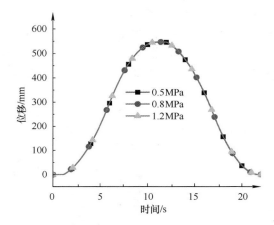

图 4.36　不同最小压差下液压缸位移曲线

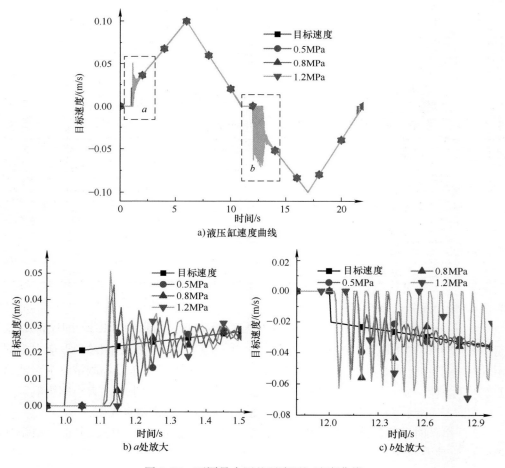

a) 液压缸速度曲线

b) a 处放大

c) b 处放大

图 4.37　不同最小压差下液压缸速度曲线

2）下降时，最小压差的值越大，速度波动则越剧烈，较小的最小压差值能够使液压缸速度较快地趋于平稳，有利于提高操控性。

图 4.38 所示为不同最小压差下能耗曲线，从图中可以看出，最小压差设定值越小，系统能耗越低，节能性越高。

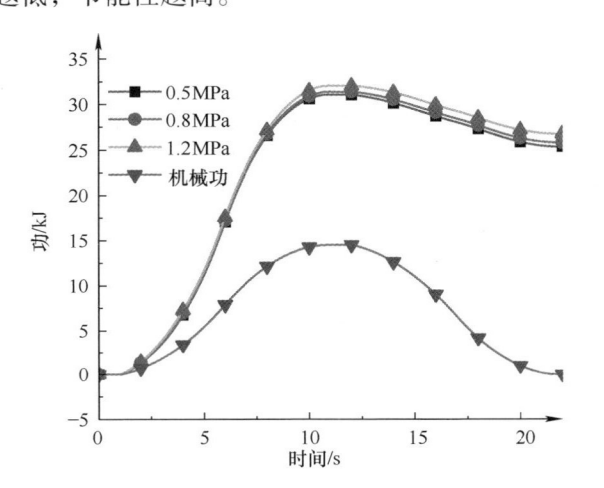

图 4.38　不同最小压差下能耗曲线

综上所述，在变压差控制策略中，从操控性角度出发，最小压差 $\Delta p_{\min}$ 设定值不能太小，否则系统响应太慢，也不能过大，否则系统波动较为严重。故为了有更好的操控性能，最小压差 $\Delta p_{\min}$ 设定值需要合理确定，就仿真结果而言 0.8MPa 较为合理。从节能性角度出发，最小压差 $\Delta p_{\min}$ 设定值越小，则节流损失越低，系统节能性越高。因此节能性与操控性不可兼得，故而举升时可设定较大的最小压差值，下降时则取较小的最小压差值，从而最大限度实现操控性与节能性的平衡。

4.7　试验研究

为了进一步验证变压差闭环泵阀复合调速控制策略的可行性及效果，基于 4.3 节中已完成的关键元件参数匹配进行了 3t 电动叉车试验平台的搭建。先对势能回收单元的效率展开试验测试分析。随后对传统节流调速、变转速泵控容积调速、定压差闭环泵阀复合调速进行试验对比分析。最后对变压差泵阀复合调速展开了试验研究，确定了系统的回收效率与最小压差切换点。

4.7.1　试验平台搭建

1. 势能回收单元效率测试分析

1）液压泵/马达效率测试。为了对所提系统效率展开精确的分析，需要先对系统关键元件展开效率测试。图 4.39 所示为液压泵/马达效率测试原理图。系统采用对称式内啮合齿轮泵作为液压泵/马达，其内部结构对称，理论上作泵工况与液压马达工况的容积效率和机械效率存在些许不同，但效率随转速及压力的变化趋势却是大致相同的。因此为了减少不必要的工作量，这里仅对泵工况展开效率测试。测试过程中采用溢流阀模拟负载，采用压力传感器、流量传感器检测泵出口压力及泵出口流量，采用磷酸铁锂动力电池作为能量源，采用整车控制器采集压力、流量、蓄电池母线电压、母线电流，并控制电机转速恒定。

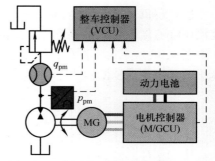

图 4.39 液压泵/马达效率测试原理图

则液压泵/马达的功率 P_{hyd} 可按式（4-47）计算：

$$P_{hyd} = p_{pm}q_{pm} \tag{4-47}$$

式中，p_{pm} 为泵出口压力；q_{pm} 为泵出口流量。

电池母线功率 P_{bat} 按式（4-48）计算：

$$P_{bat} = U_{bat}I_{bat} \tag{4-48}$$

式中，U_{bat} 为母线电压；I_{bat} 为母线电流。

液压泵/马达效率 η 则可按式（4-49）计算：

$$\eta = \frac{\int_0^t P_{hyd}\,dt}{\int_0^t P_{bat}\,dt} \times 100\% \tag{4-49}$$

图 4.40 所示为液压泵/马达效率测试曲线，可以看出，当负载压力较小（1.4MPa）时，液压泵/马达的总效率随着转速的提高呈现下降趋势；当负载压力较大（4.5MPa）时，液压泵/马达的总效率则随转速的提升呈先增大后趋于稳定，再减小的趋势。

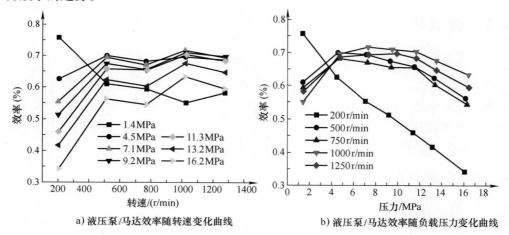

a) 液压泵/马达效率随转速变化曲线   b) 液压泵/马达效率随负载压力变化曲线

图 4.40   液压泵/马达效率测试曲线

　　这是由于在负载压力较小时，液压泵/马达的总体泄漏量较少，因此转速的提升尽管能够提高液压泵/马达的容积效率，但影响程度不及机械效率变化来的大。而随着转速的提升，流量将增大，随之油液的黏性摩擦也将增大，从而降低了液压泵/马达的机械效率，故此时液压泵/马达总效率随着转速的提升而减小。随着负载压力的增大，液压泵/马达的泄漏量增大，容积效率变化带来的影响逐渐大于机械效率。随着液压泵/马达转速的提升，其容积效率逐渐增大。且在低转速时，内齿圈、主齿轮及月牙隔板之间的油膜尚未形成，三者之间的摩擦阻力较大，因而导致整体效率偏低。随着转速的提升，油膜逐渐形成，其摩擦因数逐渐减小到稳定值，随着转速的继续提升，流量继续增大，油液的黏性摩擦逐渐占据主导，由此导致液压泵/马达的总效率呈现先增大，后稳定，再减小的趋势。

　　由图 4.40b 可知，当转速较慢（200r/min）时，液压泵/马达的总效率随着负载的增大而减小；当转速较快时（500r/min），液压泵/马达的效率随着负载的增大呈先增大后减小的抛物线趋势。

　　这是由于液压泵/马达的容积效率会随着负载压力的增大而显著减小，而机械效率却随着负载压力的增大而略微增大，二者对液压泵/马达总效率的影响程度与液压泵/马达转速有关，在低转速区间，机械效率占据主导，在高转速区间，容积效率则占据主导，因此低转速时，液压泵/马达的总效率随着负载的增大而减小，高转速时，液压泵/马达的效率随着负载的增大呈先增大后减小的抛物线趋势。

　　2）永磁同步电机及控制器效率分析。电机驱动器对系统的回收效率影响较小，因此为了便于测试分析，将此部分损耗并归于电机损耗。

　　永磁同步电机无须外部励磁，转子磁场依靠永磁体产生，转子定子间不存在转差率，因此转速同步性较高，同等体积下功率输出更高、运行效率高、过载能力较强、可靠性高。图 4.41 所示为永磁同步电机效率 MAP 图，其效率随转矩和转速的

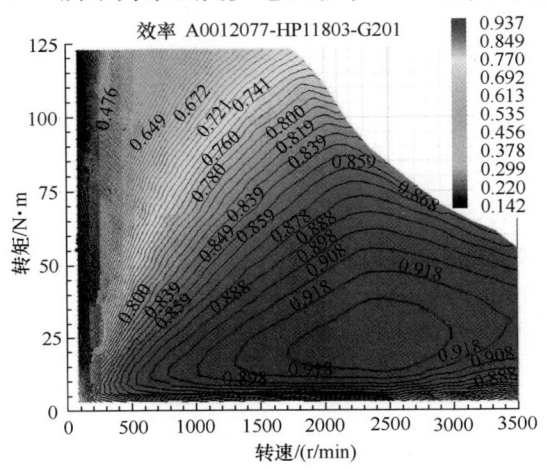

图 4.41　永磁同步电机效率 MAP 图

变化而变化，最高效率可达 93.7%，额定工作区间内电机效率基本在 90% 以上。即便是低速重载（500r/min，70N·m）效率仍然可达 70%。

永磁同步电机用作发电机时，外部负载带动转子转动，定子产生励磁磁场并最终产生电流，由于定子在励磁时有额外的能耗，因此，当外部负载过小时，发电机本身的励磁耗能将大于发电机回收的能量，此时发电机对外表现为耗能。

2. 试验平台硬件搭建

为了进一步研究电动/发电-泵/马达阀口压差控制的电动叉车举升驱动与回收一体化系统实际操控性与节能性，设计如图 4.42 所示试验平台原理图。

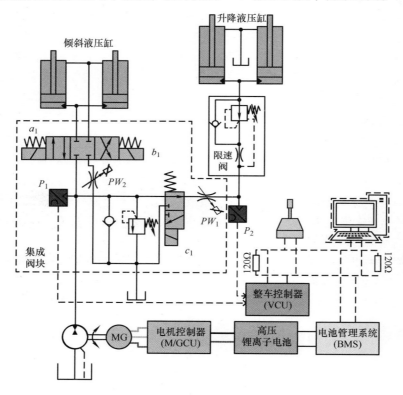

图 4.42　试验平台系统原理图

根据图 4.42 所示试验平台系统原理图及 4.3 节中已完成的关键元件的参数匹配，完成关键元件的选型，并基于已有的某型号 3t 电动叉车进行试验平台的搭建，其系统结构如图 4.43 所示。

在本试验平台中，磷酸铁锂电池箱与电池管理系统（BMS）为一体化成品，负责向系统提供高压电源、上下电控制及电池组健康状态监测、故障诊断及保护等功能，以确保系统安全运行；低压直流电源负责向系统中的液压阀、整机控制器、电机控制器等提供 24V 低压电源；电机控制器负责驱动电机泵，向系统供油；整

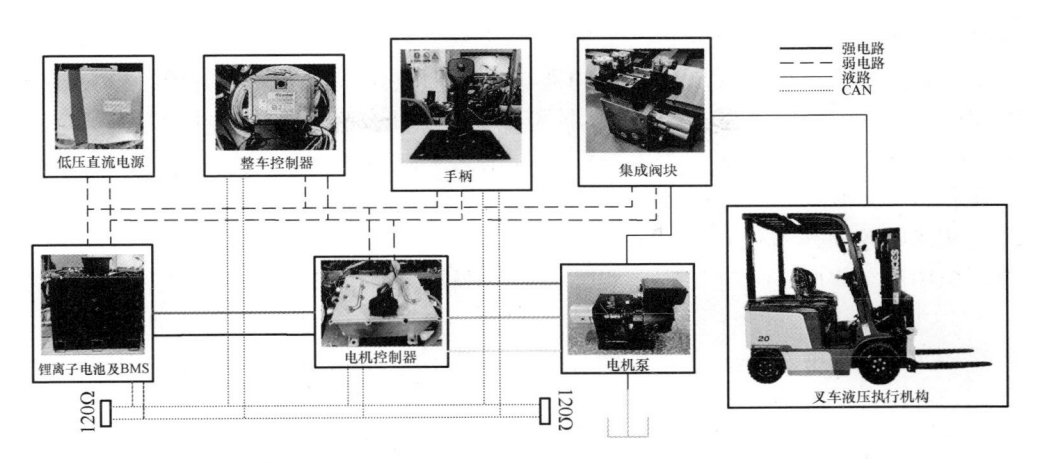

图 4.43　3t 试验平台系统结构

车通信系统依靠 CAN 总线通信协议，在整机控制器的控制下实现了各个元件间的协同运行及系统参数的采集。

　　试验采用标准砝码进行加载，0.5t、1t、2t 各一个，实现了阶梯式的加载测试，如图 4.44 所示。

图 4.44　标准砝码实物图

4.7.2　不同调速方法对比试验

　　由图 4.42 试验平台系统原理图可知，当平台电机转速给定为定值时，手柄信号直接控制节流阀开度，则可模拟传统节流调速；当节流阀信号给定为开关量时，手柄开度直接控制电机转速则可实现变转速泵控容积调速；手柄开度关联节流阀开度，采集节流阀前后压力值做差并与目标压力值做闭环控制电机转矩则可实现压差闭环泵阀复合调速，其 PI 控制器参数通过试凑法进行确定。

　　1. 阶跃信号响应对比

　　在 1t 负载下，分别运行传统阀控节流调速、变转速泵控容积调速及压差闭环泵阀复合调速控制程序，控制传统节流调速、变转速泵控容积调速电机为 1000r/min，调整压差闭环泵阀复合调速中节流阀目标压差使液压缸速度与另外两者接近，阶跃信号下三者液压缸速度曲线如图4.45所示。

阶跃信号下，三者液压缸速度均能够较快响应。举升时，三者最终速度均在0.08m/s左右，稳态过程中，传统阀控节流调速液压缸速度波动较小，速度波动误差±0.005m/s，而变转速泵控容积调速误差为±0.007m/s，压差闭环泵阀复合调速误差为±0.006m/s。下降时，由于传统阀控节流调速阀口全开，且直接回油箱，因此其速度较大，约0.15m/s。另外由图4.45中可以看出，下降时由于变转速泵控容积调速节流阀阀口全开，此时其系统阻尼较小，因此速度波动要大一些。

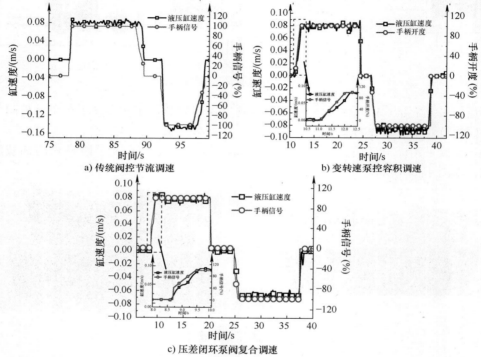

a) 传统阀控节流调速
b) 变转速泵控容积调速
c) 压差闭环泵阀复合调速

图4.45 阶跃信号下三者液压缸速度曲线

不同调速方法下操控性对照见表4.9。

表4.9 不同调速方法下操控性对照

工况	对比项	传统阀控节流调速	变转速泵控容积调速	压差闭环泵阀复合调速
举升	速度/（m/s）	0.08	0.08	0.08
	速度波动误差/（m/s）	±0.005	±0.007	±0.006
	误差占比（%）	6.25	8.75	7.5
下降	速度/（m/s）	0.15	0.086	0.064
	速度波动误差/（m/s）	±0.005	±0.008	±0.004
	误差占比（%）	3.33	9.3	6.25

　　由表 4.9 可知，从系统操控性能来看，传统阀控节流调速最优，压差闭环泵阀复合调速次之，变转速泵控容积调速则要稍微差些。

　　图 4.46 所示为三种调速方法下系统的能耗曲线。由于传统阀控节流调速存在安全溢流，故而最终能耗明显高于另外两者。三者在举升阶段效率分别为 39.54%、38.17%、39.48%，比较接近。而下降的能量回收阶段，变转速泵控容积回收效率为 30.39%，要低于压差闭环泵阀复合调速回收效率的 43.72%，可见速度波动对能量回收效率存在较大影响。从节能性进行考虑，压差闭环泵阀复合调速最优，变转速泵控容积调速次之，传统阀控节流调速节能性最差。

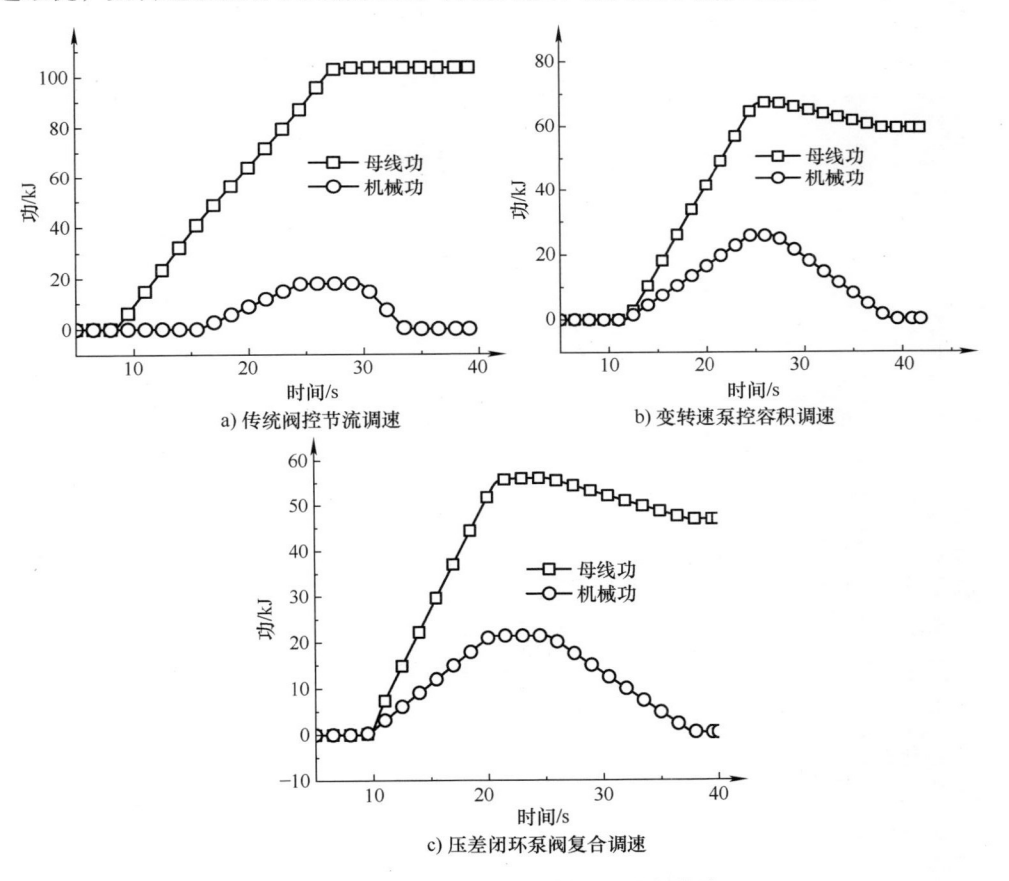

图 4.46　三种调速方法下系统的能耗曲线

2. 斜坡信号响应对比

　　在 0.5t 负载下，分别采用三种调速方式进行试验，在斜坡信号下得到如图 4.47 所示试验曲线，控制最终液压缸速度均约 0.08m/s。

　　可以发现，在斜坡信号下，传统阀控节流调速存在较大死区，且在 $t = 6.7s$ 时，液压缸速度已基本达到最大，此后尽管手柄开度继续增大，也无法调节液压缸

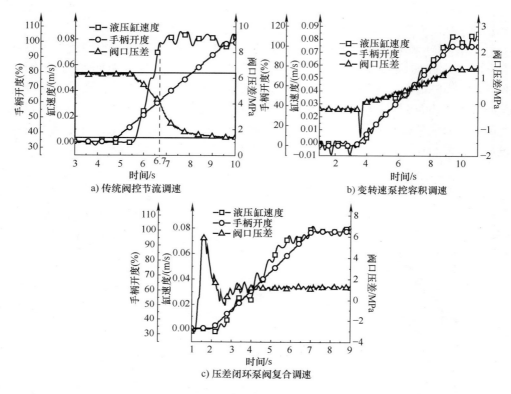

a) 传统阀控节流调速

b) 变转速泵控容积调速

c) 压差闭环泵阀复合调速

图 4.47　斜坡信号下液压缸速度曲线

速度。这是因为节流阀前后压差没有得到补偿，而此时溢流阀已经完全关闭，泵出口流量全部进入液压缸，因此节流阀通流面积进一步增大，只会减小节流阀前后压差，由此导致传统阀控节流调速区间较窄。而变转速泵控的节流阀压差虽然也在变化，但是由于泵转速的快慢直接与液压缸速度的快慢关联，因此调速性能最佳，线性相关度最高。在压差闭环泵阀复合调速下，液压缸运动期间，节流阀前后压差稳定波动在设定值，误差在 0.1MPa，压力波动为三者中最大的。随着手柄开度的增大，其调速线性度有所下降，调速性能介于传统阀控节流调速与变转速泵控容积调速之间。

综上所述，传统阀控节流调速响应速度上最优，响应极快，但节流阀压差未能有效控制，从而导致液压缸的速度控制精度较低，且液压缸速度越快则节流损失越大，节能性较差。在调速线性度方面，在变转速泵控中，液压缸速度与电机泵的转速直接关联，得益于电机的优良控制性能，其表现最好，但是响应速度与速度波动方面为三者中最差的。变压差闭环泵阀复合调速则介于上述两者之间，综合了传统阀控节流调速响应快与变转速泵控容积调速精度高的优点，综合表现最好。

4.7.3　基于操控与节能平衡的变压差泵阀复合调速控制策略试验研究

1. 系统操控性试验

（1）不同目标压差分析　调整目标压差大小分别为 0.1MPa、0.2MPa、0.3MPa、0.4MPa、0.6MPa、0.8MPa、1.0MPa、1.2MPa、1.4MPa、1.6MPa，在 1t 负载下，分别控制节流阀斜坡开启，图 4.48 所示为阀口目标压差与实际压差曲线及对应压差下的液压缸速度曲线。

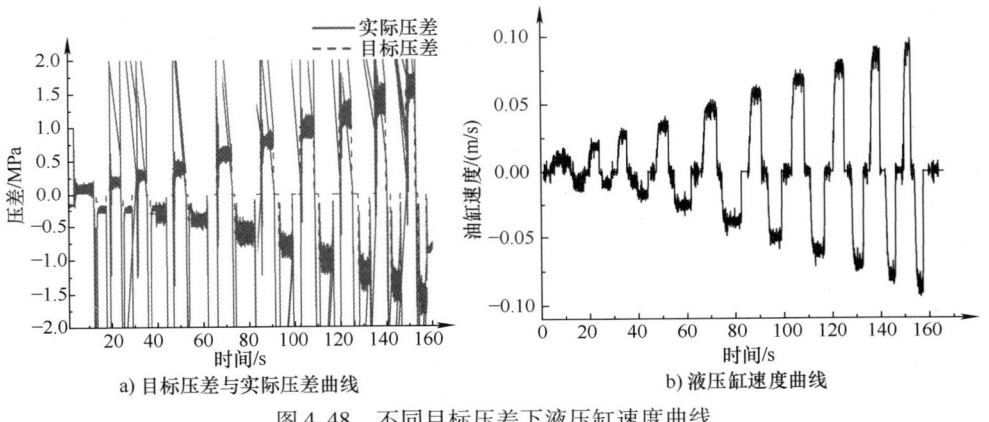

a）目标压差与实际压差曲线　　　　b）液压缸速度曲线

图 4.48　不同目标压差下液压缸速度曲线

从图 4.48 中可以看出：

1）随着目标压差的增大，液压缸速度逐渐增大。

2）随着目标压差的增大，举升时的实际阀口压差波动也越发剧烈。

3）当目标压差较小时，下降时实际压差无法稳定在目标压差范围内。

4）下降时压力波动的剧烈程度与目标压差的增减关系并不明显。

以目标压差为 0.1MPa、0.8MPa、1.6MPa 部分液压缸速度曲线为例，如图 4.49 所示，当目标压差过小（0.1MPa）时，液压缸速度波动较大，达 ±0.01m/s，而 0.8MPa 与 1.6MPa 速度波动则约为 ±0.005m/s。这是由于当目标压差设定值过小时，只要流量存在一点小波动，就会使节流阀前后压差存在波动从而无法稳定在目标压差设定值，由此导致电机转速难以稳定，最终加剧系统的流量波动，形成负反馈，因此目标压差设定值不能过小，由图 4.49b 可知，最小目标压差不能低于 0.8MPa 时系统具有较好的操控性能。

（2）不同阀口开度分析　保持目标压差相同，均为 0.8MPa，分别阶跃给定节流阀 50%、100% 电信号。图 4.50 所示为不同节流阀开度下的液压缸速度曲线。给定阶跃信号后，两者速度响应上皆存在延迟，开度为 50% 的上升时间约为 1s，速度波动约为 ±0.005m/s，而开度为 100% 的上升时间约为 0.6s，速度波动约也为 ±0.005m/s。

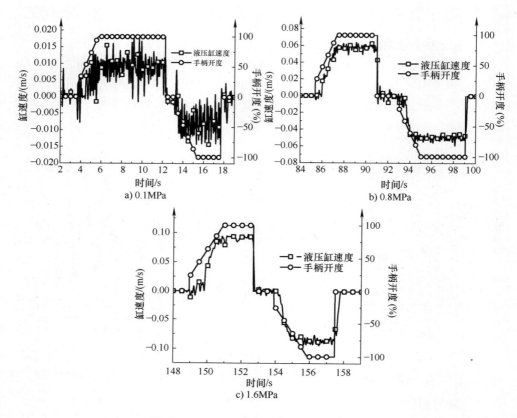

图 4.49　不同目标压差下液压缸速度对比曲线

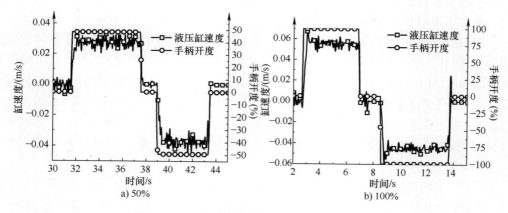

图 4.50　不同节流阀开度下的液压缸速度曲线

图 4.51 所示为不同阀口开度下节流阀压差曲线，可以看出，当阀口开度较小时，压差波动较大，最高达 0.6MPa，当阀口开度较大时，压差则存在约为 0.4MPa

的超调量。另外，当液压缸运动状态由上升向静止转变时，节流阀压差会发生剧变，这是由于此时比例节流阀迅速关闭，使液压缸锁止，而电机在停机信号下逐渐停止工作，因此在这个阶段，电机尚未完全停机，从而导致泵出口压力迅速上升，直到电机完全停机，不再对外输出转矩，因此泵出口压力将会逐渐降低直至为零。反应在节流阀压差曲线上则呈现出压差迅速增大，又迅速减小变为负值。

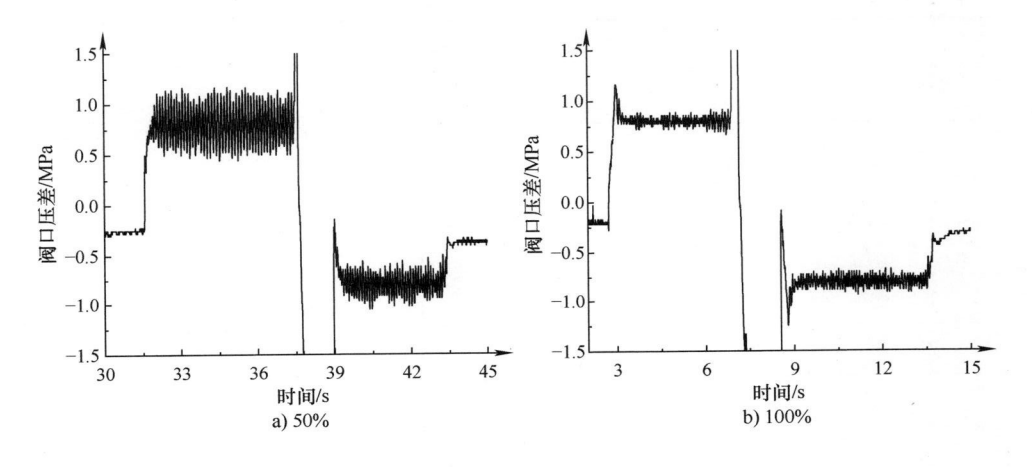

a) 50%　　　b) 100%

图 4.51　不同阀口开度下节流阀压差曲线

综上所述，为了获得更好的操控性能，减小系统速度波动，目标压差不能设置得过低，试验表明压差最小值应大于 0.6MPa；且节流阀开度较小时，系统速度波动较为明显、剧烈，因此增大节流阀开度有利于减小上述现象，增强系统的稳定性。

2. 系统节能性试验

节能性试验主要分为两部分进行，一是举升时系统的总效率，二是下降时系统的能量回收效率。其中电池母线功率 P_{bat} 计算可照式（4-48）进行，电池所消耗（回收）能量 E_{bat} 为

$$E_{bat} = \int_0^t P_{bat} \mathrm{d}t = \int_0^t U_{bat} I_{bat} \mathrm{d}t \tag{4-50}$$

而负载所消耗（释放）势能 E_{weight} 为

$$E_{weight} = M_{weight} g \Delta h \tag{4-51}$$

式中，Δh 为负载实际位移高度；M_{weight} 为负载质量。

则举升时总效率 η_o 为

$$\eta_o = \frac{E_{weight}}{E_{bat}} \tag{4-52}$$

下降时回收总效率 η_i 为

$$\eta_i = \frac{E_{bat}}{E_{weight}} \tag{4-53}$$

试验过程中分别改变负载质量与目标压差，节流阀给定阶跃信号。由系统控制原理可知，此时只要目标压差相同则液压缸速度相同。

（1）举升阶段系统效率分析　表 4.10 所示为举升阶段系统总效率。

表 4.10　举升阶段系统总效率　　　　　　　　　（%）

负载质量/t	压差/MPa			
	0.6	0.8	1.0	1.2
0	25.22	22.45	19.91	17.91
0.5	41.23	35.58	36.02	33.45
1.0	46.89	45.56	43.79	41.86
1.5	49.06	49.29	48.23	46.02
2.0	47.01	49.96	47.01	44.63
2.5	43.36	44.63	45.36	44.24
3.0	37.71	43.47	43.41	42.95

可见当负载质量在 0~1.0t 区间内，阀口压差为 0.6MPa 时，系统举升效率较高，随着目标压差的增大，举升效率逐渐降低。这是由于：

1）当负载不变时，目标压差增大会导致泵压力增大，使泵泄漏量增大。

2）目标压差的增大意味着转速加快，从而增大泵的泄漏量。

3）目标压差增大导致系统节流损失增大；三者综合影响，导致系统效率降低。

当负载质量在 1.5~2.5t 区间内，泵转速随着目标压差增大而加快，而中等负载时（4~16MPa）时，该泵的效率随着转速的加快而变大；尽管在此时，节流阀节流损失也在变大，但综合影响下，目标压差为 0.8MPa 时系统举升效率要高于目标压差为 0.6MPa 时的系统举升效率。同理，当负载质量为 2.5t 时，目标压差为 1.0MPa 时系统举升效率要高于目标压差为 0.8MPa 时的系统举升效率。

当负载质量大于 2.5t 时，泵容积效率占据主导，使举升效率又随着目标压差的增大而减小。

图 4.52 所示为举升阶段总效率-压力转速曲线。可以看出当泵压力低于 8MPa 时，目标压差越低，系统效率越高；当泵压力大于 8MPa 时，目标压差为 0.8MPa 时系统效率较高；当负载大于 1t 时，系统效率随转速变化趋于缓和，虽略有降低，但整体效率较高。

（2）下降阶段系统能量回收效率分析　表 4.11 所示为下降阶段系统能量回收总效率。

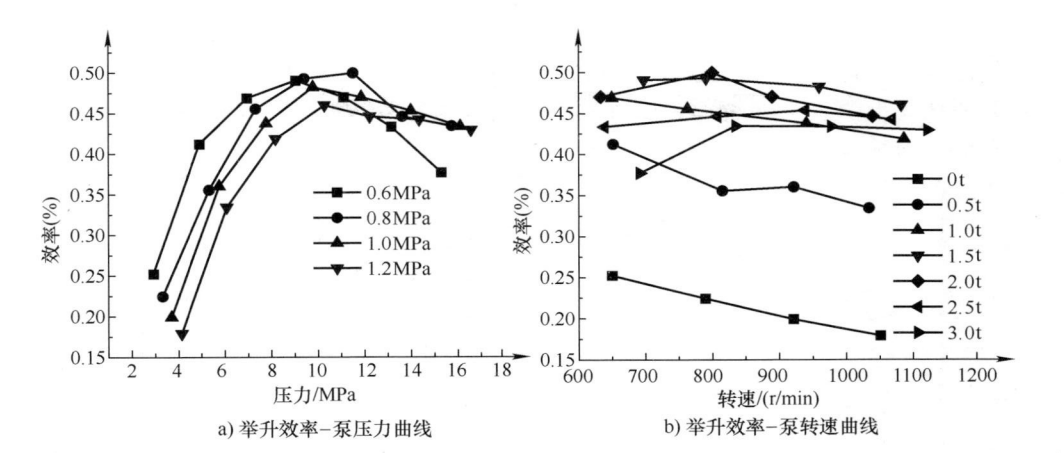

a) 举升效率-泵压力曲线　　　　b) 举升效率-泵转速曲线

图 4.52　举升阶段总效率-压力转速曲线

表 4.11　下降阶段系统能量回收总效率　　　（％）

负载质量/t	压差/MPa			
	0.6	0.8	1.0	1.2
0	0.00	0.00	−19.63	−131.61
0.5	0.00	0.00	1.69	1.09
1.0	12.44	39.64	40.77	37.68
1.5	38.56	44.13	46.12	45.26
2.0	42.73	50.11	52.12	52.27
2.5	37.00	46.18	50.37	51.10
3.0	31.78	42.68	46.80	48.31

　　与举升阶段不同，下降时，若负载质量较小（0~0.5t），此时增大阀口目标压差，不仅回收不了势能，相反地，还会出现耗能的情况，因此，负载质量过小时，应切换模式，放弃势能回收，采取传统的节流调速下降。

　　当负载质量增大处于 0.5~1.5t，目标压差为 1.0MPa 时，回收效率最高。此区间内，减小目标压差将导致泵转速降低，使泵效率下降；而增大目标压差又会使液压马达入口腔压力降低，从而导致液压马达的机械效率降低。

　　而当负载质量大于 1.5t 时，较大的阀口目标压差能够减小液压马达的入口腔压力，这虽然降低了液压泵/马达的机械效率，却有利于提高液压马达的容积效率，且由于此时转速较高，因此容积效率对液压马达效率影响较大，故此目标压差为 1.2MPa 时回收效率较高。

　　图 4.53 所示为下降阶段能量回收效率-压力转速曲线。可以看出，当液压马达入口腔压力大于 2MPa，系统回收效率有明显提升。当液压马达入口腔压力大于

8MPa 时，回收效率开始有所降低，但整体保持较高效率。当负载质量小于 1t 时，能量回收效率较低，其中空载时，系统效率随液压马达转速的增大而快速减小。当负载质量大于 1t 时，系统能量回收效率随液压马达转速的增大呈现先增大后减小的趋势，但整体效率较高。

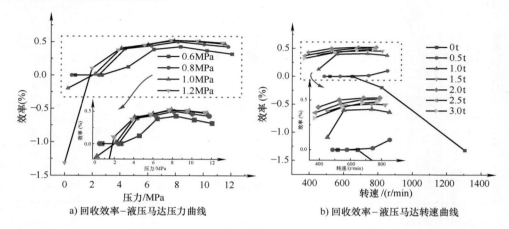

a) 回收效率–液压马达压力曲线　　　　b) 回收效率–液压马达转速曲线

图 4.53　下降阶段能量回收效率-压力转速曲线

对比图 4.40、图 4.52、图 4.53，可以看出，不论是举升阶段的系统效率，或是下降阶段的能量回收效率，均与泵自身效率曲线高度吻合，可见限制本系统效率的最大因素便是所选用的液压泵/马达，而试验表明通过确定合理的节流阀目标压差能够在负载质量固定不变的情况下改变液压泵/马达的工作压力，以此来提高系统的整体效率。

基于现有数据，结合系统操控性、节能性需求，制定最小压差 Δp_{min} 切换规则（见表 4.12）。举升阶段，当负载质量小于 1.0t 时最小压差 Δp_{min} 取 0.6MPa，否则最小压差 Δp_{min} 取 0.8MPa。下降阶段，当负载质量小于 0.5t 时，最小压差 Δp_{min} 取 0.6MPa；当负载质量处于 0.5 ~ 1.5t 之间时，最小压差 Δp_{min} 取 1.0MPa；当负载质量大于 1.5t 时，最小压差 Δp_{min} 则取 1.2MPa。

表 4.12　最小压差 Δp_{min} 切换规则

阶段	负载区间/t	最小压差 Δp_{min}/MPa
举升阶段	0 ~ 1.0	0.6
	1.0 ~ 3.0	0.8
下降阶段	0 ~ 0.5	0.6
	0.5 ~ 1.5	1.0
	1.5 ~ 3.0	1.2

3. 基于变压差泵阀复合调速控制策略的试验研究

基于表 4.12 所制定最小压差切换规则，修改系统控制程序，分别给定 0.1m/s

目标速度阶跃信号，在负载为 1t 的条件下得到如图 4.54 所示的液压缸速度位移曲线。

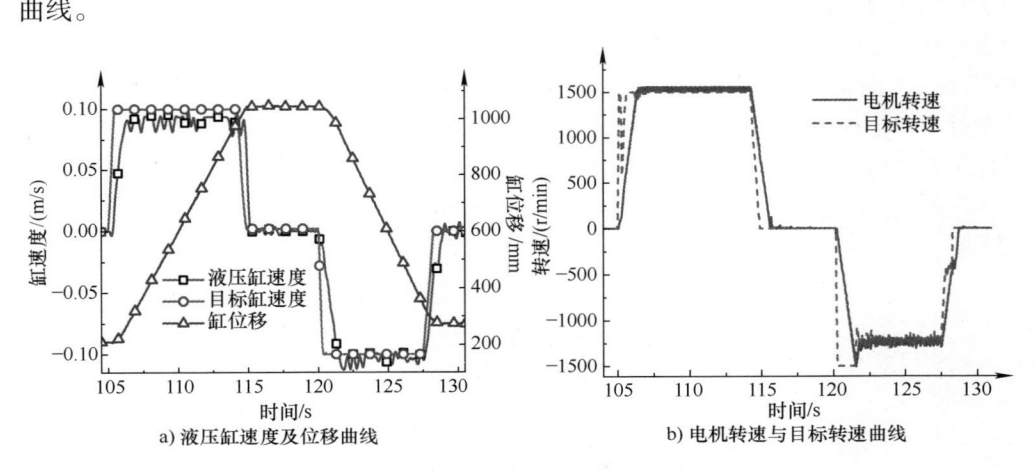

a) 液压缸速度及位移曲线　　　　b) 电机转速与目标转速曲线

图 4.54　变压差泵阀复合调速阶跃信号响应

如图 4.54a 所示，在举升阶段，液压缸速度逐渐增大，比较平稳，无超调现象，最终在 0.09m/s 左右波动，始终无法达到目标速度 0.1m/s，由图 4.54b 电机转速曲线可知，此时电机转速为 1500r/min。由于试验平台所采用液压泵/马达使用时间较长，故其容积效率在高转速期间偏低，从而导致液压缸实际速度与目标速度不匹配。而在下降阶段，液压缸速度在 -0.1m/s 左右波动，最大速度为 -0.11m/s。从图中明显发现液压缸速度存在较大延迟，举升与下降均为 1.20s，这是由于电机控制器内部上升时间控制较为保守的缘故，而电机目标速度与实际速度之间也存在 1s 响应延迟，故系统实际阶跃响应应为 20ms。

保持负载为 1.0t，缓慢给定目标速度信号，则得到如图 4.55、图 4.56 所示的试验结果曲线。

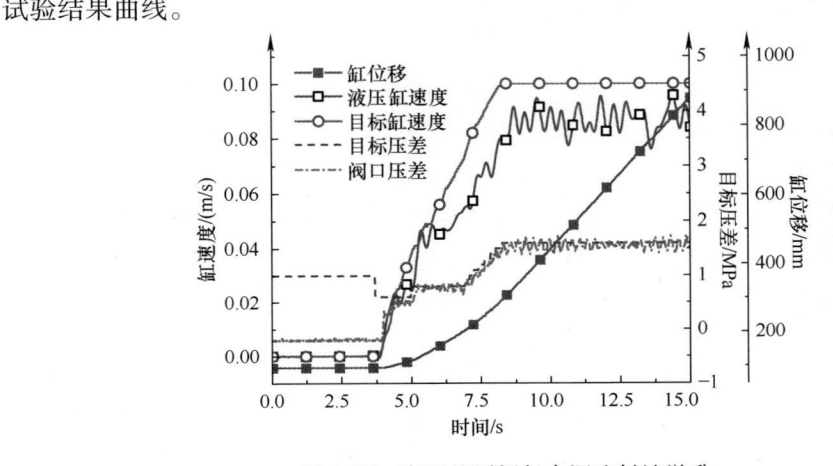

图 4.55　变压差泵阀复合调速斜坡举升

由图 4.55 可知，$t = 3.7s$ 时，系统收到手柄发出的目标速度信号后开始运行，由于负载尚未完全离开地面，此时系统压力尚未达到设定切换点，因此系统最小压差设定为 0.6MPa。$t = 4.9s$ 时，负载完全离地，最小压差跃迁至 0.8MPa，随后保持不变。$t = 5.8s$ 时，液压缸速度与目标速度不再重合，但趋势一致，这是泵液压马达容积效率降低的缘故。7.0s 时，节流阀已经完全打开，之后的速度增大则通过增大目标压差进行匹配。$t = 8.3s$，目标速度达到最大，节流阀阀口压差稳定在 1.6MPa 左右，误差为 ± 0.15MPa，液压缸实际速度为 0.09m/s，误差为 ± 0.005m/s。

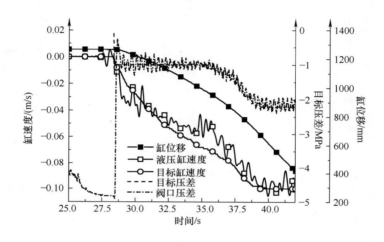

图 4.56　变压差泵阀复合调速斜坡下降

由图 4.56 可知，当 $t = 28.3s$ 时，手柄发出下降信号，目标压差稳定在 -1.0MPa，直到 35.6s，此时节流阀开度达到最大，需要通过增大压差来进一步匹配目标速度需求，因此后续压差逐渐增大直至 39.8s，最终节流阀压差稳定在 2.19MPa，误差为 ± 0.22MPa，液压缸速度为 0.098m/s，误差为 ± 0.008m/s，误差占比 8.16%。

图 4.57 所示为变压差闭环泵阀复合调速系统能耗曲线，负载质量为 1t，负载举升高度约为 1.5m。系统举升时效率为 42%，下降时能量回收效率为 51%。

由 1.4.1 节中叉车标准测试工况可知，1t 负载，8h 工作制下，举升系统能耗约为 5.23kW·h，而在变压差泵阀复合调速下，举升实际能耗约为 12.45kW·h，下降时约可回收 2.67kW·h，电池实际耗能约 9.78kW·h，新系统节能率为 21.5%，同工况下一天至少可增加约 1.7h 的续驶时间。

综上所述，变压差闭环泵阀复合调速能够实现调速功能，且性能良好。在变压差控制策略下，液压缸速度基本上能够跟随目标速度需求，系统稳定性良好，与定压差调速相比，速度波动误差稍有降低，但拓宽了调速范围，节能性也有所提高。

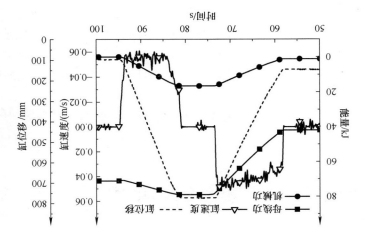

图 4.57　老压茎机打草器圆盘各测速差分系统耗曲线

第 5 章　电动叉车重力势能液电复合式回收系统

5.1　举升系统液电复合式势能回收方案的设计

基于液压蓄能器和蓄电池各自的优点，编者团队设计了一种电动叉车举升系统液电复合势能回收方案。图 5.1 所示为电动叉车举升系统回收能量工作原理图，系统回收能量的原理：在负载下降时，液压缸无杆腔中的液压油被排出经过电磁换向阀、液压泵/马达最终储存到液压蓄能器中，这样负载的重力势能就转化为了液压

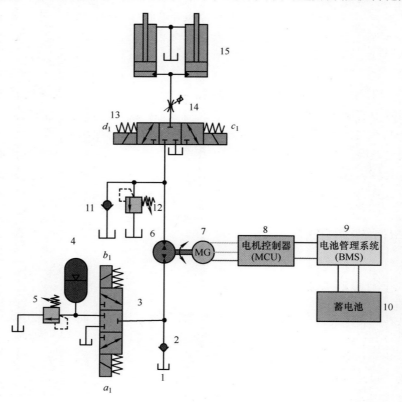

图 5.1　电动叉车举升系统回收能量工作原理图

1—油箱　2—单向阀　3，13—三位三通电磁阀　4—液压蓄能器　5—溢流阀
6—液压泵/马达　7—电动/发电机　8—电机控制器　9—电池管理系统　10—蓄电池
11—补油单向阀　12—安全阀　14—举升液压缸

蓄能器中的液压能，此时液压泵/马达处在液压马达工况，液压油带动液压马达转动，液压马达带动发电机发电，产生的电能储存到蓄电池中；当叉架再次上升时，液压蓄能器中的液压油释放到液压泵的进口处，这样液压泵的进出口压力差便会降低，进而在上升工况中电动机消耗的功率降低，从而实现了节能。

手柄的开度对应电机的转速，因为液压泵是定排量的，所以转速越大，输出的流量就越大，从而实现手柄开度对负载速度的控制。下面对一个工作周期的流程分析：

（1）负载上升　此时 a_1、b_1、c_1 不得电，d_1 得电，三位三通电磁阀 13 位于左位，电动/发电机 7 起动，液压泵/马达 6 经过单向阀 2 从油箱 1 中吸取油液，向举升液压缸 14 的无杆腔中提供油液，举升液压缸 14 推动负载上升。此时液压蓄能器 4 中没有液压油，三位三通电磁阀 3 关闭，液压蓄能器 4 不接入液压泵的进口处。

（2）负载下降　此时 a_1、d_1 得电，b_1、c_1 不得电，三位三通电磁阀 3 处于上位，三位三通电磁阀 13 位于左位，举升液压缸 14 由负载重力推动向下移动，无杆腔中的液压油经过三位三通电磁阀 13 和三位三通电磁阀 3、液压泵/马达 6 被储存到液压蓄能器 4 中，同时液压泵/马达 6 处在液压马达工况，电动/发电机 7 处在发电机工况，举升液压缸 14 下腔的压力油流入到液压马达中，带动液压马达驱动发电机发电，将产生的电能储存到蓄电池中。通过上述过程，负载的重力势能转变成液压蓄能器中的液压能和蓄电池中的电能，从而实现了重力势能的回收。

（3）负载再次上升　电动/发电机 7 再次起动，此时 a_1、b_1 得电，c_1 不得电，三位三通电磁阀 3 位于上位，三位三通电磁阀 13 位于左位，液压蓄能器 4 中的高压油释放到液压泵/马达 6 的进油口处，提高了液压泵的进油口压力，使液压泵进出口压力差减小，进而使电动机的消耗功率降低，实现了回收能量的再利用。

5.2　控制策略研究

5.2.1　控制策略方案对比

本节提到的电动叉车势能回收系统通过液压电气复合式能量回收方式实现势能回收，同时需要考虑最大限度地提高节能效果和保证系统稳定性两方面问题，所以应结合电动叉车举升系统实际作业工况特点，制定恰当的控制策略，以实现对电动叉车势能回收的控制。

目前常用的控制方法有：门限值控制策略、模糊控制策略、优化控制策略。根据设置的临界工作点的值来判断所处的工况，从而采取相应的控制方式。目前研究以储能元件的储能状态、负载状态及电机运行状态等参数作为控制系统的输入信号，通过模糊控制器将其基于专家经验的相关规则计算出动力源输出转矩和转速来对能量进行分配，其针对无法用准确参数表示的控制规则有很好的控制效果，能够实现高节能的目标，但是由于没有精准的参数确定，不能通过不同工况自动调节，动态特性受限大。基于优化的控制策略以满足整机最佳性能工作点为目标进行数学模型、全局变量等的优化，更多地应用于工况负载多变的工程机械中。

而电动叉车升降过程中，作业工况相对比较简单，不存在复杂的工况，同时其各环节的数学模型较为准确，逻辑门限值控制策略的控制原理是通过对输入信号进行逻辑运算，根据运算结果控制输出信号的状态，具有很好的鲁棒性，采用门限值控制策略的方法更为合适。

5.2.2 基于 SOP 平衡的逻辑门限的回收控制策略

1. 工作模式决策规则

此处采用的逻辑门限值势能回收控制策略是基于无杆腔压力 p、电池 SOC 和液压蓄能器 SOP 的控制策略。

液压蓄能器的储能情况 SOP 定义为

$$SOP = \frac{p_a - p_1}{p_2 - p_1} \tag{5-1}$$

式中，p_a 为液压蓄能器出口压力（MPa）。

当 SOP 为 1 时，液压蓄能器处于完全储能状态，当液压蓄能器释放能量，SOP 逐渐减小；当 SOP 接近 0 时，液压蓄能器压力将稳定在最低工作压力附近。为了避免液压蓄能器超过最大工作压力，设定最高工作压力判断阈值，当 $p_a \geq p_{amax}$ 时，液压蓄能器回路的电磁阀断开。其中，当 $p_a = p_{amax}$ 时，为液压蓄能器储能状态最大值，即 SOP_{max}。

此处的液压缸下降速度控制模式有传统节流控制模式和容积控制模式。在容积控制方式下，整机控制器通过分析无杆腔压力 p、电池 SOC 和液压蓄能器储能 SOP，完成负载和驾驶意图判别。综上所述，影响势能回收控制模式决策的主要因素有无杆腔最小压力 p、电池 SOC 和液压蓄能器 SOP。因此，势能回收工作模式规则见表 5.1。

表 5.1 势能回收工作模式规则

工作模式	判断规则
节流下放	$p < p_{min}$ 或 $SOC \geq S_{max}$、$SOP \geq SOP_{max}$
电气式回收	$p \geq p_{min}$ 且 $SOC < S_{max}$ 且 $SOP \geq SOP_{max}$
液压式回收	$p \geq p_{min}$ 且 $SOC \geq S_{max}$ 且 $SOP < SOP_{max}$
液电复合式回收	$p \geq p_{min}$ 且 $SOC < S_{max}$ 且 $SOP < SOP_{max}$

由表 5.1 可知，势能回收工作模式规则可分为四部分：

1）当无杆腔压力满足 $p < p_{min}$ 或 $SOC \geqslant S_{max}$、$SOP \geqslant SOP_{max}$ 时，系统进入节流下放模式。

2）当无杆腔压力满足 $p \geqslant p_{min}$ 且 $SOC < S_{max}$、$SOP \geqslant SOP_{max}$ 时，系统进入电气式回收模式。

3）当无杆腔压力满足 $p \geqslant p_{min}$ 且 $SOC \geqslant S_{max}$、$SOP < SOP_{max}$ 时，系统进入液压式回收模式。

4）当无杆腔压力满足 $p \geqslant p_{min}$ 且 $SOC < S_{max}$、$SOP < SOP_{max}$ 时，系统进入液电复合式回收模式。

其中，p 为举升液压缸的无杆腔压力；p_{min} 为允许势能回收下降对应的无杆腔最小压力；S_{max} 为允许势能回收下降 SOC 最大值；SOP_{max} 为液压蓄能器储能状态最大值。

2. 势能回收下降电磁阀控制策略

设计系统的控制策略主要依据是系统的工作模式。系统工作模式的切换主要借助门限参数来实现，本文研究的电动叉车势能回收系统设计的门限参数主要有无杆腔压力 p、电池 SOC 和液压蓄能器 SOP。工作模式控制规则如下：

1）当无杆腔压力满足 $p < p_{min}$ 或 $SOC \geqslant S_{max}$、$SOP \geqslant SOP_{max}$，系统进入节流下放模式，此时的电磁阀电磁铁 a_1、b_1、d_1 断电，c_1 得电，三位三通电磁阀 3 工作在中位，三位三通电磁阀 13 工作在右位。

2）当无杆腔压力满足 $p \geqslant p_{min}$ 且电池剩余电量满足 $SOC < S_{max}$ 且液压蓄能器储能状态 $SOP \geqslant SOP_{max}$，系统进入电气式回收模式，此时的电磁阀电磁铁 a_1、d_1 得电，b_1、c_1 断电，三位三通电磁阀 3 工作在下位，三位三通电磁阀 13 工作在左位。

3）当无杆腔压力满足 $p \geqslant p_{min}$ 且电池剩余电量满足 $SOC \geqslant S_{max}$ 且液压蓄能器储能状态 $SOP < SOP_{max}$，系统进入液压式回收模式，此时的电磁阀电磁铁 a_1、c_1 断电，b_1、d_1 得电，三位三通电磁阀 3 工作在上位，三位三通电磁阀 13 工作在左位。

4）当无杆腔压力满足 $p \geqslant p_{min}$ 且电池剩余电量满足 $SOC < S_{max}$ 且液压蓄能器储能状态 $SOP < SOP_{max}$，系统进入液电复合式回收模式，此时的电磁阀电磁铁 b_1、d_1 得电，a_1、c_1 断电，三位三通电磁阀 3 工作在上位，三位三通电磁阀 13 工作在左位。

势能回收系统工作模式电磁阀控制策略见表 5.2。

表 5.2 势能回收系统工作模式电磁阀控制策略

工作模式	电磁铁 a_1	电磁铁 b_1	电磁铁 c_1	电磁铁 d_1
节流下放	断电	断电	得电	断电
电气式回收	得电	断电	断电	得电
液压式回收	断电	得电	断电	得电
液电复合式回收	断电	得电	断电	得电

3. 举升系统下降控制流程

根据上述工作原理和工作模式的分析,控制策略的具体实现过程如下:

1)检测到叉车下放开始,各传感器将采集到的信号经数据采集卡输入 VCU 中进行判断。

2)首先检测无杆腔压力是否满足 $p < p_{\min}$ 或 $SOC \geqslant S_{\max}$、$SOP \geqslant SOP_{\max}$,当满足时,电磁阀电磁铁 a_1、b_1、d_1 断电,c_1 得电,三位三通电磁阀 3 工作在中位,三位三通电磁阀 13 工作在右位,系统进入节流下放模式,手柄开度直接控制节流阀开度,进而控制负载下放速度,无杆腔中的液压油直接回油箱。

3)当不满足 $p < p_{\min}$ 时,进入势能回收模式判断。判断是否 $SOC \geqslant S_{\max}$ 且液压蓄能器储能状态 $SOP < SOP_{\max}$,当满足时,电磁阀电磁铁 a_1、c_1 断电,b_1、d_1 得电,三位三通电磁阀 3 工作在上位,三位三通电磁阀 13 工作在左位,系统进入液压式回收模式,此时电机不使能,手柄开度直接控制节流阀开度,进而控制负载下放速度,无杆腔中的液压油经过液压泵/马达流入液压蓄能器。

4)判断是否 $SOP \geqslant SOP_{\max}$ 且电池剩余电量满足 $SOC < S_{\max}$,当满足时,此时的电磁阀电磁铁 a_1、d_1 得电,b_1、c_1 断电,三位三通电磁阀 3 工作在下位,三位三通电磁阀 13 工作在左位,系统进入电气式回收模式,手柄开度直接控制电机转速,无杆腔中的液压油回油箱同时带动液压马达发电,产生的电能储存到蓄电池中。

5)当不满足 $SOP \geqslant SOP_{\max}$ 时,此时的电磁阀电磁铁 b_1、d_1 得电,a_1、c_1 断电,三位三通电磁阀 3 工作在上位,三位三通电磁阀 13 工作在左位,系统进入液电复合式回收模式,手柄开度直接控制电机转速,无杆腔中的液压油流回液压蓄能器同时带动液压马达发电,产生的电能储存到蓄电池中。

6)检测手柄信号是否满足 $0 < Y_p < Y_{\min}$,满足时停机,不满足时重新进行初始流程判断。最终,举升液压缸下降控制流程图如图 5.2 所示。

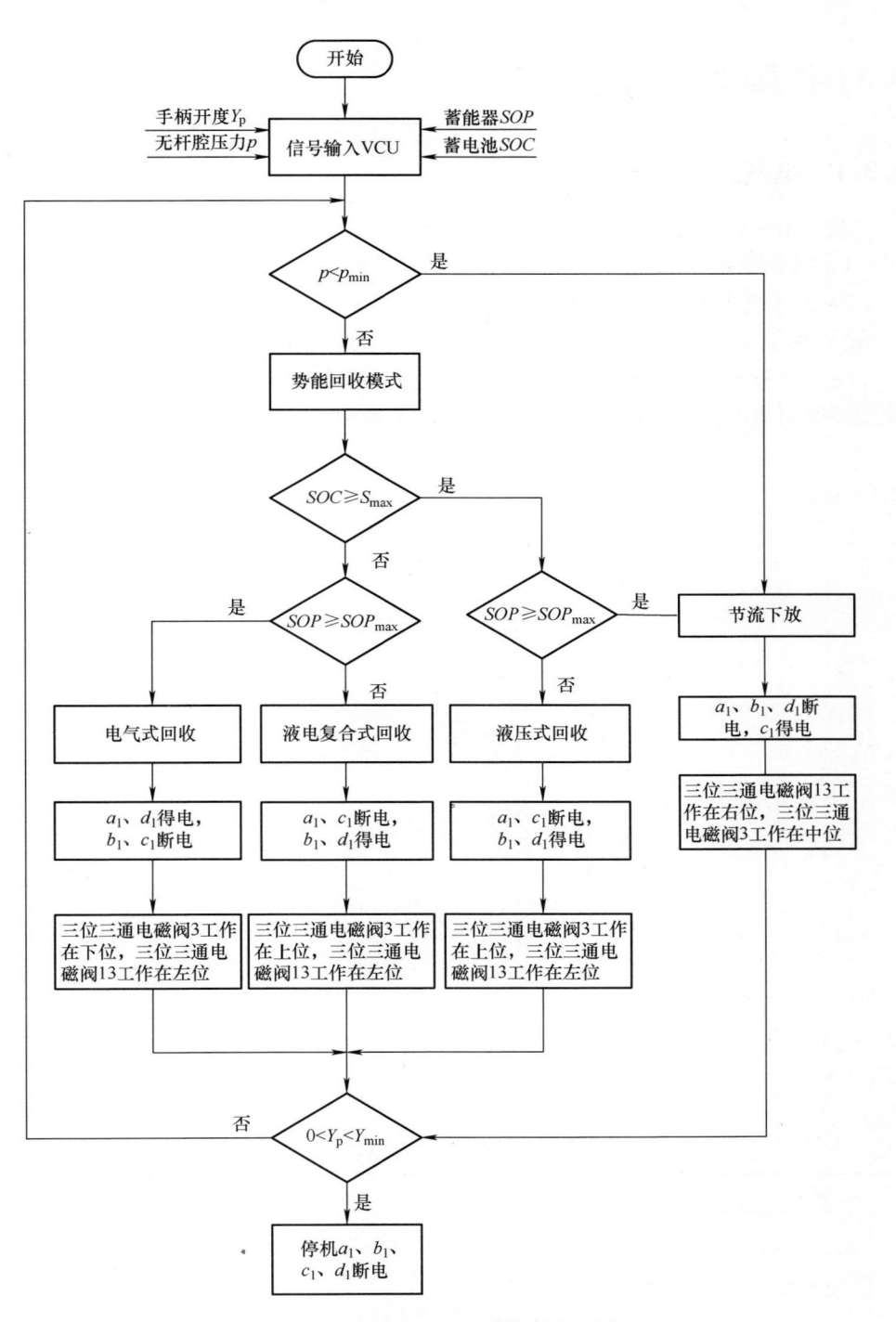

图 5.2　举升液压缸下降控制流程图

5.3 仿真研究

5.3.1 电气式阀控仿真模型搭建

在 AMESim 仿真软件中构建液压仿真模型时,做如下假设:

1)液压系统中的油液为理想油液,具有不可压缩的特性。

2)忽略系统中动力传动单元机械元件所产生的弹性变形。

3)单工况负载升降过程中,负载大小简化为等效恒力信号。

为了能够研究升降系统,搭建传统电气式阀控仿真模型,如图 5.3 所示,仿真模型能够实现电机定转速旋转。主要元件的子模型和参数设定见表 5.3。

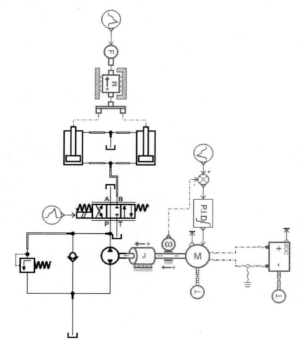

图 5.3 传统电气式阀控仿真模型

表 5.3 主要元件的子模型及参数设定

元件	子模型	主要参数	数值
质量块	MECMAS21	质量/kg	720
		动摩擦/N	3000
		运动黏滞系数/[N/(m/s)]	5000
		长度限位/m	1.5

（续）

元件	子模型	主要参数	数值
液压缸	HJ020	无杆腔直径/mm	54.9
		活塞杆直径/mm	44.9
三位六通换向阀	HSV34_05	流量压力梯度/[（L/min）/bar]	1.8
安全溢流阀	RV010	溢流压力/MPa	18
液压泵	HYDFPM01	排量/（mL/r）	25
电动机	DRVEM01	最大转矩/N·m	88
		最大功率/kW	13.5
		效率	0.9
蓄电池	DRVBAT001	额定电压/V	307
		额定容量/Ah	120
液压蓄能器	HA000_SENSED	额定压力/bar （1bar＝0.1MPa）	40
		额定容积/L	30

将电机的目标转速设置成 1600r/min，负载重量为 2t，对电磁换向阀进行阶跃开启和关闭，运行后电气式阀控仿真模型结果如图 5.4 所示。

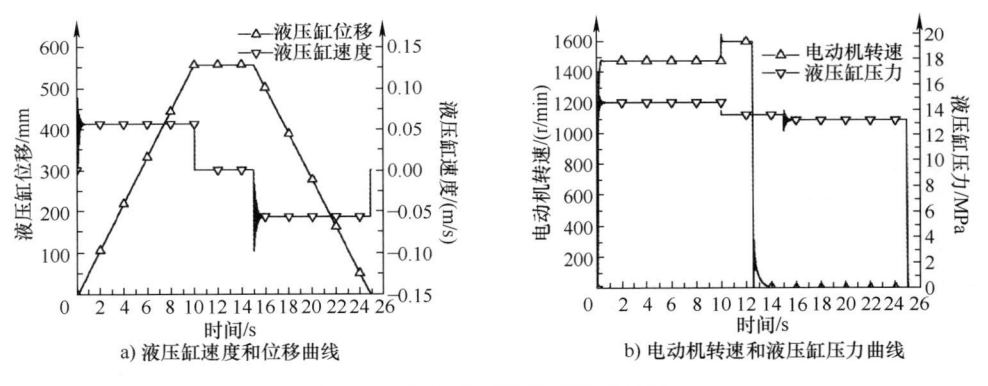

a) 液压缸速度和位移曲线　　　　b) 电动机转速和液压缸压力曲线

图 5.4　电气式阀控仿真模型结果

从图 5.4 中可以看出，液压缸在 0～10s 上升，在 10～15s 停在空中，在 15～25s 下降，仿真模型能够模拟出叉车的基本功能。由于液压系统存在压力波动，所以液压缸的速度在阀打开的时候会有波动，因为电机的功率限制，所以尽管电机的目标转速设置为 1600r/min，电机转速仍达不到目标转速，这种情况与传统的叉车一样。

5.3.2　电气式泵控仿真模型搭建

如图 5.5 所示，电气式泵控与电气式阀控基本上是一样的，差别在控制信号上，电气式泵控是换向阀进行阶跃的开启和关闭，电气式泵控是改变电动机的转速来对液压缸的速度进行改变。电气式泵控仿真模型如图 5.5 所示，电动机的转速是通过改变方框中的信号元件来实现的，如图 5.5 中虚线框 3。

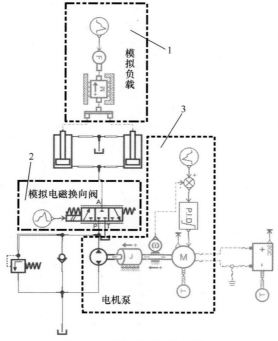

图 5.5　电气式泵控仿真模型

　　如图 5.6 所示，0 ~ 10s 时，电磁阀切换到左边工作位置，电动机转速为 710r/min，液压缸举升；10 ~ 15s 时，电磁阀切换到中间工作位置，电动机转速为 0r/min，液压缸停在空中；在 15 ~ 25s 时，电磁阀切换到右边工作位置，电动机转速为 −556r/min，液压缸下降。液压缸的响应速度跟电动机的转速应是相同的，故无杆腔压力也会产生波动。

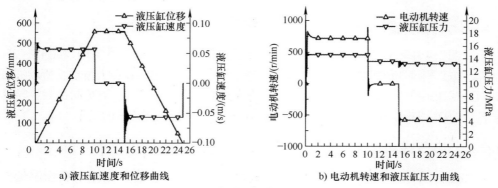

a) 液压缸速度和位移曲线　　　　　　b) 电动机转速和液压缸压力曲线

图 5.6　电气式泵控仿真模型结果

5.3.3　液电复合式泵控仿真模型搭建

根据逻辑门控制策略搭建的液电复合式泵控仿真模型，液压缸速度通过电机泵转速来控制。仿真模型如图 5.7 所示，其余子模型和参数设置都跟电气式阀控仿真模型一样，不再继续复述。

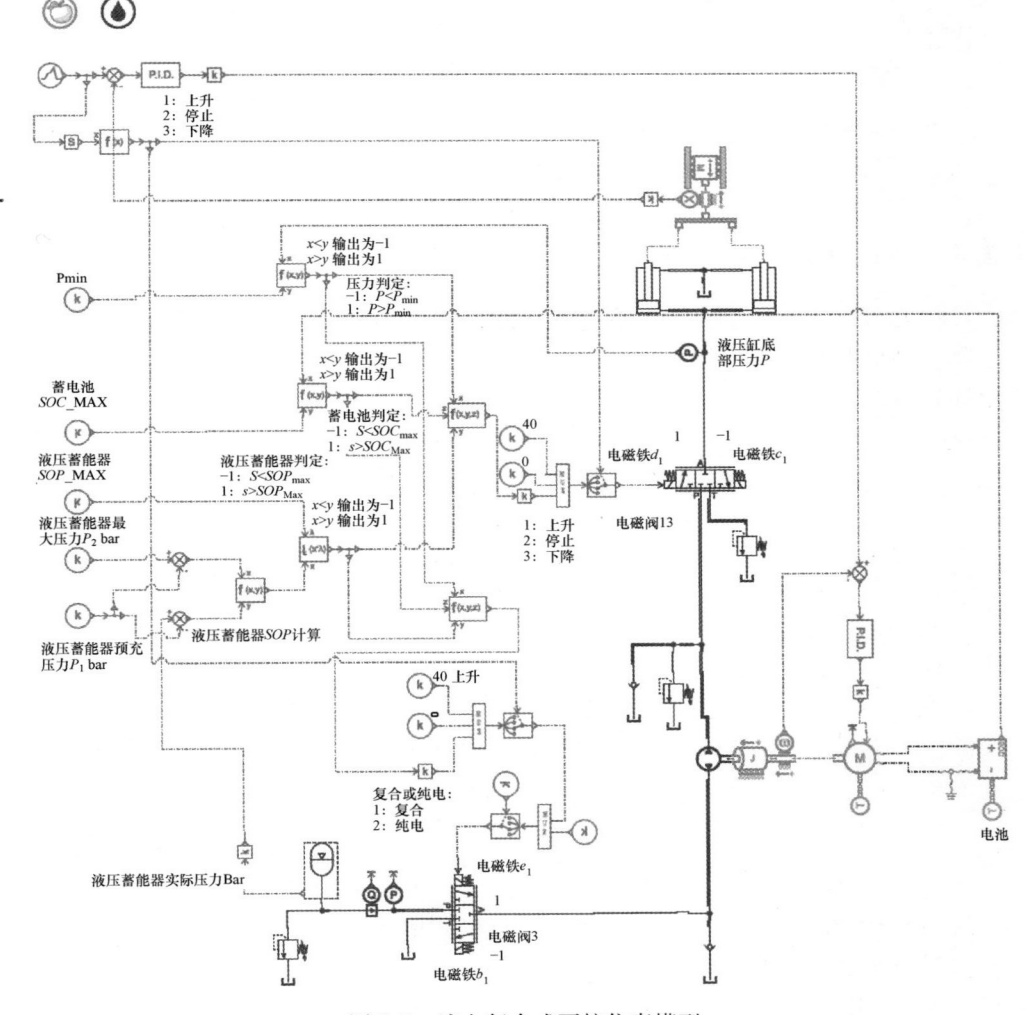

图 5.7　液电复合式泵控仿真模型

如图 5.8 所示，在 $0 \sim 10s$ 时，液压缸上升，电动机转速为 $748r/min$；在 $10 \sim 15s$ 时，液压缸停在空中，电动机停止，转速为 $0r/min$；在 $15 \sim 25s$ 内，液压缸下降，电动机转速为 $-611r/min$。液压缸的速度与电动机的转速相一致。液压缸的压力在从静止到运动的时候会有一定波动。

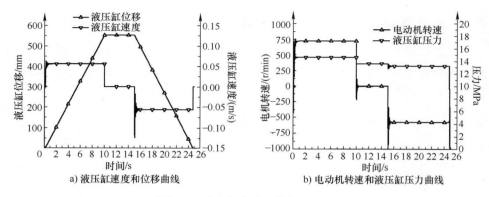

a) 液压缸速度和位移曲线　　　　b) 电动机转速和液压缸压力曲线

图 5.8　液电复合式泵控仿真结果

5.3.4　仿真结果对比

在原先搭建的仿真模型基础上，为了能够对三种方法的优点和缺点进行探讨分析，将三种模型的液压缸速度设置为统一值。图 5.9 所示为三种控制调速方法的液压缸压力曲线，图 5.10 所示为局部放大图。

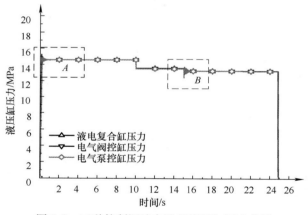

图 5.9　三种控制调速方法的液压缸压力曲线

从图 5.10 的局部放大图中可以看出，电气式阀控节流调速在举升时，由于电磁换向阀的开度小，所以液压缸无杆腔的建压时间长，但是液压缸无杆腔压力与电磁换向阀的开度成正比，达到峰值后趋于稳定。电气式泵控容积调速与液电复合调速的液压缸无杆腔压力曲线的趋势基本上是一样的。电气式泵控容积调速的液压缸无杆腔压力在下降时的波动幅度最大，液电复合式调速的液压缸无杆腔压力波动幅度很小，电气式阀控节流调速的液压缸无杆腔压力的波动幅度居于中间。

图 5.11 所示为三种控制调速方法的液压泵出口压力图，图 5.12 所示为局部放大图。

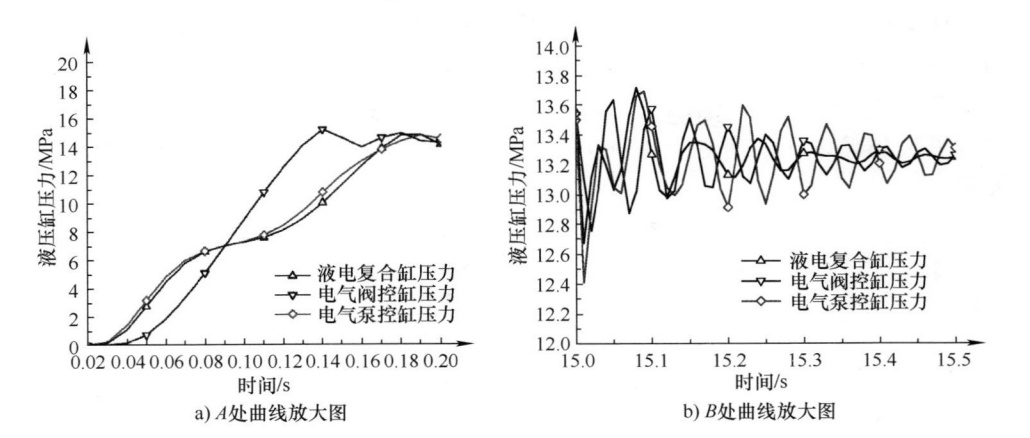

a) A处曲线放大图　　　　b) B处曲线放大图

图 5.10　局部放大图

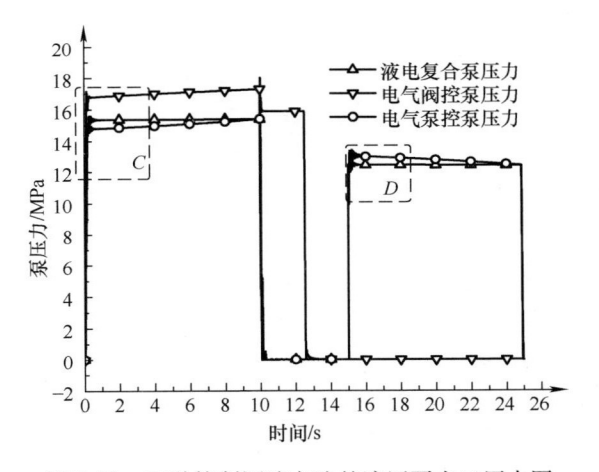

图 5.11　三种控制调速方法的液压泵出口压力图

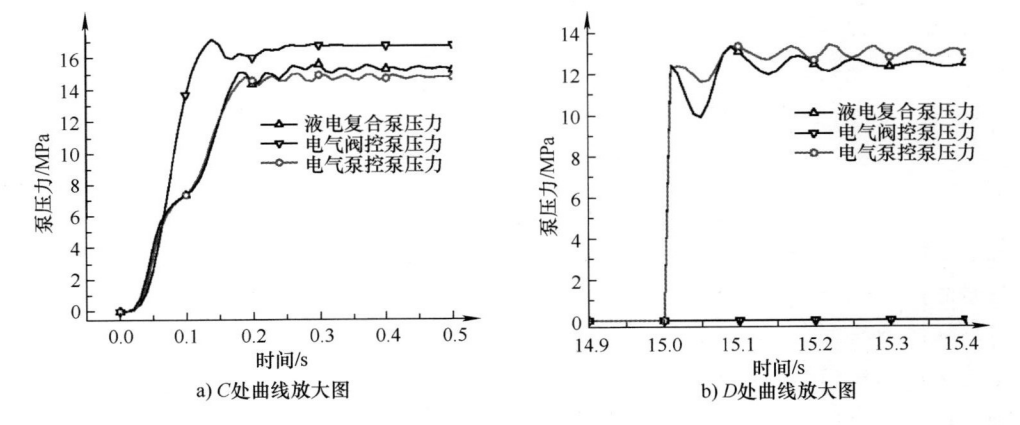

a) C处曲线放大图　　　　b) D处曲线放大图

图 5.12　局部放大图

从图 5.11 和图 5.12 可以看出，电气式阀控和电气式泵控的泵出口压力跟速度的变化有关系，换向阀的压差随着液压缸流量的增加而增加，无杆腔的压力由负载大小决定，故而液压泵的出口压力在上升时增大，在下降时降低。

图 5.13 所示为三种控制调速方法液压缸的速度曲线，图 5.14 所示为局部放大图。

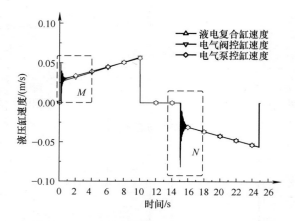

图 5.13　三种控制调速方法的液压缸速度曲线

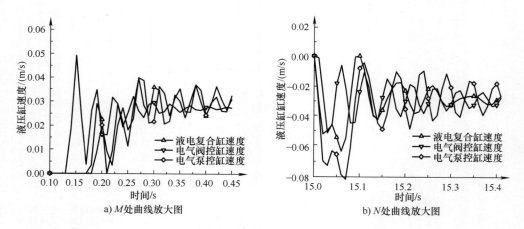

a) M处曲线放大图　　　　　　　b) N处曲线放大图

图 5.14　局部放大图

从图 5.13 和图 5.14 可以看出来，虽然电气式阀控节流调速在三种方法中速度响应最快，但其调速的速度波动大，因为刚开始时阀口开度小，所以波动大，速度短时间内趋向平稳，故阀口开度小时，电气式阀控节流调速液压缸的速度比其余两者的液压缸速度小，但是电气式阀控节流调速的液压缸速度跟电磁换向阀的阀口开度成正比，最后会慢慢地与其余两者的速度相接近。液电复合式调速的液压缸速度响应比泵控容积调速的液压缸速度快，泵控容积调速的液压缸速度波动小，较为平稳。综上所述，三种方法的响应速度基本上没有差别，速度波动的排序依次是电气式阀控节流调速、液电复合式调速、电气式泵控容积调速。

5.4　试验研究

5.4.1　试验平台搭建

为了能够研究基于液压蓄能器和蓄电池电动叉车势能回收液压系统实际效果，设计了试验平台的原理图，如图 5.15 所示。

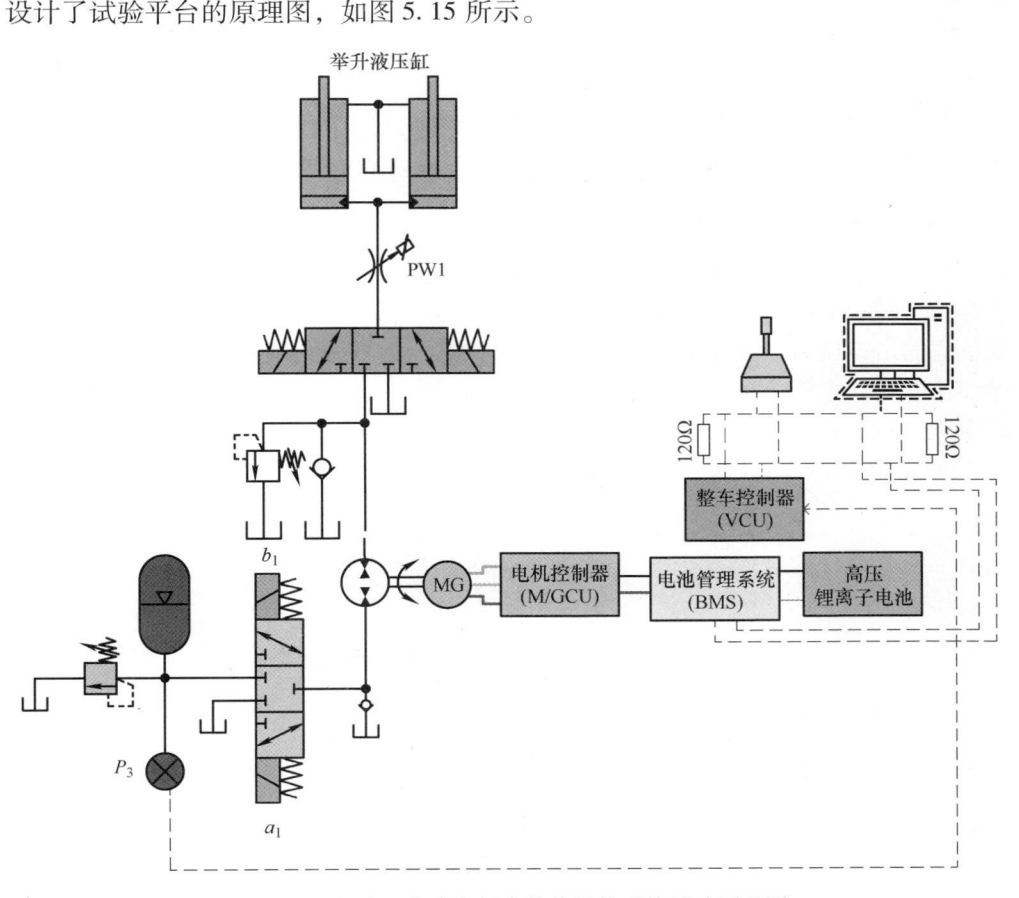

图 5.15　电动叉车液电复合势能回收系统试验原理图

5.4.2　基于逻辑门限的控制策略试验研究

1. 系统操控性试验

（1）负载二次上升对比　叉车举升系统在二次举升过程中，会发生液压缸的抖动现象，对叉车举升系统产生危害，所以需要对叉车进行负载二次上升研究，以降低对系统的影响。对负载1.5t进行先上升1m然后停在空中再上升到2m的试验，图5.16所示为二次上升液压缸压力对比。

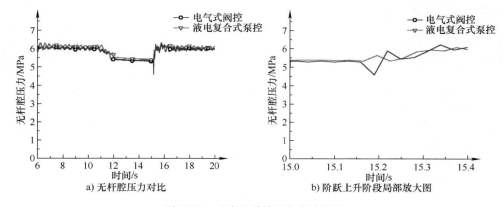

a) 无杆腔压力对比　　　　　　b) 阶跃上升阶段局部放大图

图5.16　二次上升液压缸压力对比

从图5.16中可以看出，电气式阀控系统在负载二次上升的过程中液压缸压力会有一个瞬间下降的过程，并且会发生抖动现象，这是因为液压泵没有建立足够克服负载的出口压力。而液电复合式泵控系统在负载二次上升的过程中，液压蓄能器能够快速建立克服负载需要的压力，液压缸压力在二次上升的过程中没有瞬间下放的现象，抖动较小，操作性较好。

图5.17所示为二次上升液压缸速度对比。

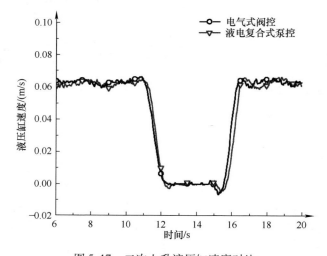

图5.17　二次上升液压缸速度对比

从图5.17可以看出，电气式阀控系统在负载二次上升的过程中液压缸速度在电磁阀打开时会瞬间反转，造成抖动，液压缸速度下降持续约0.25s，因为液压缸起动的时候，出口压力会有一个建压的时间，当液压泵出口压力增大到能够克服负载的压力时，液压缸速度开始正转。而液电复合泵控系统由于液压蓄能器在举升时接入液压泵的进油口处，在负载二次上升时液压蓄能器释放压力从而提高了液压泵的进口压力，缩短了液压泵的建压时间，快速建立起了克服负载的压力，液压缸速度下降持续了 0.15s，所以液压缸速度在二次上升时抖动较小。

（2）斜坡信号对比试验　在 1.5t 负载下，分别采用三种调速方式进行试验，在斜坡信号下得到如图 5.18 所示试验曲线，控制最终液压缸速度均约 0.08m/s。可以发现，电气泵控容积调速虽然节流阀压差也在变化，但是由于泵转速的快慢直接与液压缸速度快慢关联，因此调速性能最佳，线性相关度最高。液电复合式调速随着手柄开度的逐渐变大，调速性能会有所下降，调速性能在电气式阀控节流调速和电气式泵控容积调速之间。

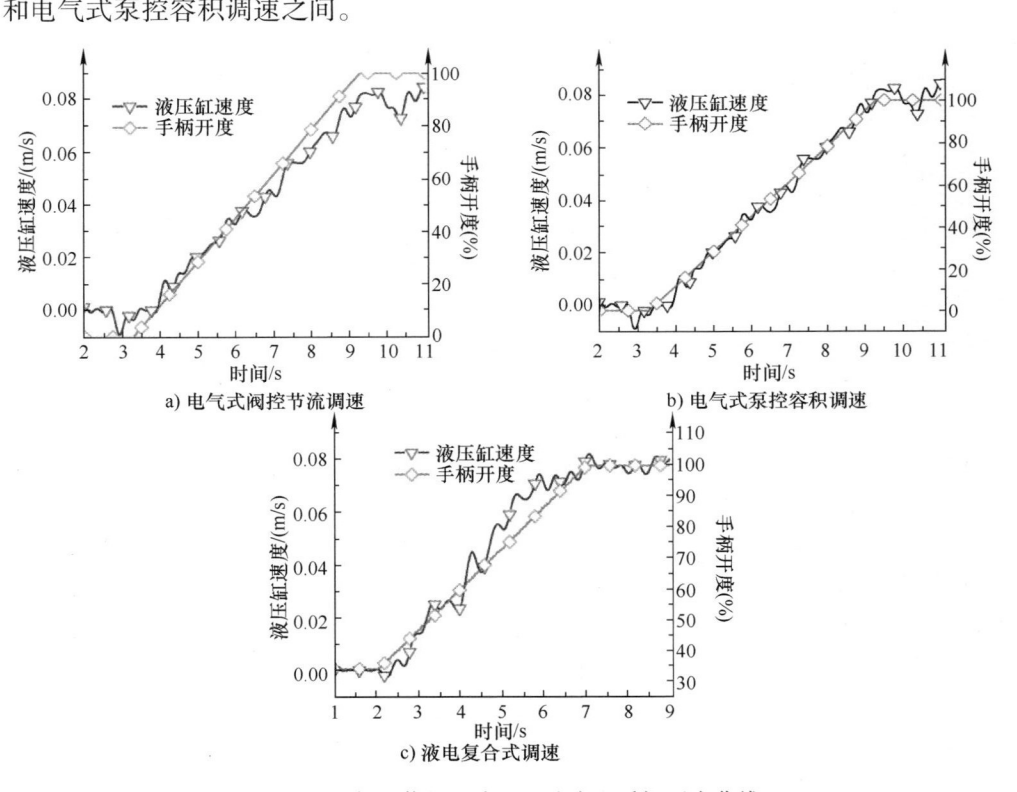

图 5.18　斜坡信号下液压缸速度和手柄开度曲线

（3）阶跃信号对比试验　在 1.5t 负载下，分别运行电气式阀控节流调速、电气式泵控容积调速、液电复合式调速控制程序，控制电气式阀控节流调速、电气式泵控容积调速、液电复合式调速的电机转速为 1000r/min，阶跃信号下三者液压缸速度响应如图 5.19 所示。

从图 5.19 中可以看出，在阶跃信号情况下，液电复合式调速、电气式阀控节流

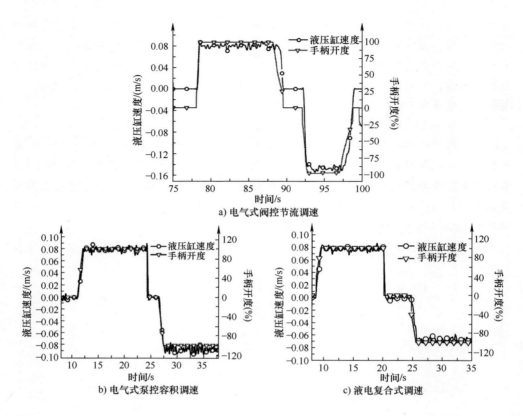

图 5.19　阶跃信号情况下液压缸速度和手柄开度曲线

调速和电气式泵控容积调速的液压缸速度的响应速度相似。上升时，速度最终都稳定在 0.08m/s 左右，电气式阀控节流调速的液压缸速度波动较小，速度波动误差是 ±0.006m/s，而电气式泵控容积调速速度波动误差是 ±0.008m/s，液电复合式调速速度波动误差是 ±0.007m/s。下降时，电气阀控调速的速度较大，大约是 0.14m/s，原因是电气式阀控节流调速的节流调速阀阀口是全开的，油液会直接回油箱。而电气式泵控容积调速下降时，系统的阻尼小，所以液压缸速度的波动大一些。

表 5.4 所示为三种不同调速方式的操控性对比。通过表 5.4 可以看出来，在系统的操控性能方面上，调速性能的排序分别是：电气式阀控节流调速 > 液电复合式调速 > 电气式泵控容积调速。

表 5.4　三种不同调速方式的操控性对比

工况	对比项	电气式阀控节流调速	电气式泵控容积调速	液电复合式调速
举升	速度/(m/s)	0.08	0.08	0.08
	速度波动误差/(m/s)	±0.006	±0.008	±0.007
	误差占比（%）	6.22	8.65	7.33

（续）

工况	对比项	电气式阀控节流调速	电气式泵控容积调速	液电复合式调速
下降	速度/（m/s）	0.14	0.09	0.07
	速度波动误差/（m/s）	±0.004	±0.007	±0.003
	误差占比（%）	3.12	9.12	6.05

综上所述，节流损失随着液压缸速度增大而增大，节能性较差。因为电气式泵控容积调速的液压缸速度与液压泵转速相关，由于电机的控制性能好，所以电气式泵控容积调速的调速性好，调速线性度高，液电复合式调速的调速性能在两者之间。

2. 系统节能性试验

系统节能性分析研究是对势能回收的效率进行计算，进而用势能的回收效率来评价的。电池的母线功率计算公式为

$$P_{bat} = U_{bat} I_{bat} \tag{5-2}$$

式中，P_{bat} 为电池母线的功率（W）；U_{bat} 为电池母线的电压（V）；I_{bat} 为电池母线的电流（A）。

叉架系统和负载下降所释放的重力势能计算公式为

$$E_{weight} = M_{weight} g \Delta h \tag{5-3}$$

式中，Δh 为负载实际位移；M_{weight} 为叉架和负载质量。

电池消耗或者储存的能量计算公式为

$$E_{bat} = \int_0^t P_{bat} dt = \int_0^t U_{bat} I_{bat} dt \tag{5-4}$$

下降时，系统的效率为电池储存的电能 E_{bat} 跟负载重力势能 E_{weight} 的比值，能量回收效率 η_2 为

$$\eta_2 = \frac{E_{bat}}{E_{weight}} \tag{5-5}$$

（1）不同负载质量试验分析　将负载提升到距离地面 2m 的高度，分别进行 0.5t、1t、1.5t、2t 和 2.5t 情况下的试验，采集母线电流和母线电压，计算出下降阶段能量回收效率。图 5.20 所示为发电电流与不同负载的关系曲线。

锂离子电池的额定容量 120Ah，额定电压 307V，由图 5.20 可知，负载在下降时，发电电流并不是固定不变的，存在较小的波动，可以看出发电电流随着负载的增大而增大。

表 5.5 所示为下降阶段不同负载的能量回收效率对比数据。

下降阶段，当负载质量较小，负载质量为 0.5t 时，不仅回收不了势能，还会出现能量消耗的情况，所以当负载质量较小时，不进行电气式回收。

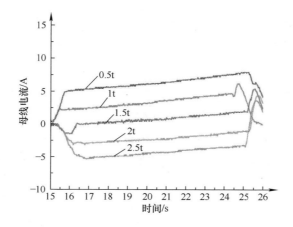

图 5.20　发电电流与不同负载的关系曲线

表 5.5　下降阶段不同负载的能量回收效率对比数据

负载质量/t	势能变化量/kJ	电气回收效率（％）	液电复合回收效率（％）
1	28.616	12.61	26.35
1.5	38.416	26.39	40.36
2	48.216	30.25	43.38
2.5	58.016	33.17	47.22

　　当负载为 1～2.5t 时，随着负载质量的增大，传统电气回收的效率逐渐增大，但回收效率最高只有33.17％。液电复合回收的效率虽然也是逐渐增大，但相比于传统电气式回收的效率提高了14％左右。

　　图 5.21 所示为不同负载在一个工作周期内的液压蓄能器压力曲线，液压蓄能器的预充压力为4MPa，叉车将负载举升到2m，然后再下降到地面。

　　从图 5.21 可以看出，在一个工作周期内不同负载的液压蓄能器压力基本不

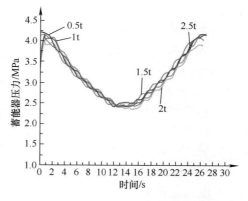

图 5.21　液压蓄能器压力与负载关系曲线

变，液压蓄能器的作用是在负载上升时释放高压油到液压泵的进油口处，以减小液压泵的进出口压力差，降低电机的功率。图 5.21 说明液压能量回收一直在起作用，

在负载下降时回收液压缸无杆腔中的液压油，将负载的重力势能转化为液压能储存在液压蓄能器中，避免能量浪费。

图 5.22 所示为液压缸与负载关系曲线。

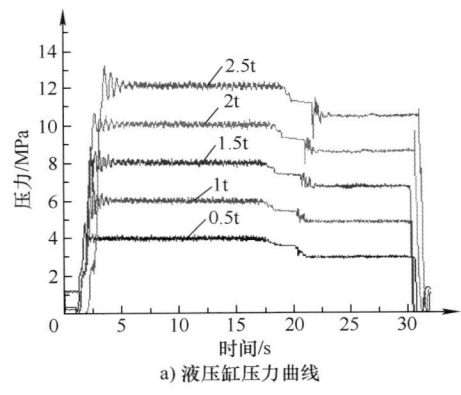

a) 液压缸压力曲线

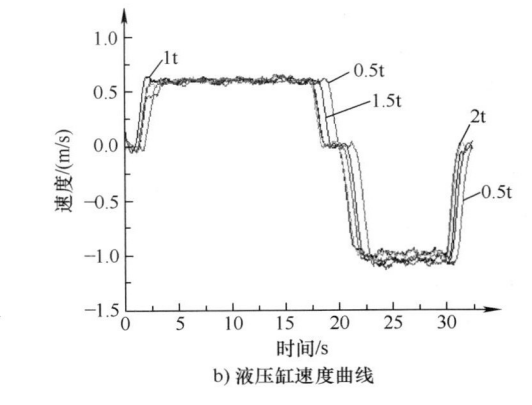

b) 液压缸速度曲线

图 5.22　液压缸与负载关系曲线

根据图 5.22a 可知，随着负载的增大，液压缸需要举起负载的压力需求也会增大，故液压缸的建压时间也将增大。0~18s 是第一次负载上升时液压缸的压力曲线，可以看到负载的稳定性较好，系统保持稳定。

（2）负载下降不同高度试验分析　将 1.5t 负载分别提升到距离地面 1m、2m 和 3m 的高度然后下降到地面，计算下降阶段的能量回收效率。表 5.6 所示为负载下降不同高度能量回收效率对比。

表 5.6　负载下降不同高度能量回收效率对比

下降高度/m	势能变化量/kJ	电气回收效率（%）	液电复合回收效率（%）
1	19.208	22.84	36.35
2	38.416	26.32	39.79
3	57.624	31.25	44.25

图 5.23 所示为负载下降不同高度时液压蓄能器压力和液压缸位移的关系曲线。从图 5.23 中可以看出，不同的起升高度液压蓄能器压力下降得不一样，随着高度的增加液压蓄能器的压力下降幅度也会增大，因为不同的起升高度液压缸需要的油液体积不同，起升高度越高，需要的油液体积越大。液压蓄能器储存的能量随着负载的下降高度增大而增大，进而降低了电动机的输入功率，节约了能量。

图 5.24 所示为负载下降不同高度时液压缸的压力曲线。从图 5.24 中可以看出，随着负载下降高度的增大，液压缸压力抖动幅度变小。这是因为下降高度较小时，节流阀前后压差会产生波动，进而导致电动机的转速不稳定，加剧了系统的流量波动。当负载下降高度增大时，液压缸的压力随着时间推移趋于稳定。

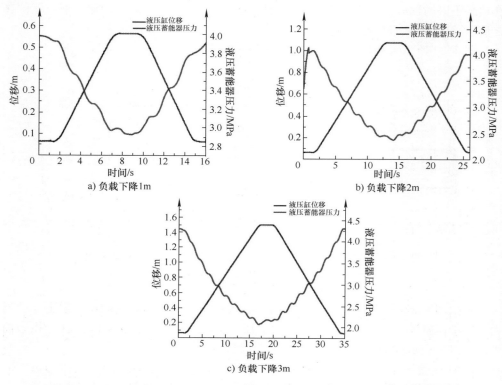

图 5.23　负载下降不同高度时液压蓄能器压力与液压缸位移的关系曲线

（3）不同液压泵/马达转速试验分析　将负载提升到距离地面2m的高度，分别进行0.5t、1t、1.5t、2t和2.5t情况下不同液压泵/马达转速的试验。图5.25a所示为举升效率曲线，5.25b所示为回收效率曲线。

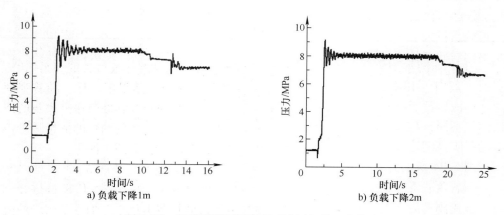

图 5.24　负载下降不同高度时液压缸的压力曲线

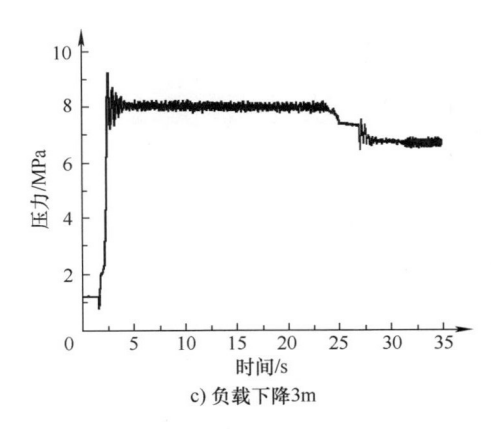

c) 负载下降3m

图 5.24　负载下降不同高度时液压缸的压力曲线（续）

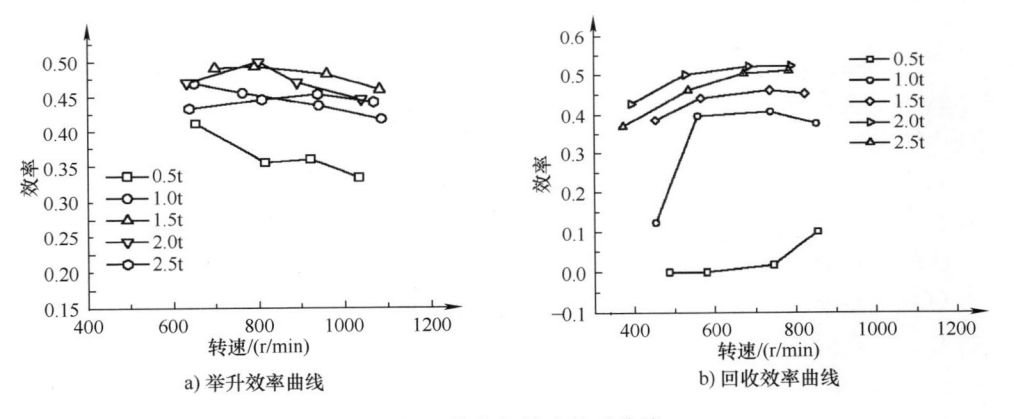

a) 举升效率曲线　　　　　　　b) 回收效率曲线

图 5.25　效率与转速关系曲线

从图 5.25a 可以看出，当负载质量小于1t时，举升效率随着液压泵转速增大呈下降趋势。当负载质量为 1.5t 时，举升效率随着液压泵转速的增大呈上升趋势。当负载质量大于 2t 时，举升效率随着液压泵转速的增大呈先上升后下降的趋势。从整体看效率处于较高的水平，在30%以上。从图 5.25b 可以看出，当负载质量为 0.5t 时，回收效率随着液压马达的转速增大而增大，但是整体的效率不高，在10%以下。当负载质量为1t时，回收效率随着液压马达转速的增大呈先上升后下降的趋势。当负载质量大于 1.5t 时，回收效率随着液压马达的转速的增大而增大，且回收效率较高，在35%以上。

第6章　电动重型叉车关键技术

6.1　重型叉车概述

目前市场上的电动叉车基本以 5t 以下为主，整机采用低压系统。纯电驱动重型叉车与小型电动叉车有以下不同之处：

1）重型叉车货叉举升高度更高，负载质量更大，可回收能量更多。

2）整机功率要求较高，电池容量要求大，受峰值电流限制，大多数采用高压系统。

3）行走速度要求较高，对行走电机的转矩、转速高效率工作都有较宽的要求，且市场无特别成熟的大功率电驱桥，因此目前的纯电动电驱桥技术无法直接移至纯电驱动重型叉车上。

4）重型叉车空间相对较大，液压马达发电机单元安装的可行性较大，传统下降控制方式选择性更多，液压马达控制液压缸下降技术的可行性较高。

此外，目前纯电驱动重型叉车常见的系统之一就是在原有的系统上，采用大功率电机替代发动机，通过电机的调速功率来更好地实现整机的基本功能。这种方式的改装，存在以下几个缺点：

1）采用单个大功率电机驱动，对电机和配套电机控制器的要求提高了，需要通过供应商合作订制才能实现，成本较高，周期较长，可靠性也没有保障。

2）变矩器的存在和基本未改变的液压系统，使整机仍存在大量的损耗，为保证工作时长，对电池容量要求较大，大大增加了整机成本。

3）因为系统基本没有改变，大量的势能与行走动能都无法回收，同样对电池的容量提出了更高的要求。

另外一种整机配置是将行走系统与液压系统分离，行走系统采用电动重型货车现有的变速器替换传统变矩器与变速器单元，通过变速器控制器与电机控制器实现整机驱动。这种方式摆脱了变矩器的束缚，驱动效率提升不少，但也存在以下问题：

1）传统重型货车挡位较多，应用在电动重型叉车上会存在频繁换挡问题，而电动叉车除转场高速行驶外，通常处于低速或者中速行驶，不会频繁换挡，因此适用性不是特别好。

2）电动重型货车整机配有减振系统，因此变速器基本采用铝壳制造。电动叉车虽说工况平稳，但前后桥全为刚性桥，导致变速器铝壳强度不足，故对变速器加工及变速器安装提出了更高的要求。

3）重型货车变速器换挡通过分析整机工作的基本状态，经过整机控制器和变速器控制器综合判断，才发出换挡信号，从而实现了自动换挡。为实现行走制动回收，必须更好地结合变速器控制器，同样对整机控制也提出了更高的要求。

6.2 重型叉车电动化系统构型

图 6.1 所示为 25t 纯电动重型叉车整机系统方案，整机采用锂离子电池供电，通过电池管理系统（BMS）对电池进行管理。为限制多台电机控制器的起动电流，在电机控制器与 BMS 之间增设预充控制器，分别通过不同电机控制器控制对应的电机，驱动整机行走系统及液压系统正常工作。除主驱外，整机还包含四合一电源、整机电控箱、变速泵和蓄电池等辅驱设备。其中整机控制器、BMS、电机控制器、四合一电源、显示屏及 CAN 手柄等元件通过 CAN 总线进行通信，如图 6.2 所示。电机运行指令由整机控制器根据驾驶人的意图决策后通过总线发送至对应电机控制器，进而驱动相应电机。

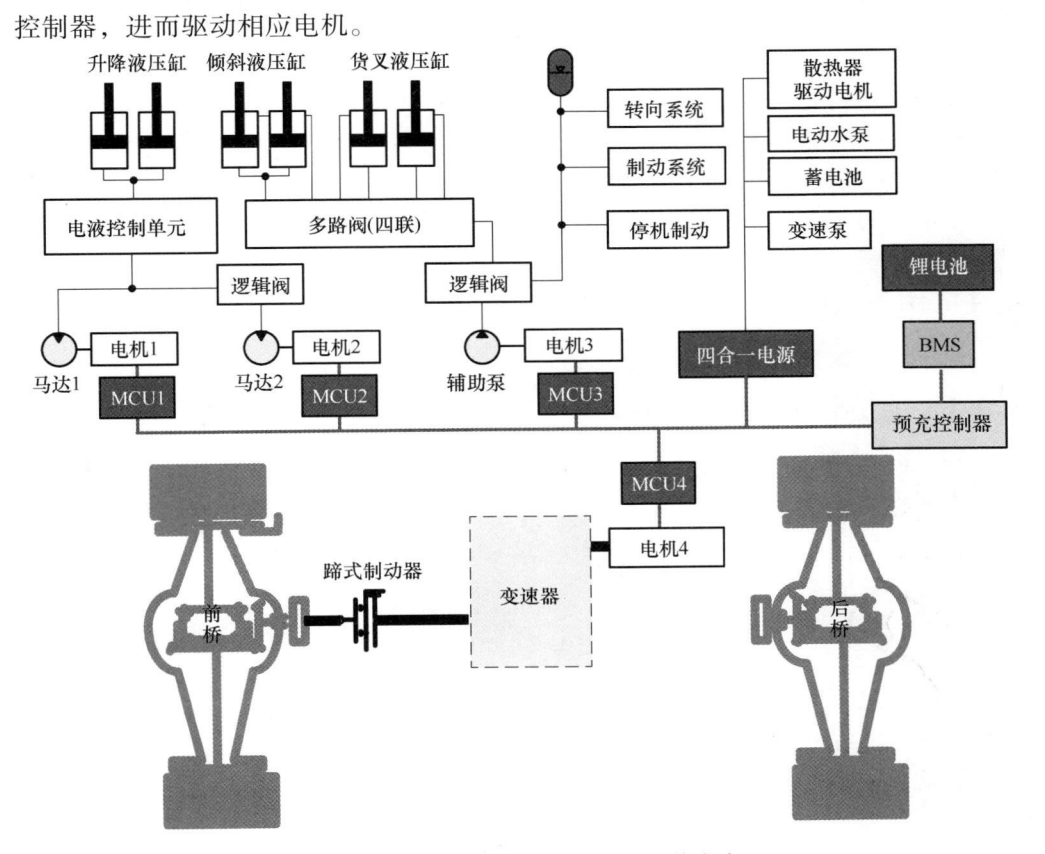

图 6.1 25t 纯电动重型叉车整机系统方案

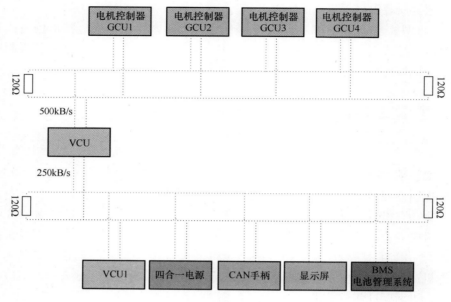
图 6.2 整机 CAN 总线网络拓扑图

根据电动汽车 CAN 总线负载率的经验值，严格控制 CAN 总线负载率在30%以下，同时考虑整机功能划分模块，对整机 CAN 节点进行合理分配布置，合理利用两条 CAN 总线，实现整机 CAN 通信。因本章重点研究举升系统下降过程，所以将对举升系统设计及控制策略进行详细介绍。

6.3　电动重型叉车能量管理

6.3.1　能量分配优先级定义

25t 纯电动重型叉车的能量主要流经辅驱模块（DC/DC、电动空调和变速泵）、液压蓄能器充液模块、液压动作模块（转向系统和属具动作回路）、势能回收模块、行走驱动模块及电池热管理系统。结合电动叉车实际使用工况，分析归纳每个模块的耗电及回充情况见表 6.1。

表 6.1　纯电动重型叉车模块能量流汇总情况

序号	功能模块名称	驱动模块	优先级	耗电	回充
1	DC/DC	四合一电源	1	√	—
2	电动空调	四合一电源	2	√	—
3	变速泵	四合一电源	2	√	—
4	液压蓄能器充液模块	MCU3	1	√	—

（续）

序号	功能模块名称	驱动模块	优先级	耗电	回充
5	转向系统	MCU3	1	√	—
6	属具动作回路	MCU3	4	√	—
7	电池热管理系统	BMS	2	√	—
8	行走驱动模块	MCU4	3	√	√
9	势能回收模块	MCU1、MCU2	4	—	√

为实现整车功率合理分配，需要根据整车各个模块对系统影响的重要性来定义优先级。

1）整车控制系统都离不开 24V 供电，因此 DC/DC 的优先级设置为第一级。此外，叉车的工况离不开行走驱动和属具动作，其工作基本不会离开转向系统及制动系统，特别在行走过程中，转向系统及制动系统对于整车安全和整车操作性来说，都相当重要，因此液压蓄能器充液模块及转向系统的优先级应同样设置为第一级。

2）除 DC/DC 外，变速泵为行走系统的换挡离合器提供油源，为行走系统正常工作提供了重要保障，因此，变速泵优先级应设置为第二级。此外，在整个驾驶过程中，驾驶室环境对于驾驶人来说也非常重要，电动空调基本处于开启状态，因此，电动空调的优先级设置为第二级。

3）叉车作为搬运设备，行走是基本要求，举升等属具动作为次要要求。因此，行走驱动电机优先级为第三级，属具动作回路和势能回收模块的优先级设置为第四级。

6.3.2　能量分配策略

电动重型叉车的能量源为锂离子电池，电池系统的放电能力和回充能力很大限度决定了各模块瞬间最大输出能力和系统能量回收最大限制功率，进而影响各个模块的功率分配。影响锂离子电池系统放电能力和回充能力的因素有许多，如电池电芯温度过高、系统总电压过电压、电池剩余电量（SOC）过低、单体欠电压、绝缘过低等，为保证驾驶人人身安全及延长锂离子电池寿命，电池管理系统（BMS）会对电池系统充放电能力进行限制。因此，在做整车功率分配策略时，需要结合电池系统的实时状态，对各模块进行功率分配限制，如图 6.3 所示。

由于在一定时间内，整车工作的电压波动相对较小，功率分配限制可间接等效于电流限制。因此引出系统限制系数对电池系统的放电电流及回充电流进行限制，进而对各模块的驱动功率和回充功率进行限制。同理，整车各个高压部件同样存在故障可能，因此，引入模块限制系数对各模块所允许的最大放电电流及回充电流进行限制。综合考虑系统限制系数、模块限制系数及模块在系统中的优先级，对系统的功率进行合理分配。

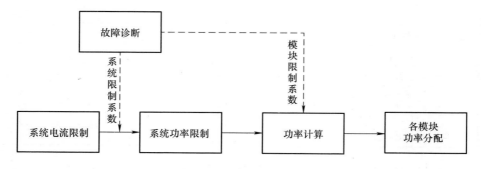

图 6.3 功率分配逻辑图

由于系统限制系数与模块限制系数会直接影响模块的输出或者回充能力，因此限制系数取值的准确性及合理性需要严格的评价体系进行量化，这部分工作则由整车故障诊断模块进行判断，最终系统限制系数和模块限制系数的分级汇总表见表 6.2。至于故障等级的定义涉及几百个变量状态，故在此不进行详细展开。

表 6.2 系统限制系数和模块限制系数的分级汇总表

电池故障等级	系统限制系数（%）	模块故障等级	模块限制系数（%）
无故障	100	无故障	100
一级故障	50	一级故障	50
二级故障	25	二级故障	25
三级故障	0	三级故障	0

1. 放电功率分配

为了保障整车各部件安全有序运行，同时保证车辆良好的操作性能，因此需要对整车的放电功率和回充功率进行分配。

$$P_{bo} = U_{bo} I_{bo} \eta_{bo} \tag{6-1}$$

式中，P_{bo} 为电池允许放电功率；U_{bo} 为电池系统母线电压，可由 BMS 的 CAN 协议解析得到；I_{bo} 为电池系统允许的放电电流，该参数同样可从 BMS 的 CAN 协议解析得到；η_{bo} 为结合 BMS 与电池当前故障等级状态而设置相对应的电池系统限制系数及其余高压部件的限制系数综合判断下的一个系统限制系数。

1）辅件系统消耗功率为

$$P_a = P_{dc} + P_{cp} + P_{vp} + P_{tms} + P_{eac} \tag{6-2}$$

式中，P_a 为辅驱模块消耗的功率；P_{dc} 为 DC/DC 消耗的功率；P_{cp} 为液压蓄能器充液回路及转向系统消耗功率；P_{vp} 为变速泵消耗功率；P_{tms} 为电池热管理系统消耗功率；P_{eac} 为电动空调消耗功率。

2）DC/DC 消耗功率为

$$P_{dc} = U_{dc} I_{dc} / \eta_{dc} \tag{6-3}$$

式中，U_{dc} 为 DC/DC 输出电压，一般为 27.5V；I_{dc} 为 DC/DC 输出电流，该参数可从 DC/DC 的 CAN 协议解析得出；η_{dc} 为 DC/DC 的输出效率，一般取 0.92。

3) 液压蓄能器充液模块及转向系统消耗功率为

$$P_{cp} = p_{cp}Q_{cp}/60\eta_{cp} \tag{6-4}$$

式中，p_{cp} 为液压蓄能器出口压力，该参数可由压力传感器测出；Q_{cp} 为充液流量，是固定值，且为 40L/min；η_{cp} 为充液回路综合效率，一般取 0.85。

4) 变速泵消耗功率为

$$P_{vp} = p_{vp}Q_{vp}/60\eta_{vp} \tag{6-5}$$

变速泵是驱动行走必需的设备，且变速泵同样以定压力、定流量的工作特性为系统供油。其中变速泵最大压力 $p_{vp} = 1.8MPa$；最大流量 $Q_{vp} = 16L/min$；η_{vp} 为变速泵回路综合效率，一般取 0.9。

5) 电池热管理系统消耗功率。电池热管理系统根据散热或者制热需求，一般有停止工作、内循环、制冷及制热模式，且电池热管理系统的实际工作状态会实时反馈至整车。根据实际工况测试可知：

① 内循环模式下电池热管理系统消耗功率 $P_{tms} = 1.0kW$。

② 制冷模式下电池热管理系统消耗功率 $P_{tms} = 5.0kW$。

③ 制热模式下电池热管理系统消耗功率 $P_{tms} = 14.0kW$。

6) 电动空调消耗功率。电动空调结合驾驶人设置模式和驾驶室环境，一般有内循环、制冷及制热模式，且电动空调的实际工作状态会实时反馈至整车。根据实际工况测试可知：

① 内循环模式下电动空调消耗功率 $P_{eac} = 1.0kW$。

② 制冷模式下电动空调消耗功率 $P_{eac} = 2.5kW$。

③ 制热模式下电动空调消耗功率 $P_{eac} = 3.0kW$。

7) 正常情况下，系统允许行走驱动模块的电机最大耗电功率为

$$P_{tm} = P_{bo} - P_a \tag{6-6}$$

考虑行走驱动模块系统故障系数，行走电机系统允许最大耗电功率为

$$P_{tmf} = P_{tmp}\eta_{tmf} \tag{6-7}$$

式中，P_{tmp} 为该行走驱动模块系统中最大的驱动功率，该参数可由车速及车重等参数估算得出；η_{tmf} 为行走驱动模块系统的故障系数。

综上，行走驱动模块的电机允许最大耗电功率为

$$P_{tmb} = \min(P_{tm}, P_{tmf}) \tag{6-8}$$

由于驱动器的母线电流是根据电机转矩进行估算的值，存在一定的误差。因此，不采用总线反馈的母线电流作为计算依据。

行走电机实际消耗功率为

$$P_{tma} = T_{tma}n_{tma}/(9550\eta_{tma}) \tag{6-9}$$

式中，P_{tma} 为行走驱动模块的电机总成消耗功率；T_{tma} 为行走驱动模块的电机当前

实际转矩，该数值可从通信协议解析出来；n_{tma} 为行走驱动模块的电机当前实际转速，同样可从通信协议解析；η_{tma} 为行走驱动模块的电机总成效率，含电机及电机驱动器的损耗，按经验约为 0.88。

8）正常情况下，系统允许属具动作回路最大消耗功率为

$$P_{hm} = P_{so} - P_a - P_{tma} \tag{6-10}$$

考虑液压系统故障系数，液压电机最大耗电功率为

$$P_{hmf} = P_{hmp}\eta_{hmf} \tag{6-11}$$

式中，P_{hmp} 为该液压系统中最大的驱动功率，该参数可由额定载荷和目标举升速度等参数估算得出；η_{hmf} 为液压系统故障系数。

9）综上，液压电机最大耗电功率为

$$P_{hmb} = \min(P_{hm}, P_{hmf}) \tag{6-12}$$

主泵电机实际消耗功率为

$$P_{hma} = T_{hma}n_{hma}/(9550\eta_{hma}) \tag{6-13}$$

式中，P_{hma} 为电机 3 总成消耗功率；T_{hma} 为电机 3 当前实际转矩，该数值可从通信协议解析出来；n_{hma} 为电机 3 当前实际转速，同样可从通信协议解析；η_{hma} 为电机 3 总成效率，含电机及电机驱动器的损耗，按经验约为 0.88。

2. 回充功率分配

$$P_{bi} = U_{bo}I_{bi}\eta_{bi} \tag{6-14}$$

式中，P_{bi} 为电池允许回充功率；U_{bo} 为电池系统母线电压，可由 BMS 的 CAN 协议解析得到；I_{bi} 为电池系统允许的回充电流，该参数同样可从 BMS 的 CAN 协议解析得到；η_{bi} 为结合 BMS 根据电池当前故障等级状态而设置相对应的电池系统回充电流限制系数。

叉车系统中存在能量回收的模块有行走驱动模块系统和势能回收模块系统。在叉车系统中，虽然存在两种回收工况同时存在的可能，但这种情况非常少出现。基于液压系统可回收能量较多且稳定的特征，优先将可回充功率分配给势能回收模块，故可回充功率按照优先级顺序分别为 MCU1、MCU2 和 MCU4。

正常情况下，系统允许回收电机 1 最大回充功率为

$$P_{cm1s} = P_{bi} \tag{6-15}$$

考虑回收电机 1 故障系数，回收电机 1 系统允许最大回充功率为

$$P_{cm1} = P_{cm1p}\eta_{cm1f} \tag{6-16}$$

式中，P_{cm1p} 为回收电机在该系统中最大的回收功率，该参数可由额定载荷、液压泵排量及目标下降速度等参数估算得出；η_{cm1f} 为回收电机 1 的总效率。

综上，回收电机 1 允许最大回充功率为

$$P_{cm1c} = \min(P_{cm1s}, P_{cm1}) \tag{6-17}$$

回收电机 1 实际回充功率为

$$P_{cm1a} = T_{cm1}n_{cm1}\eta_{cm1}/9550 \tag{6-18}$$

式中，P_{cm1a} 为回收电机 1 实际回充功率；T_{cm1} 为回收电机 1 当前实际转矩，该数值可从通信协议解析出来；n_{cm1} 为回收电机 1 当前实际转速，同样可从通信协议解析；η_{cm1} 为回收电机 1 总成效率，含电机及电机驱动器的损耗，按经验约为 0.88。

正常情况下，系统允许回收电机 2 最大回充功率为

$$P_{cm2s} = P_{bi} - P_{cm1a} \tag{6-19}$$

考虑回收电机 2 故障系数，回收电机 2 系统允许最大回充功率为

$$P_{cm2} = P_{cm2p} \eta_{cm2f} \tag{6-20}$$

式中，P_{cm2p} 为回收电机在该系统中最大的回收功率，该参数可由额定载荷、液压泵排量及目标下降速度等参数估算得出；η_{cm2f} 为回收电机 2 的总效率。

综上，回收电机 2 允许最大回充功率为

$$P_{cm2c} = \min(P_{cm2s}, P_{cm2}) \tag{6-21}$$

回收电机 2 实际回充功率为

$$P_{cm2a} = T_{cm2} n_{cm2} \eta_{cm2} / 9550 \tag{6-22}$$

式中，P_{cm2a} 为回收电机 2 实际回充功率；T_{cm2} 为回收电机 2 当前实际转矩，该数值可从通信协议解析出来；n_{cm2} 为回收电机 2 当前实际转速，同样可从通信协议解析；η_{cm2} 为回收电机 2 总成效率，含电机及电机驱动器的损耗，按经验约为 0.88。

正常情况下，系统允许行走电机最大回充功率为

$$P_{tmc} = P_{bi} - P_{cm1a} - P_{cm2a} \tag{6-23}$$

考虑行走系统故障系数，行走电机系统允许最大回充功率为

$$P_{tmcf} = P_{tmcp} \eta_{tmcf} \tag{6-24}$$

式中，P_{tmcp} 为该行走系统中最大的回充功率，该参数可由车速、车重及制动踏板深度等参数估算得出；η_{tmcf} 为该行走的总回收效率。

综上，行走电机允许最大回充功率为

$$P_{tmcs} = \min(P_{tmc}, P_{tmcf}) \tag{6-25}$$

6.4 重型叉车电动化能量回收

6.4.1 重型叉车能量回收方案

本章针对重型叉车能量回收展开研究，系统的节能性是研究重点之一。因此，针对系统工作效率的分析显得尤为重要。如图 6.4 所示，永磁同步电机工作在正常范围内，电机效率基本在 88% ~ 96%。在额定功率内，电机的高效区基本在 1200 ~ 3000r/min；低于 500r/min 时，电机效率明显降低。从使用角度分析，这部分区间应尽量避免使用。

当电机和液压马达组合在一起时，系统总效率的高效区亦会随之变化。故对本课题所用到的液压马达发电机进行实测，记录整体工作的高效区域。图 6.5 所示为

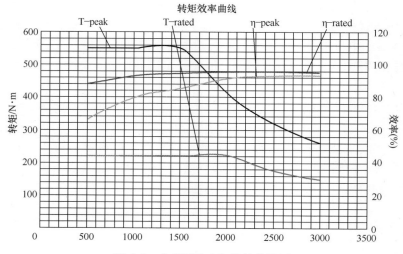

图 6.4 永磁同步电机特性曲线图

5MPa 下液压缸-液压马达-发电机-电机控制器总发电效率。

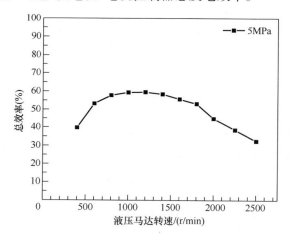

图 6.5 5MPa 下液压缸-液压马达-发电机-电机控制器总发电效率

从曲线可以看出，在转速低于 1000r/min 时，系统总效率明显较低；转速在 1000~1800r/min，效率普遍较高；当转速高于 1800r/min 时，系统总效率明显降低。因此，要提高系统总效率，转速最好控制在 1000~1800r/min。虽然随着负载的变化，发电效率也会发生改变，但整体的趋势是一致的。因此，要提高系统发电效率，需将整体速度控制在高效区。

对于电动叉车而言，负载随着工况变化而变化，是一种不可确定的因素。从作用在举升液压缸上的负载而言，空载约在 5t，满载约在 30t，一个工作循环过程中负载变化比最高可达约 6 倍。货叉下降的快慢取决于驾驶人的操作，对于定排量液压马达发电机控制下降速度方式来说，手柄信号的大小对应着电机转速大小。如果系统采用单一的大排量液压马达发电机，当液压马达处于低转速区间，特别是重载低速时，电机将进入低效区，系统回收效率将会较低。因此，仅针对举升液压缸下降过程，提出一种双电机势能回收方案，如图 6.6 所示。

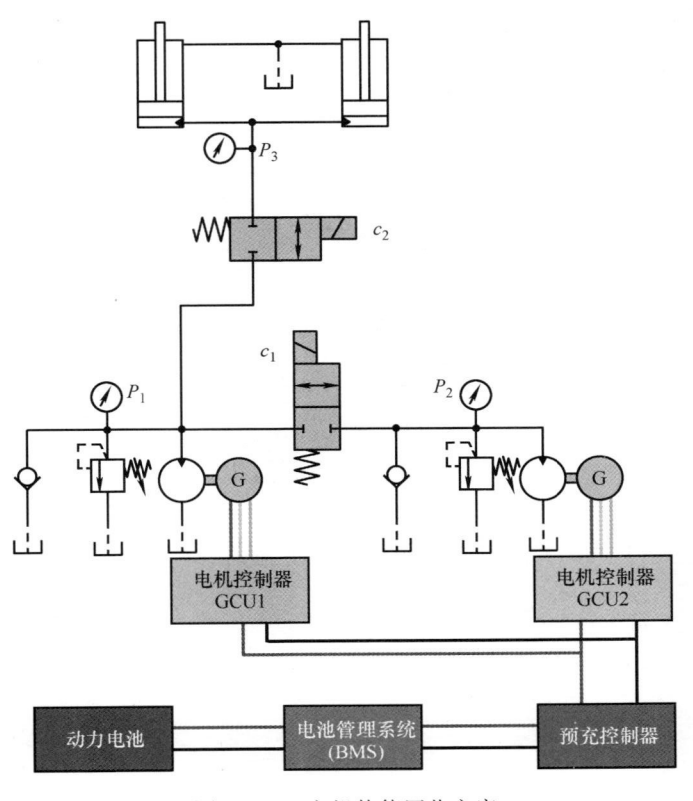

图 6.6 双电机势能回收方案

图 6.6 所示的双电机势能回收方案具有以下几个特点：

1）系统采用两套小排量的液压马达替代原有的大排量液压马达，当下降速度较小时，此时目标流量较小，可回收功率较小。与原有大排量液压马达大功率发电机系统相比，所提出的系统通过采用单电机回收，此时可以通过提高电机和液压马达转速，使系统综合效率尽可能工作在高效区，提高系统的回收效率。

2）该方案通过单电机模式进行势能回收，可以降低最小流量要求，扩大了能量回收单元的可调流量区间，即在保证回收效率的前提下可实现更低下降速度，与原有大排量液压马达系统相比，整机的操控性能可进一步提升。

3）当下降速度要求较大时，采用双电机模式回收，通过一定的控制策略，控制两台电机转速和电磁阀开关状态，使双电机的转速结合方式更多，灵活性更强。通过效率优化策略，可使系统回收效率处于一个最优状态，提高了系统回收效率。

6.4.2 举升系统硬件参数匹配与选型

举升系统工作原理图如图 6.7 所示。该系统的主要工作原理如下：

1）当系统检测到手柄举升信号，多路阀举升联和举升阀块电磁铁 b_1 正常工作，3 号电机控制器依据整机控制器发出运行指令进而调节电机泵转速，使高压油通过多路阀举升联及举升阀块进入举升液压缸无杆腔，从而实现液压缸的举升运动。

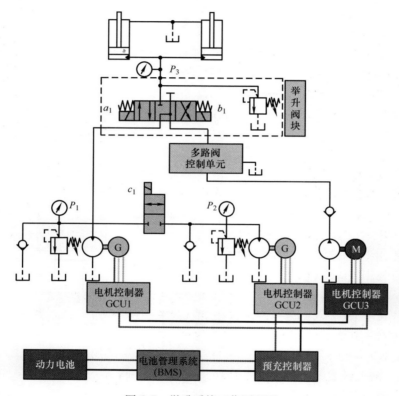

图 6.7 举升系统工作原理图

2）当系统检测到手柄下降信号，系统依据手柄信号及负载做出工作模式判断。在节流模式中，与传统燃油车下降模式相似，整机控制器根据手柄信号控制先导比例减压阀来控制多路阀阀芯位移，调节通过多路阀的流量，进而实现举升液压缸节流下降的速度控制；在势能回收模式中，举升液压缸下降过程中的速度控制由传统的节流控制变成液压马达发电机容积式控制。当手柄开度较小时，目标下降速度较小，流量较小，系统处于单电机模式，整机控制器根据手柄信号来控制 1 号电机的转速和举升阀块电磁铁 a_1 的状态，从而实现举升液压缸下降速度控制；当手柄开度继续增大时，系统对下降速度的要求更高，此时系统切换至双电机控制模式，通过综合控制 1 号电机、2 号电机的转速和举升阀块电磁铁 a_1 和 b_1、换向阀 c_1 电磁铁状态，从而实现液压缸下降速度控制；随着货物接近地面，下降速度减小，系统将重新切换至单电机模式，待手柄回中位，系统停止工作。

在势能回收方案中，最为关键的几大元件分别为液压马达、发电机及电机控制器。为做好整机参数匹配，首先应对门架进行详细的受力分析。

1. 门架受力分析

25t 电动叉车举升结构简图如图 6.8 所示。一个完整的举升机构主要包括外门架、内门架、举升液压缸、动滑轮、链条、货架及货叉等。其中举升液压缸有两根，左右并排安装在内外门架之间。货叉在做举升或者下降运动时，因动滑轮的省距不省力特性，货叉运动距离是举升液压缸运动距离的两倍。反之，负载对液压缸产生的力为负载的两倍。因此，货物与举升液压缸的运动关系为

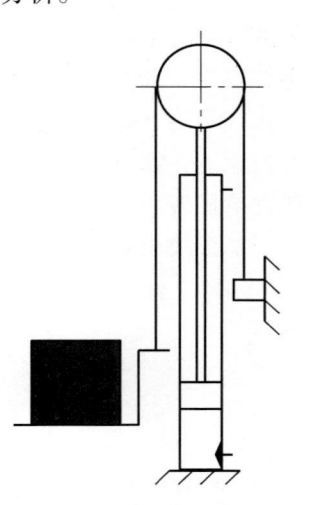

$$H = 2S \tag{6-26}$$
$$v = 2v_s \tag{6-27}$$

式中，H 为货物举升高度（m）；S 为举升油缸活塞运行距离（m）；v 为货物运动速度（mm/s）；v_s 为举升液压缸活塞运动速度（mm/s）。

图 6.8　25t 电动叉车举升结构简图

为方便研究，做以下假设：

1）忽略货架沿内门架运动所受到的摩擦阻力。

2）忽略内门架沿着外门架运动所受到的摩擦阻力。

3）忽略动滑轮组产生的阻力且传动效率为 100%。

4）忽略举升液压缸活塞及活塞杆质量对系统的影响。

由此可知，在举升货物时单个举升液压缸活塞所需要的压力为

$$F_s = \frac{1}{2}\left(2M_L + 2M_{hc} + 2M_{hj} + M_{nj} + M_{hs}\right) \times g \tag{6-28}$$

式中，F_s 为单个举升液压缸活塞所需推力（N）；M_L 为负载质量（kg）；M_{hc} 为货叉质量（kg）；M_{hj} 为货架质量（kg）；M_{nj} 为内门架质量（kg）；M_{hs} 为活塞及活塞杆作用在无杆腔的质量（kg）；g 为重力加速度（m/s²）。

单个举升液压缸无杆腔压力 p_s 为

$$p_s = \frac{F_s}{A} = \frac{\dfrac{1}{2}\left(2M_L + 2M_{hc} + 2M_{hj} + M_{nj} + M_{hs}\right) \times g}{\dfrac{\pi D^2}{4}}$$

$$= \frac{2\left(2M_L + 2M_{hc} + 2M_{hj} + M_{nj} + M_{hs}\right) \times g}{\pi D^2} \tag{6-29}$$

式中，p_s 为单个举升液压缸无杆腔压力（MPa）；D 为举升液压缸活塞直径（mm）。

其中，M_{hc}、M_{hj}、M_{nj}、M_{hs} 为常量，且 $2M_{hc} + 2M_{hj} + M_{nj} + M_{hs} = 9.5 \times 10^3 \text{ kg}$。

2. 液压马达选型设计

在势能回收系统中，液压马达是将液压能转化为动能的关键元件，液压马达质量的好坏将直接影响整个势能回收效果，因此对液压马达的选型应当注意排量、转速、转矩、最大压力及效率等参数。

在货物下降过程中，举升液压缸活塞随着货物下降而下降，除了液压缸极少量的内泄漏，无杆腔内的绝大多数液压油通过举升阀块至液压马达，进而驱动液压马达发电机转动。因此，可忽略液压缸内泄漏对试验的影响。

单根液压缸出口总流量 Q_z 为

$$Q_z = \frac{60V}{t} \tag{6-30}$$

$$V = v_s A_s t \tag{6-31}$$

$$A_s = \frac{\pi D^2}{4 \times 10^6} \tag{6-32}$$

式中，V 为进入液压马达的液压油的体积（L/min）；A_s 为活塞无杆腔面积（m^2）；t 为液压油流入液压缸的时间（s）。

由式（6-30）、式（6-31）和式（6-32）可推出单根液压缸出口总流量 Q_z 为

$$Q_z = \frac{60V}{t} = 60v_s A_s = \frac{60v_s \pi D^2}{4 \times 10^6} = 1.5 \times 10^{-5} v_s \pi D^2 \tag{6-33}$$

单个液压马达的排量 D_m 为

$$D_m = \frac{C_v Q_z}{N n \eta_v} \tag{6-34}$$

式中，D_m 为液压马达排量（mL/r）；C_v 为单位转换系数，$C_v = 2 \times 10^3$；N 为相同排量液压马达的个数，本课题中 $N = 2$；n 为液压马达转速（r/min）；η_v 为液压马达容积效率，$\eta_v = 0.98$。

液压马达转矩 T_0 为

$$T_0 = \frac{p_0 D_m \eta_m}{2\pi} \tag{6-35}$$

式中，η_m 为液压马达机械效率，$\eta_m = 0.9$；p_0 为系统允许最大压力，取 20MPa。

根据液压马达类型分析对比，同时结合整机效率、经济性及可操控性能等，决定采用斜轴式柱塞液压马达。已知货叉最大速度为 260mm/s，即液压缸最大速度为 $v_s = 130\text{mm/s}$；液压缸活塞直径 $D = 160\text{mm}$，行程为 1.75m，额定负载为 25t，根据式（6-29）计算出无杆腔最大压力 $p_{max} = 14.5\text{MPa}$；根据式（6-33）计算出单根液

压缸出口最大总流量为 $Q_{zmax} = 156.7L/min$；液压马达转速范围 $50 \sim 5000r/min$，电机转速范围 $300 \sim 3000r/min$，综合考虑取液压马达转速 $n = 2500r/min$；根据式（6-34）和式（6-35）计算得 $D_m = 63.96mL/r$，$T_0 = 183N \cdot m$。通过某公司样本，选取排量为 $63mL/r$ 的液压马达，如图 6.9 所示。

图 6.9　某公司轴向柱塞液压马达实物图

3. 发电机选型设计

在满载最大速度下降时的液压马达最大输出功率为

$$P_{omax} = \frac{p_{max}Q_{zmax}}{60s/min} = \frac{14.5 \times 156.7}{60}kW = 37.9kW \tag{6-36}$$

根据某公司电机样本选型，选取功率最为接近的电机。最终决定采用额定功率为 $46.5kW$，额定转速为 $1800r/min$，额定转矩为 $247N \cdot m$ 的永磁同步电机，如图 6.10所示。

4. 电机控制器选型设计

可知电机额定功率为 $46.5kW$，根据实际情况及现有产品，同时也考虑整机的互换性。因此在满足需求条件下，选择某公司的一款现有电机控制器产品，如图 6.11所示，具体参数见表 6.3。

图 6.10　某型号发电机实物图

图 6.11　某型号电机控制器实物图

5. 锂离子电池选型设计

针对重型叉车选用磷酸铁锂电池。25t 电动叉车平均每小时至少耗电 $25kW \cdot h$，为保证连续工作 8h，所以锂离子电池容量必须在 $200kW \cdot h$ 以上。最终确定采用容量为 $218.5kW \cdot h$ 的磷酸铁锂电池，如图 6.12 所示，详细参数见表 6.4。

表 6.3　某公司电机控制器具体参数

电动模式		发电模式	
输入额定电压（DC）/V	540	反电动势电压范围（AC）/V	140~380
额定容量/kVA	60	输出电压范围（DC）/V	300~720
峰值容量/kVA	120	额定输出功率/kW	60
额定输出电流（AC）/A	100	峰值输出功率/kW	90
峰值输出电流（AC）/A	200	额定输入电流（AC）/A	175
额定输出电压（AC）/V	380	峰值输入电流（AC）/A	260

图 6.12　某型号磷酸铁锂电池实物图

表 6.4　某型号磷酸铁锂电池详细参数

名称	参数
系统电压（DC）/V	541
系统容量/Ah	404
系统能量/kW·h	218.5
最大持续充电电流/A	404
最大持续放电电流/A	300
短时峰值放电电流/A	808（25℃，>30%SOC，30s）
短时峰值充电电流/A	808（25℃，>30%SOC，30s）

6. 配件选型设计

（1）四合一电源　此处虽不研究行走系统，但仍需保证整机正常行走，以便于行走至负载处进行试验测试。行走系统需要变速泵正常工作方能行走，此外整机 DC 24V 蓄电池也需要充电，因此选购了一款多合一电源，如图 6.13 所示，详细参数见表 6.5。

图 6.13　四合一电源实物图

表 6.5　四合一电源详细参数

输入	输出		备注
DC 540V	DC-DC	DC 24V	蓄电池
	DC-AC	AC 380V	变速泵

（2）CAN 手柄　举升系统的工作需要手柄信号输入至整机控制器进行控制，基于整机现有的 CAN 通信，并且 CAN 手柄具有信号高度集成化、信号响应快、工作稳定性高等独特的优势，因此采用某公司电控手柄，如图 6.14 所示。

（3）显示屏　为时刻反映整机状态信息，同时满足车载级要求。同时，为方便编写显示屏程序，故选择一款组态软件开放的产品。Kinco CZ6 具备 CAN、RS232/RS485

图 6.14　某公司电控手柄实物图

等丰富串口、支持 USB 口程序下载，整机防护等级 IP65，抗振性较好且价格合适，属于开放组态软件，支持自己编写程序，故选择 Kinco CZ6，如图 6.15 所示。

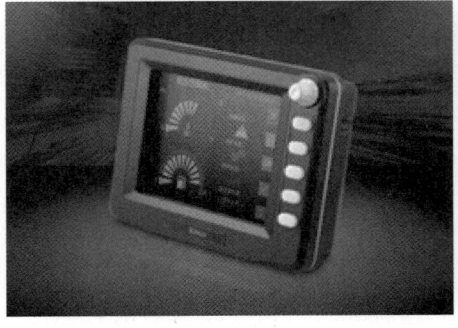

a）Kinco CZ6样本图

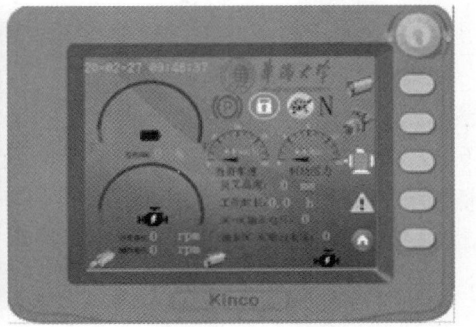

b）整机显示屏主界面

图 6.15　Kinco CZ6 显示屏

（4）散热模块 当电机与电机控制器在大负载工作时，会产生一定的热量，因此需要水泵和水冷散热。除此之外，液压油因无用功导致油温上升，因此液压油也需要散热。选取了某公司型号为 YCS10-1BL 的电动水泵和搭载 BLDC 直流无刷风机的双容腔散热器，如图 6.16 所示，主要参数见表 6.6。

a) YCS10-1 BL电动水泵　　　　　　　　b) BLDC直流无刷风机

图 6.16　散热模块样本图

表 6.6　电动水泵和散热风机主要参数

名称	额定电压（DC）/V	输入功率/W
电动水泵	26	200
直流无刷风机	26	500

6.4.3　双电机势能回收控制策略研究

由前面介绍可知，液压缸下降速度控制模式有传统节流控制模式和容积控制模式。节流控制方式通过控制常规多路阀阀芯实现液压缸下降速度控制。在容积控制方式下，整机控制器通过分析手柄信号、无杆腔压力和当前 SOC 状态，完成负载和驾驶意图判别，根据控制策略控制两套液压马达发电机单独工作或协同工作，在保证液压缸下降速度控制的前提下提高势能回收效率。由此可见，液压缸下降工作模式决策规则和双电机势能回收控制策略的制定至关重要。

1. 举升液压缸下降工作模式决策规则

电动叉车采用势能回收系统后，举升液压缸下降工作模式有传统节流控制模式和液压马达发电机控制模式。本样机的节流控制方式与常见控制方式略有差别，如图 6.17 所示。试验样机采用 CAN 手柄操纵，整机控制器根据 CAN 总线接收 CAN 手柄报文，通过对报文逐位解析得到手柄开度大小，计算出手柄开度对应占空比，输出对应的电流到先导比例减压阀，控制先导油压力大小，进而控制多路阀阀芯位移，实现举升液压缸下降速度的控制。

液压马达发电机速度控制原理图如图 6.18 所示。整机控制器根据 CAN 总线接收 CAN 手柄报文，通过对报文逐位解析出手柄开度大小，计算出对应电机转速，输出控制指令到对应电机，从而实现举升液压缸下降速度的控制。

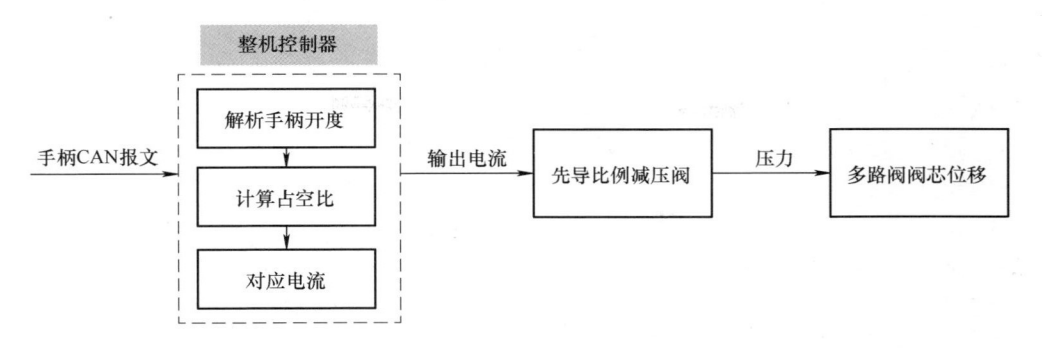

图 6.17　多路阀节流下降速度控制原理图

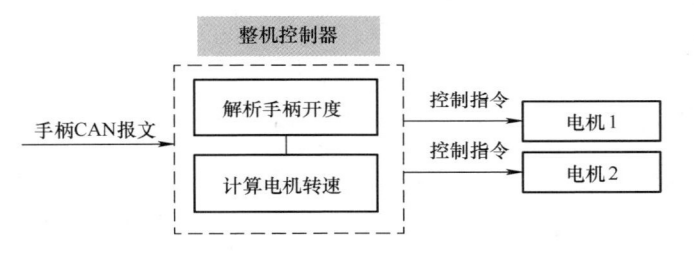

图 6.18　液压马达发电机速度控制原理图

从图 6.17 和图 6.18 可以看出，手柄开度是举升液压缸下降速度控制的一个重要参数。此外，在举升液压缸下降时，由液压马达-发电机-锂离子电池组成的能量回收单元也存在一定的损耗，当外负载所能回收的能量小于自身系统所产生的损耗时，采用势能回收模式控制举升液压缸下降速度将会产生额外的能量损失。因此，势能回收模式对外负载存在一个最小负载的要求，即无杆腔压力。由于整机采用锂离子电池作为动力源，锂离子电池容量大，允许充放电电流较大，对剩余电量百分比（SOC）没有过于严格的要求，为防止锂离子电池发生过充现象，因此对 SOC 有一个允许充电最大值的要求。综上所述，影响举升液压缸下降控制模式决策的主要因素有手柄开度、无杆腔最小压力和 SOC 最大值。因此，货叉下降工作模式决策见表 6.7。

表 6.7　货叉下降工作模式决策

模式分段		划分规则
势能回收模式	单电机模式	$p_3 \geq C_{minp}$ 且 $SOC < S_{max}$ 且 $Y_{min} \leq Y_p \leq Y_s$
	双电机模式	$p_3 \geq C_{minp}$ 且 $SOC < S_{max}$ 且 $Y_s < Y_p \leq Y_{max}$
节流下降模式		$p_3 < C_{minp}$ 或 $SOC \geq S_{max}$ 且 $Y_{min} \leq Y_p \leq Y_{max}$

由表 6.7 可知，货叉下降工作模式决策可分为三部分：

1）当无杆腔压力满足 $p_3 \geq C_{minp}$ 且锂离子电池剩余电量满足 $SOC < S_{max}$ 且 CAN

手柄开度满足 $Y_{min} \leqslant Y_p \leqslant Y_s$，系统进入单电机（即单液压马达发电机）回收模式。

2）当无杆腔压力满足 $p_3 \geqslant C_{minp}$ 且锂离子电池剩余电量满足 $SOC < S_{max}$ 且 CAN 手柄开度满足 $Y_s < Y_p \leqslant Y_{max}$，系统进入双电机（即双液压马达发电机）回收模式。

3）当无杆腔压力满足 $p_3 < C_{minp}$ 或锂离子电池剩余电量满足 $SOC \geqslant S_{max}$ 且 CAN 手柄开度满足 $Y_{min} \leqslant Y_p \leqslant Y_{max}$ 时，系统进入节流下降模式。

其中，p_3 为举升液压缸无杆腔压力；C_{minp} 为允许势能回收下降所对应无杆腔的最小压力；S_{max} 为允许势能回收下降 SOC 最大值；Y_p 为 CAN 手柄开度；Y_{min} 为举升液压缸下降 CAN 手柄最小开度；Y_s 为单电机模式切换至双电机模式时所对应的 CAN 手柄开度；Y_{max} 为举升液压缸下降 CAN 手柄最大开度。

2. 举升液压缸下降控制策略

（1）节流下降控制策略　节流下降控制的本质是手柄开度对先导比例减压阀出口压力及举升阀块电磁铁 b_1 的控制。其中，手柄开度经整机控制器计算得出 PWM 端口输出电流大小，经过实测，整机控制器输出电流与先导压力大小关系如图 6.19 所示。图 6.19 中 $A_1 = (307.7，0.875)$ 对应的是先导油推动多路阀阀芯时整机控制器的最小输出电流和最小先导压力；$A_2 = (697.8，3.315)$ 对应的是多路阀阀芯位移最大时整机控制器的输出电流和先导压力。节流控制下降速度实质上就是控制手柄信号大小，因此需要得出手柄信号与先导压力的关系。

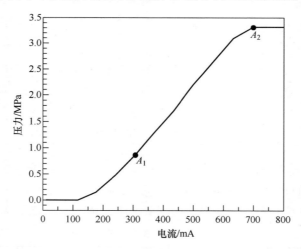

图 6.19　整机控制器输出电流与先导压力大小关系

由图 6.19 可知，多路阀发生阀芯位移时所对应的先导压力范围是 0.875 ~ 3.315MPa，对应手柄信号范围为 $Y_{min} \sim Y_{max}$。手柄正常输出范围为 0 ~ 1000mV，为了避免手柄微动时的误操作，对手柄信号最小值有一定要求，取 $Y_{min} = 100mV$，$Y_{max} = 1000mV$，即 $B_1 = (100，0.875)$，$B_2 = (1000，3.315)$。先导压力 p_p 与手柄信号 Y_p 关系图如图 6.20 所示。通过电流与手柄信号关系转换，得到先导压力关于手柄信号的关系式：

$$p_\mathrm{p} = k_\mathrm{p} Y_\mathrm{p} + b_\mathrm{p} \tag{6-37}$$

由计算可知，当手柄信号 $0 < Y_\mathrm{p} < 100$ 时，$k_\mathrm{p} = 0.00875$，$b_\mathrm{p} = 0$；手柄信号 $100 \leqslant Y_\mathrm{p} \leqslant 1000$，$k_\mathrm{p} = 0.00271$，$b_\mathrm{p} = 0.604$。

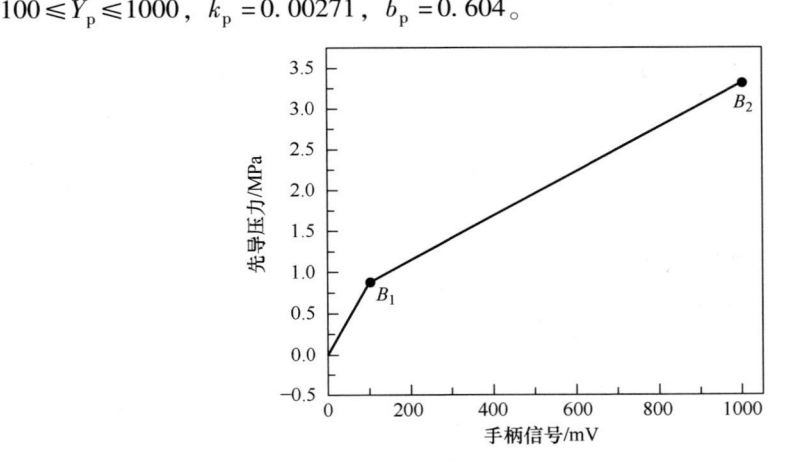

图 6.20　手柄信号与先导压力关系图

综上所述，节流下降模式控制策略为：当手柄信号 $0 < Y_\mathrm{p} < 100\mathrm{mV}$ 时，$k_\mathrm{p} = 0.00875$，$b_\mathrm{p} = 0$，电磁阀 b_1 断电；当手柄信号 $100 \leqslant Y_\mathrm{p} \leqslant 1000\mathrm{mV}$ 时，$k_\mathrm{p} = 0.00271$，$b_\mathrm{p} = 0.604$，电磁阀 b_1 得电。表 6.8 所示为节流下降控制策略。

表 6.8　节流下降控制策略

手柄信号 Y_p/mV	比例系数 k_p	常数项 b_p	电磁阀 b_1 状态
(0, 100)	0.00875	0	断电
[100, 1000]	0.00271	0.604	得电

（2）势能回收下降控制策略　举升液压缸下降速度控制实质上等价于对 1 号电机及 2 号电机的转速和电磁铁 a_1 及 c_1 的综合控制。

1）电机转速控制策略。在势能回收系统中，举升液压缸下降速度与液压马达目标转速控制信号呈线性关系，因此发电机采用转速模式进行控制，以提高举升液压缸的下降操控性能，而电机转速与手柄信号大小的关系则是势能回收控制策略中的一个关键点。

如图 6.21 所示，势能回收控制策略包含三个区间，分别是停机、单电机回收和双电机回收。A 是从停机模式切换到单电机势能回收模式所对应的手柄最小信号和 1 号电机最低转速；B 是从单电机势能回收模式切换到双电机势能回收模式所对应的手柄信号和 1 号电机转速；C 是从单电机势能回收模式切换到双电机势能回收模式所对应的手柄信号和 2 号电机最低转速；D 是双电机势能回收模式所对应的手柄信号和 1 号、2 号电机最高转速。

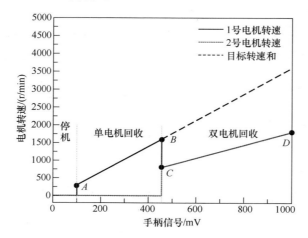

图 6.21 电机转速与手柄开度的关系图

假设 $A = (Y_{pA}, n_{1min})$，$B = (Y_{pB}, n_{1s})$，$C = (Y_{pC}, n_{2min})$，$D = (Y_{pD}, n_{max})$，其中，Y_{pA}、Y_{pB}、Y_{pC} 和 Y_{pD} 分别是四个点所对应的手柄信号，n_{1min} 是 1 号电机进入单电机回收的最小转速，n_{1s} 是 1 号电机从单电机势能回收模式切换至双电机势能回收模式所对应的转速，n_{2min} 是 2 号电机进入双电机势能回收的最小转速，n_{max} 是1 号、2 号电机在双电机势能回收的最大转速。

手柄正常输出范围为 0 ~ 1000mV，为了避免手柄微动时的误操作，手柄信号最小值为 100mV，所以 $Y_{pA} = 100$，$Y_{pD} = 1000$。所选取的液压马达允许的最低转速为 50r/min，考虑电机在低转速区的性能及效率较低，因此最低工作转速取 300r/min，即 $n_{1min} = 300$r/min。电机的额定转速为 1800r/min，为保持电机工作时的高效率，取 $n_{max} = 1800$r/min，即 $A = (100,300)$，$D = (1000,1800)$。由图 6.5 可知，由液压缸-液压马达-发电机-电机控制器组成的势能回收单元在转速为 800r/min 的效率比1800r/min 的效率更高，接近于 1500r/min 所对应的效率，因此当需求转速大于1500r/min 时，系统更适合双电机回收。同时在 2 号电机开始工作时，负载可驱动液压马达发电机加速旋转至目标转速，因此 2 号电机最低转速可以相对较高。综合考虑操控性能及回收效率，选取 2 号电机双电机势能回收最小转速 $n_{2min} = 800$r/min，即 $n_{1s} = 1600$r/min。所以 $B = (Y_{pB}, 1600)$，$C = (Y_{pC}, 800)$，且$Y_{pB} = Y_{pC}$。

为使举升液压缸下降速度与手柄信号满足线性关系，因此无论在单电机势能回收模式中还是在双电机势能回收模式中，单位时间内目标转速之和的增量与手柄信号的增量正相关，即曲线的比例关系。且满足目标转速之和的增量等于 1 号电机转速增量与 2 号电机转速增量之和，即

$$k_t = k_1 + k_2 \tag{6-38}$$

式中，k_t 为目标转速之和与手柄信号的比例关系；k_1 为 1 号电机转速与手柄信号的比例关系；k_2 为 2 号电机转速与手柄信号的比例关系，且有 $k_1 = k_2$。

在停机区间内，即 $0 < Y_p < 100\text{mV}$，1 号电机转速 n_1 和 2 号电机转速 n_2 都为 0，即

$$n_1 = n_2 = 0 \tag{6-39}$$

在单电机回收区间，即 $100\text{mV} \leqslant Y_p \leqslant Y_{pB}$，1 号电机、2 号电机的转速和手柄信号的关系为

$$n_1 = k_{AB}(Y_p - 100\text{mV}) + 300 \tag{6-40}$$
$$n_2 = 0 \tag{6-41}$$

式中，k_{AB} 为 AB 段目标转速之和与手柄信号的比例关系。

在双电机回收区间，即 $Y_{pB} < Y_p < 1000\text{mV}$，1 号电机、2 号电机的转速和手柄信号的关系为

$$n_1 = n_2 = k_{CD}(Y_p - 1000\text{mV}) + 1800 \tag{6-42}$$
$$k_t = k_{AB} = 2k_{CD} \tag{6-43}$$

由式（6-40）、式（6-42）和式（6-43）可以计算出：$Y_{pB} = Y_{pC} = 455\text{mV}$，即 $B = (455,1600)$，$C = (455,800)$，$k_t = k_{AB} = 3.66$，$k_{CD} = 1.83$，其中 k_{CD} 为 CD 段目标转速之和与手柄信号的比例关系。由此可以整理出 1 号电机和 2 号电机在势能回收下降模式中电机转速控制策略见表 6.9。

表 6.9　势能回收下降模式中电机转速控制策略

工作模式	手柄信号/mV	1 号电机转速/(r/min)	2 号电机转速/(r/min)
停机	$0 < Y_p < 100$	0	0
单电机	$100 \leqslant Y_p \leqslant 455$	$n_1 = 3.66(Y_p - 100) + 300$	0
双电机	$455 < Y_p \leqslant 1000$	$n_1 = 1.83(Y_p - 1000) + 1800$	$n_2 = 1.83(Y_p - 1000) + 1800$

2）电磁阀控制策略。由图 6.7 可知，势能回收系统电磁阀采用的是开关式，因此电磁阀的控制策略相对简单。

当系统处于停机模式，手柄信号 $0 < Y_p < 100\text{mV}$，电磁铁 a_1 断电，c_1 断电；当系统处于单电机势能回收模式，手柄信号 $100\text{mV} \leqslant Y_p \leqslant 455\text{mV}$，电磁铁 a_1 得电，c_1 断电；当系统处于双电机势能回收模式，手柄信号 $455\text{mV} < Y_p \leqslant 1000\text{mV}$，电磁铁 a_1 得电，c_1 得电。势能回收系统电磁阀控制策略见表 6.10。

表 6.10　势能回收系统电磁阀控制策略

工作模式	手柄信号/mV	电磁铁 a_1 状态	电磁铁 c_1 状态
停机	$0 < Y_p < 100$	断电	断电
单电机	$100 \leqslant Y_p \leqslant 455$	得电	断电
双电机	$455 < Y_p \leqslant 1000$	得电	得电

由表6.9和表6.10总结出势能回收下降模式电机转速和电磁阀的控制策略（见表6.11）。

表 6.11　势能回收下降模式电机转速和电磁阀的控制策略

工作模式	手柄信号/mV	电机转速/(r/min)	电磁阀状态
停机	$0 < Y_p < 100$	$n_1 = 0$ $n_2 = 0$	a_1 断电 c_1 断电
单电机	$100 \leqslant Y_p \leqslant 455$	$n_1 = 3.86(Y_p - 100) + 300$ $n_2 = 0$	a_1 得电 c_1 断电
双电机	$455 < Y_p \leqslant 1000$	$n_1 = 1.83(Y_p - 1000) + 1800$ $n_2 = 1.83(Y_p - 1000) + 1800$	a_1 得电 c_1 得电

至此，允许势能回收 SOC 上限值 S_{max} 和无杆腔最小压力 p_3 尚未确定。因为锂离子电池允许峰值充放电电流（持续时间小于30s）相对较大，SOC 上限值依据经验值取 $S_{max} = 80\%$。

为确定最小无杆腔压力 p_3，即需要确定在势能回收效率最低时所对应的无杆腔压力。经试验测试，双电机在外负载为2t时出现耗能现象，如图6.22所示。由图6.23可知，无杆腔初始压力为3.5MPa左右，前30s内，液压缸慢速上升，因此压力上升至3.85MPa，第35s开始回收，无杆腔压力下降至3.0MPa。因为势能回收模式决策是在下放前进行判断的，因此无杆腔最小压力取初始压力，且预留10%余量来保证最高转速时也不会出现耗能现象，即取 $p_3 = 4$MPa。

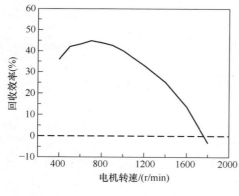

图 6.22　回收效率与电机转速关系

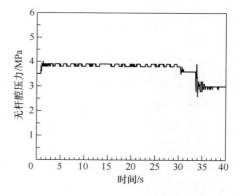

图 6.23　无杆腔压力变化曲线

3）举升系统下降控制流程。本研究试验样机的举升液压缸下降控制流程图如图6.24所示。整机控制器根据手柄信号、举升无杆腔压力和当前 SOC 综合判断举升液压缸下降控制模式。两种控制模式在前文已详细分析，见表6.8和表6.11，在此不再赘述。

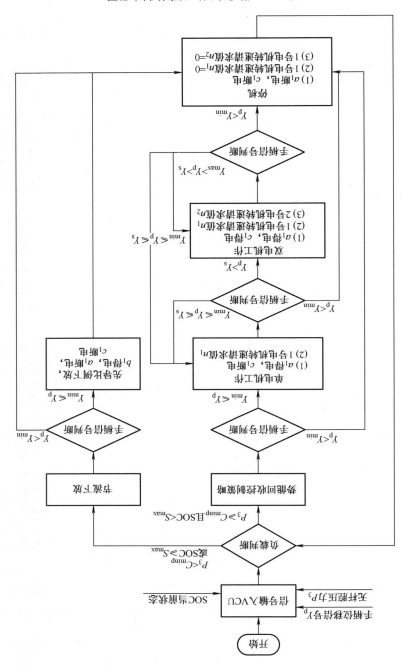

图 6.24 某升级电机工作降档控制流程图

6.4.4 举升系统仿真研究

为了分析双电机势能回收系统的操控性能，需要搭建传统节流调速系统和单电机调速系统的数学模型进行对比，分析模型操控性能的稳定性。虽然叉车的举升系统通常由两根液压缸共同驱动负载，但两个液压缸的工作状态基本一样，因此在以下模型建立过程中全部简化为单个液压缸。

1. 传统节流控制模式系统建模

传统节流调速系统是通过调节节流阀开口大小，在无杆腔形成一定的背压，从而实现液压缸下降速度的控制。为了便于建模分析，对系统进行以下假设：

1）研究对象只针对液压缸的下降过程，不考虑举升工况。

2）系统安全阀未溢流。

3）忽略弹性负载和外力干扰。

叉车的举升液压缸在下降过程中，有杆腔压力基本为零，对液压缸下降速度的影响很小，传统节流调速系统简化图如图 6.25 所示。

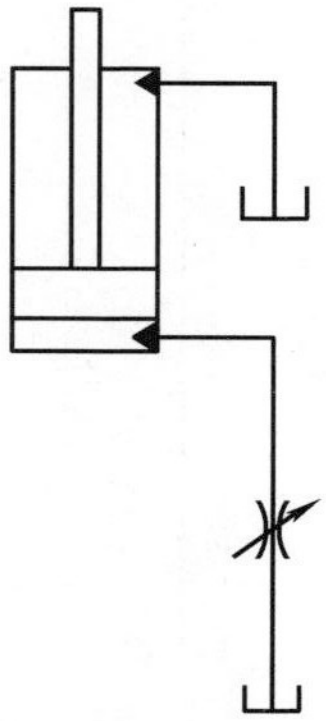

节流阀流量方程：

$$Q_j = K_Q x_j + K_C p_1 \tag{6-44}$$

式中，K_Q 为节流阀流量增益（m^2/s）；K_C 为节流阀流量压力系数（$m^3/Pa \cdot s$）；x_j 是节流阀开度（m）；p_1 为液压缸无杆腔压力（Pa）。

油液连续方程：

$$A_1 v_{hs} - C_{ig}(p_1 - p_2) - C_{eg} p_1 - Q_j = \frac{V}{\beta_e} \cdot \frac{\mathrm{d}p_1}{\mathrm{d}t} \tag{6-45}$$

图 6.25 传统节流调速系统简化图

式中，A_1 为举升液压缸无杆腔活塞的有效面积（m^2）；v_{hs} 为活塞运动速度（m/s）（向下取正）；C_{ig} 为液压缸活塞内泄漏系数（$m^3/Pa \cdot s$）；p_2 为液压缸有杆腔压力（Pa）；C_{eg} 为液压缸活塞外泄漏系数（$m^3/Pa \cdot s$）；V 为液压缸无杆腔与节流阀之间的容腔容积（m^3）；β_e 为有效体积弹性模量（Pa）。

因为 $p_2 \approx 0$，所以 $p_1 - p_2 \approx p_1$。

节流调速系统的总泄漏系数为

$$C_{zj} = C_{ig} + C_{eg} \tag{6-46}$$

将式（6-46）代入式（6-45）可得：

$$A_1 v_{hs} - C_{zj} p_1 - Q_j = \frac{V}{\beta_e} \cdot \frac{\mathrm{d}p_1}{\mathrm{d}t} \tag{6-47}$$

液压缸的力平衡方程：

$$p_2 A_2 - p_1 A_1 = m \dot{v}_{hs} + b_c v_{hs} \tag{6-48}$$

式中，A_2 为举升液压缸有杆腔活塞的有效面积（m^2）；m 为负载和液压缸活塞折算到活塞杆上的总质量（kg）；b_c 为负载和液压缸活塞的黏性阻尼（Ns/m）。

因为 $p_2 \approx 0$，式（6-48）可以简化为

$$- p_1 A_1 = m\dot{v}_{hs} + b_c v_{hs} \tag{6-49}$$

对式（6-47）和式（6-49）进行拉氏变换可得：

$$A_1 v_{hs}(s) - K_Q x_j = (C_{zj} + K_C)p_1(s) + \frac{Vs}{\beta_e}p_1(s) \tag{6-50}$$

$$- A_1 p_1(s) = msv_{hs}(s) + b_c v_{hs}(s) \tag{6-51}$$

对式（6-50）和式（6-51）整理可得系统的传递函数为

$$v_{hs}(s) = \cfrac{\dfrac{K_Q}{A_1}x_{hs}}{\dfrac{mV}{A_1^2\beta_e}s^2 + \dfrac{\beta_e m(C_{zj}+K_C)+b_cV}{A_1^2\beta_e}s + \dfrac{A_1^2+(C_{zj}b_c+K_Cb_c)}{A_1^2}} \tag{6-52}$$

式中，x_{hs} 为活塞运动位移（m）。

为方便分析系统模型，忽略负载和液压缸活塞的黏性阻尼，即

$$b_c = 0 \tag{6-53}$$

则传递函数可以表示为

$$v_{hs}(s) = \cfrac{\dfrac{K_Q}{A_1}x_{hs}}{\dfrac{mV}{A_1^2\beta_e}s^2 + \dfrac{\beta_e m(C_{zj}+K_C)}{A_1^2\beta_e}s + 1} \tag{6-54}$$

由此可知系统的固有频率与阻尼比分别为

$$\omega_{nj} = \sqrt{\cfrac{1}{\dfrac{mV}{A_1^2\beta_e}}} \tag{6-55}$$

$$\xi = \frac{(C_{zj}+K_C)}{2A_1}\sqrt{\frac{m\beta_e}{V}} \tag{6-56}$$

2. 单电机调速模式系统建模

液压马达发电机调速系统的工作原理是调节液压马达转速在无杆腔形成一定的背压，从而实现液压缸下降速度的控制。为了便于建模分析，在上述假设条件下进一步补充：

1）液压马达排量不变。

2）液压马达与发电机同轴连接。

3）液压马达的回油压力为零。

4）忽略活塞运动对无杆腔和液压马达之间容腔体积的影响。

5）忽略温度变化的影响。

6）腔室压力均匀，液体密度为常数。

7）忽略电磁换向阀对液压缸运动速度的影响。

8）单向阀没有补油。

基于以上假设条件，单电机调速系统简化图如图6.26所示。

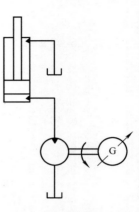

液压马达流量方程：

$$Q_d = \omega D_m + C_{im}p_1 + C_{em}p_1 \qquad (6\text{-}57)$$

式中，ω 为发电机和液压马达的角速度（rad/r）；D_m 为液压马达的排量（mL/r）；C_{im} 为液压马达的内泄漏系数（$m^3/Pa \cdot s$）；C_{em} 为液压马达的外泄漏系数（$m^3/Pa \cdot s$）。

油液连续方程：

$$A_1 v_{hs} - C_{ig}(p_1 - p_2) - C_{eg}p_1 - Q_d = \frac{V_m}{\beta_e} \cdot \frac{dp_1}{dt} \qquad (6\text{-}58)$$

式中，V_m 为液压缸无杆腔与液压马达之间的容腔容积（m^3）。

图6.26　单电机调速系统简化图

因为 $p_2 \approx 0$，所以 $p_1 - p_2 \approx p_1$。

令单电机调速系统的总泄漏系数为

$$C_{zd} = C_{ig} + C_{eg} + C_{im} + C_{em} \qquad (6\text{-}59)$$

将式（6-57）和式（6-59）代入式（6-58）可得：

$$A_1 v_{hs} - C_{zd}p_1 - \omega D_m = \frac{V_m}{\beta_e} \cdot \frac{dp_1}{dt} \qquad (6\text{-}60)$$

液压缸的力平衡方程：

同式（6-49）所示。

液压马达的力矩平衡方程：

$$p_1 D_m + T_g = J\dot{\omega} + b_m \omega \qquad (6\text{-}61)$$

式中，T_g 为发电机的发电转矩（N·m）（电动状态为正，发电状态为负）；J 为液压马达、发电机及联轴器的总转动惯量（$kg \cdot m^2$）；b_m 为液压马达回转黏性阻尼（N·m·s）。

发电机的物理方程：

由于电机响应速度远大于液压马达的机械响应时间，因此电机的动态特性可以简化成一个比例环节：

$$T_g = K_g(\omega_t - \omega) \qquad (6\text{-}62)$$

式中，ω_t 为发电机的目标角速度（rad/r）；K_g 为电机的比例系数。

对式（6-60）、式（6-49）、式（6-61）和式（6-62）进行拉氏变换得：

$$A_1 v_{hs}(s) - D_m \omega(s) = C_{zd} p_1(s) + \frac{V_m s}{\beta_e} p_1(s) \tag{6-63}$$

$$-A_1 p_1(s) = ms v_{hs}(s) + b_c v_{hs}(s) \tag{6-64}$$

$$D_m p_1(s) + T_g(s) = Js\omega(s) + b_m \omega(s) \tag{6-65}$$

$$T_g(s) = K_g [\omega_t(s) - \omega(s)] \tag{6-66}$$

对式（6-63）~ 式（6-66）整理可得单电机调速系统的传递函数为

$$v_{hs}(s) = \cfrac{\cfrac{K_g D_m}{A_1}\omega_t(s)}{\cfrac{JmV_m}{A_1^2\beta_e}s^3 + \left[\cfrac{JmC_{zd}}{A_1^2} + \cfrac{mV_m(b_m + K_g)}{A_1^2\beta_e} + \cfrac{b_c V_m J}{A_1^2\beta_e}\right]s^2 +} +$$

$$\left[J + \cfrac{mD_m^2 + mC_{zd}(b_m + K_g) + b_c C_{zd} J}{A_1^2} + \cfrac{b_c V_m(b_m + K_g)}{A_1^2\beta_e}\right]s +$$

$$\cfrac{(b_m + K_g)(A_1^2 + C_{zj} b_c) + b_c D_m^2}{A_1^2} \tag{6-67}$$

为方便分析系统模型，忽略液压缸活塞和液压马达的黏性阻尼，即

$$b_c = b_m = 0 \tag{6-68}$$

则传递函数可以表示为

$$v_{hs}(s) = \cfrac{\cfrac{K_g D_m}{A_1}\omega_t(s)}{\cfrac{JmV_m}{A_1^2\beta_e}s^3 + \left(\cfrac{JmC_{zd}}{A_1^2} + \cfrac{mV_m K_g}{A_1^2\beta_e}\right)s^2 + \left(J + \cfrac{mD_m^2 + mC_{zd}K_g}{A_1^2}\right)s + K_g} \tag{6-69}$$

按照标准化格式的传递函数可表示为

$$v_{hs}(s) = \cfrac{\cfrac{D_m}{A_1}\omega_t(s)}{\cfrac{JmV_m}{A_1^2\beta_e K_g}s^3 + \left(\cfrac{JmC_{zd}}{K_g A_1^2} + \cfrac{mV_m}{A_1^2\beta_e}\right)s^2 + \left(\cfrac{J}{K_g} + \cfrac{mD_m^2}{K_g A_1^2} + \cfrac{mC_{zd}}{A_1^2}\right)s + 1} \tag{6-70}$$

其中，分母中第 1 项和第 2 项的第 2 个表达式可表示为

$$\frac{JmV_m}{A_1^2\beta_e K_g}s^3 + \frac{mV_m}{A_1^2\beta_e}s^2 = \frac{mV_m}{A_1^2\beta_e K_g \omega}(J\omega s + K_g \omega) \tag{6-71}$$

式（6-71）等号右侧括号中的两项分别代表转速对液压马达惯性转矩的影响和发电机由于转速变化引起的转矩变化。与发电机的刚性相比，液压马达发电机的等效转动惯量则显得非常小，所以 $J\omega s \ll K_g \omega$。

因此，式（6-70）可变为

$$v_{hs}(s) = \cfrac{\cfrac{D_m}{A_1}\omega_t(s)}{\left(\cfrac{JmC_{zd}}{K_g A_1^2} + \cfrac{mV_m}{A_1^2\beta_e}\right)s^2 + \left(\cfrac{J}{K_g} + \cfrac{mD_m^2}{K_g A_1^2} + \cfrac{mC_{zd}}{A_1^2}\right)s + 1} \tag{6-72}$$

由此可知，单电机调速系统的固有频率和阻尼比分别为

$$\omega_{nd} = \sqrt{\cfrac{1}{\cfrac{JmC_{zd}}{K_g A_1^2} + \cfrac{mV_m}{A_1^2 \beta_e}}} \tag{6-73}$$

$$\xi_{nd} = \cfrac{C_{zd}}{2A_1 \sqrt{\cfrac{V_m}{m\beta_e} + \cfrac{JC_{zd}}{mK_g}}} + \cfrac{J}{2K_g \sqrt{\cfrac{mV_m}{A_1^2 \beta_e} + \cfrac{JmC_{zd}}{A_1^2 K_g}}} +$$

$$\cfrac{mD_m^2}{2A_1 K_g \sqrt{\cfrac{V_m}{\beta_e} + \cfrac{JC_{zd}}{K_g}}} \tag{6-74}$$

3. 双电机调速模式系统建模

为了便于建模分析，在上述假设条件下进一步补充：

电磁阀到 2 号液压马达之间的容腔忽略不计，即与单发电机调速系统的容腔一致。基于假设条件，双电机调速系统简化图如图 6.27 所示。

液压马达流量方程：

$$Q_s = \omega_1 D_{m1} + C_{im1} p_1 + C_{em1} p_1 + \\ \omega_2 D_{m2} + C_{im2} p_2 + C_{em2} p_2 \tag{6-75}$$

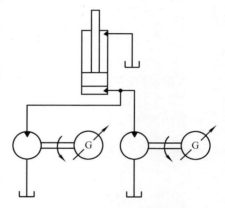

图 6.27 双电机调速系统简化图

式中，ω_1 为 1 号液压马达和发电机的角速度（rad/r）；ω_2 为 2 号液压马达和发电机的角速度（rad/r）；D_{m1} 为 1 号液压马达的排量（mL/r）；D_{m2} 为 2 号液压马达的排量（mL/r）；C_{im1} 为 1 号液压马达的内泄漏系数（$m^3/Pa \cdot s$）；C_{im2} 为 2 号液压马达的内泄漏系数（$m^3/Pa \cdot s$）；C_{em1} 为 1 号液压马达的外泄漏系数（$m^3/Pa \cdot s$）；C_{em2} 为 2 号液压马达的外泄漏系数（$m^3/Pa \cdot s$）。

油液连续方程：

$$A_1 v_{hs} - C_{ig}(p_1 - p_2) - C_{eg} p_1 - Q_s = \cfrac{V_m}{\beta_e} \cdot \cfrac{dp_1}{dt} \tag{6-76}$$

因为 $p_2 \approx 0$，所以 $p_1 - p_2 \approx p_1$。

令双电机调速系统的总泄漏系数为

$$C_{zs} = C_{ig} + C_{eg} + C_{im1} + C_{em1} + C_{im2} + C_{em2} \tag{6-77}$$

将式（6-75）和式（6-77）代入式（6-76）可得：

$$A_1 v_{hs} - C_{zs} p_1 - (\omega_1 D_{m1} + \omega_2 D_{m2}) = \cfrac{V_m}{\beta_e} \cfrac{dp_1}{dt} \tag{6-78}$$

液压缸的力平衡方程同式（6-49）所示。

液压马达的力矩平衡方程：

1 号液压马达的力矩平衡方程为

$$p_1 D_{m1} + T_{g1} = J_1 \dot{\omega}_1 + b_{m1} \omega_1 \tag{6-79}$$

2 号液压马达的力矩平衡方程为

$$p_2 D_{m2} + T_{g2} = J_2 \dot{\omega}_2 + b_{m2} \omega_2 \tag{6-80}$$

式中，T_{g1} 为 1 号发电机的发电转矩（N·m）；T_{g2} 为 2 号发电机的发电转矩（N·m）；J_1 为 1 号液压马达、发电机及联轴器的总转动惯量（kg·m²）；J_2 为 2 号液压马达、发电机及联轴器的总转动惯量（kg·m²）；b_{m1} 为 1 号液压马达回转黏性阻尼 N·m·s；b_{m2} 为 2 号液压马达回转黏性阻尼 N·m·s。

发电机的物理方程：

1 号发电机的物理方程为

$$T_{g1} = K_{g1}(\omega_{t1} - \omega_1) \tag{6-81}$$

2 号发电机的物理方程为

$$T_{g2} = K_{g2}(\omega_{t2} - \omega_2) \tag{6-82}$$

式中，ω_{t1} 为 1 号发电机的目标角速度（rad/r）；ω_{t2} 为 2 号发电机的目标角速度（rad/r）；K_{g1} 为 1 号发电机的比例系数；K_{g2} 为 2 号发电机的比例系数。

对式（6-78）、式（6-49）、式（6-79）、式（6-80）、式（6-81）和式（6-82）进行拉氏变换得：

$$A_1 v_{hs}(s) - D_{m1} \omega_1(s) - D_{m2} \omega_2(s) = C_{zs} p_1(s) + \frac{V_m s}{\beta_e} p_1(s) \tag{6-83}$$

$$-A_1 p_1(s) = ms v_{hs}(s) + b_c v_{hs}(s) \tag{6-84}$$

$$D_{m1} p_1(s) + T_{g1}(s) = J_1 s \omega_1(s) + b_{m1} \omega_1(s) \tag{6-85}$$

$$D_{m2} p_1(s) + T_{g2}(s) = J_2 s \omega_2(s) + b_{m2} \omega_2(s) \tag{6-86}$$

$$T_{g1}(s) = K_{g1}[\omega_{t1}(s) - \omega_1(s)] \tag{6-87}$$

$$T_{g2}(s) = K_{g2}[\omega_{t2}(s) - \omega_2(s)] \tag{6-88}$$

本章采用两套相同的液压马达发电机单元，因此：

$$D_{m1} = D_{m2} \tag{6-89}$$

$$J_1 = J_2 \tag{6-90}$$

$$b_{m1} = b_{m2} \approx 0 \tag{6-91}$$

$$K_{g1} = K_{g2} \tag{6-92}$$

对式（6-83）~式（6-92）整理可得双电机调速系统的传递函数为

$$v_{hs}(s) = \cfrac{\dfrac{K_{g1} D_{m1}}{A_1}(\omega_{t1}(s) + \omega_{t2}(s))}{\dfrac{J_1 m V_m}{A_1^2 \beta_e} s^3 + \left(\dfrac{J_1 m C_{zs}}{A_1^2} + \dfrac{m V_m K_{g1}}{A_1^2 \beta_e}\right) s^2 + \left(J + \dfrac{2m D_{m1}^2 + m C_{zs} K_{g1}}{A_1^2}\right) s + K_{g1}}$$

$$\tag{6-93}$$

按照标准化格式的传递函数可表示为

$$v_{hs}(s) = \frac{\dfrac{D_{m1}}{A_1}(\omega_{t1}(s) + \omega_{t2}(s))}{\dfrac{J_1 m V_m}{A_1^2 \beta_e K_{g1}}s^3 + \left(\dfrac{J_1 m C_{zs}}{K_{g1} A_1^2} + \dfrac{m V_m}{A_1^2 \beta_e}\right)s^2 + \left(\dfrac{J_1}{K_{g1}} + \dfrac{2m D_{m1}^2}{K_{g1} A_1^2} + \dfrac{m C_{zs}}{A_1^2}\right)s + 1} \tag{6-94}$$

同理，由于液压马达发电机的等效转动惯量小于发电机的刚性，所以$J_1 \omega_1 s \ll K_{g1}\omega_1$。同时，由图6.21可知，在双电机回收模式时，两组电机的转速请求值是一致的，因此$\omega_{t1}(s) = \omega_{t2}(s)$。

因此，式（6-94）可变为

$$v_{hs}(s) = \frac{\dfrac{2D_{m1}}{A_1}\omega_{t1}(s)}{\left(\dfrac{J_1 m C_{zs}}{K_{g1} A_1^2} + \dfrac{m V_m}{A_1^2 \beta_e}\right)s^2 + \left(\dfrac{J_1}{K_{g1}} + \dfrac{2m D_{m1}^2}{K_{g1} A_1^2} + \dfrac{m C_{zs}}{A_1^2}\right)s + 1} \tag{6-95}$$

由此可知，双电机调速系统的固有频率和阻尼比分别为

$$\omega_{ns} = \sqrt{\dfrac{1}{\dfrac{J_1 m C_{zs}}{K_{g1} A_1^2} + \dfrac{m V_m}{A_1^2 \beta_e}}} \tag{6-96}$$

$$\xi_{ns} = \frac{C_{zs}}{2A_1 \sqrt{\dfrac{V_m}{m\beta_e} + \dfrac{J_1 C_{zs}}{m K_{g1}}}} + \frac{J_1}{2K_{g1}\sqrt{\dfrac{m V_m}{A_1^2 \beta_e} + \dfrac{Jm C_{zs}}{A_1^2 K_{g1}}}} +$$

$$\frac{m D_{m1}^2}{2A_1 K_{g1}\sqrt{\dfrac{V_m}{\beta_e} + \dfrac{J_1 C_{zs}}{K_{g1}}}} \tag{6-97}$$

由式（6-55）和式（6-73）对比可知，与节流调速系统的固有频率相比，单电机调速系统的固有频率变小，系统的动态响应有所变慢。且固有频率随着等效转动惯量J的增大和发电机比例系数K_g的减小而减小。由式（6-56）和式（6-74）对比可知，与节流调速系统的阻尼比相比，单液压马达发电机调速系统的阻尼比较小，系统的稳定性会有所降低。

从式（6-73）和式（6-96）对比，双电机调速系统的固有频率与单电机调速系统的固有频率基本相同，但由于$D_m = 2D_{m1}$，双电机调速系统的阻尼比会进一步减小，所以运行在双电机状态时，系统的稳定性会比单电机调速系统差一点。

综上所述，在系统响应方面，传统节流调速系统最优，单电机调速系统与双电机调速系统相差不大；在系统稳定性方面，传统节流调速系统最优，单电机调速模式优于双电机调速模式。为了进一步研究双电机势能回收系统的操控性能，搭建势能回收仿真模型，通过分析仿真结果来做进一步判断。

6.4.5 举升系统下降运动仿真研究

1. 传统节流控制模式仿真研究

（1）传统节流控制仿真模型 传统节流控制原理图如图6.28a 所示。当换向阀处于右工位时，举升液压缸处于下降模式。举升液压缸下降速度控制由操作手柄开度决定，手柄开度越大，阀芯开度越大，通流流量越大，下降速度越快。基于 AMESim 搭建的传统节流控制仿真模型如图6.28b 所示。其中，部分元件进行了等效处理：①手动换向阀由电磁换向阀替代，通过信号给定替代手动操作；②传统动力源一般来自发动机，不考虑能耗及热功率，在仿真模型中用电机替代发动机驱动液压泵。

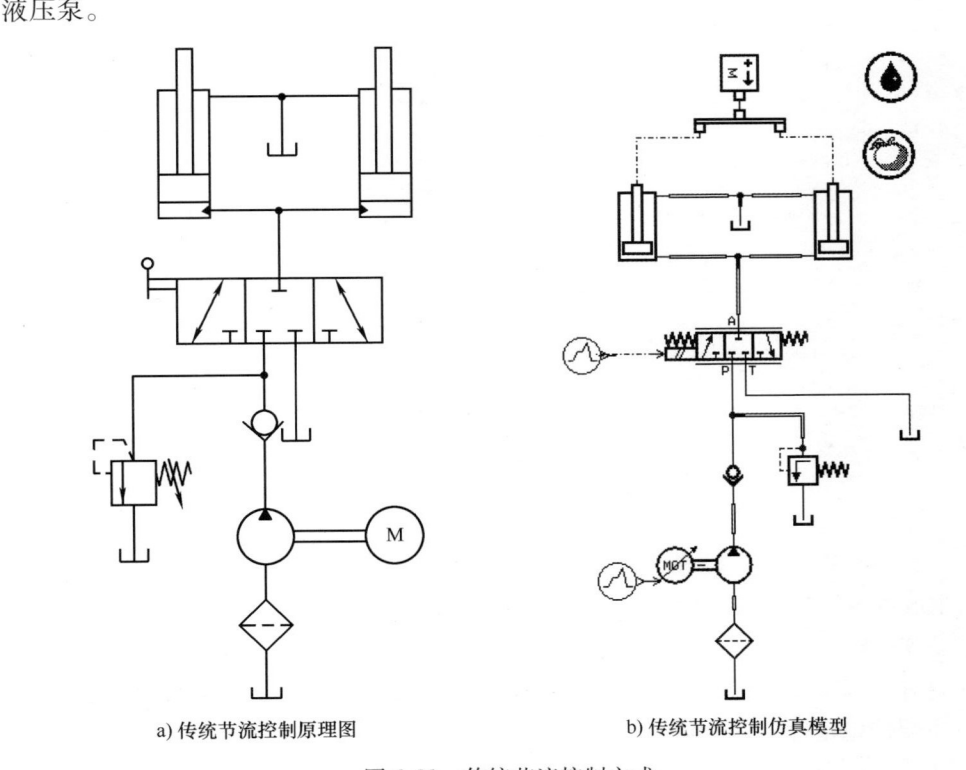

a) 传统节流控制原理图   b) 传统节流控制仿真模型

图 6.28 传统节流控制方式

（2）主要元件子模型选择 在仿真模型搭建完毕之后需要对元件进行子模型选择，使仿真模型更接近真实情况。以下介绍几个主要元件的子模型：

如图6.29 所示，举升液压缸子模型选取单活塞杆液压缸子模型；电机子模型采用单位转换子模型，电机转速由信号给定；液压泵子模型采用带容积效率和机械效率的定排量子模型；电磁换向阀子模型采用不带热效应的三位四通电磁换向阀子模型。此外，过滤器、溢流阀、重物等常用元件不再过多介绍。

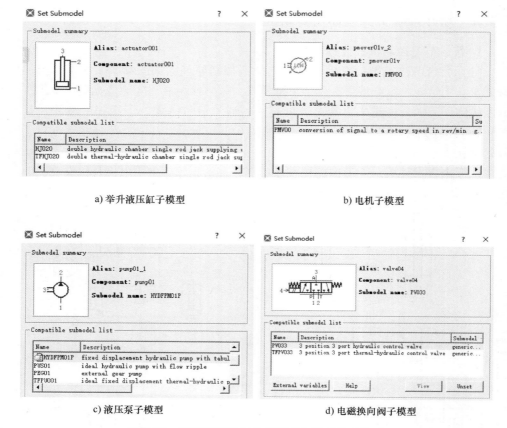

a) 举升液压缸子模型　　　　　　　　　b) 电机子模型

c) 液压泵子模型　　　　　　　　　d) 电磁换向阀子模型

图 6.29　传统节流控制仿真模型主要元件子模型

（3）仿真模型参数设置　在子模型选取完成后，系统会对模型进行检查、编译、生成可执行代码。在检查通过后，便可对子模型进行参数设置。部分元件主要更改参数设置如下：

1）液压缸：缸径 160mm，杆径 100mm，活塞缸最大行程 1750mm。

2）液压泵：排量 160mL/r，容积效率 0.95，机械效率 0.95。

3）三位四通电磁换向阀：阀口压差 10bar。

4）溢流阀：压力 280bar。

5）防倒灌单向阀：背压 5bar。

6）过滤器：压降 1bar。

其余信号根据仿真目的不同而更改，此处不一一列出。

（4）仿真参数设置　在仿真模型元件参数设置完成后，依据模拟信号时间的长度，修改仿真时间与采样间隔，然后开始仿真。

（5）仿真分析　举升液压缸下降运动仿真分析针对系统的操控性能，主要从货叉下降速度的平稳性和举升液压缸无杆腔压力波动进行分析。为仿真系统在额定负载下系统操控性能，以下仿真试验外负载为 25t 折算后的等效质量。前 15s 液压泵供油驱动液压缸上升至 1.664m；后 15s，通过控制多路阀阀芯位移，控制液压缸下降速度，使液压缸下降至 0.612m，如图 6.30 所示。

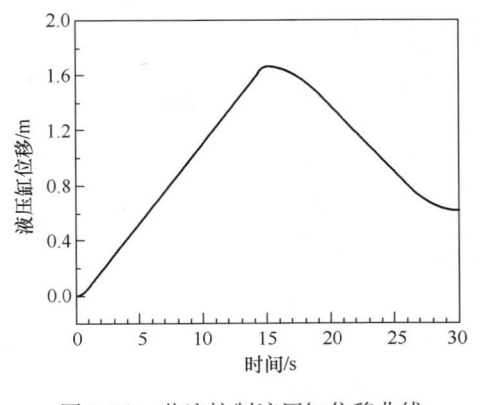

图 6.30 节流控制液压缸位移曲线

由图 6.31 和图 6.32 可知，在第 0 ~ 15s 中，液压缸处于举升阶段，初始时刻由于阀芯从关闭到打开，无杆腔压力会产生一定波动，但系统压力波动小，与实际情况相符；在第 15 ~ 30s 内，液压缸处于下降阶段，在阀芯打开瞬间，由于无杆腔体积增大，无杆腔压力出现小范围降低，随后进入稳定状态。整个下降过程中，货叉下降速度与目标速度波动幅值为 1.2mm/s，无杆腔压力波动为 0.2bar，系统操控性能好。

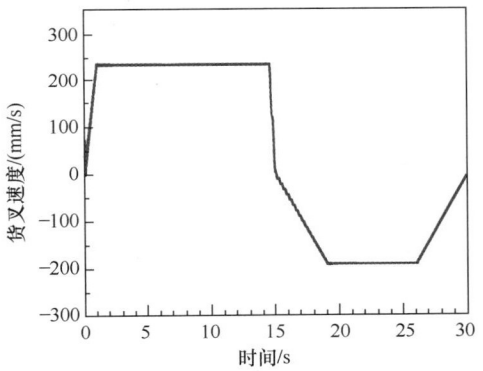

图 6.31 节流控制货叉速度曲线

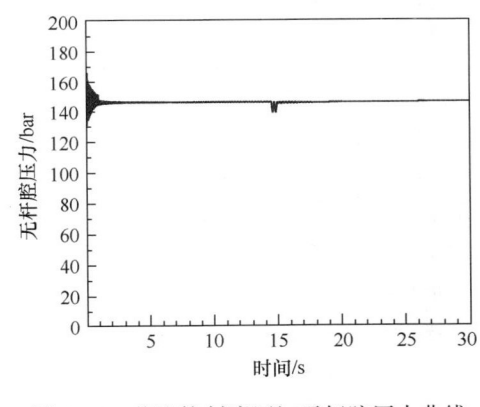

图 6.32 节流控制液压缸无杆腔压力曲线

综上所述，通过节流控制液压缸下降的方式，货叉下降速度平缓，无杆腔压力波动小，具有较好的操控性能。但无杆腔的高压油所具有的能量以节流损失的形式转换为热量，使整机液压油温度上升，加大了散热系统的工作量，进一步增大了整机能耗。

2. 单电机控制模式仿真研究

（1）单电机控制仿真模型 单电机控制原理如图 6.33a 所示。与传统节流控制系统相比，单电机势能回收系统增加了一套大排量液压马达及大功率发电机的能量转换单元。由于现有大流量电磁换向阀的中位机能不同，但对于液压马达发电机回收系统而言，电磁换向阀打开速度较快，中位机能对货叉下降控制无明显影响，因此以实际换向阀型号更改中位机能。当换向阀处于右工位时，举升液压缸处于下降模式。举升液压缸的下降速度由液压马达转速控制，转速越大，下降速度越快。基于 AMESim 搭建的单电机势能回收仿真模型如图 6.33b 所示。

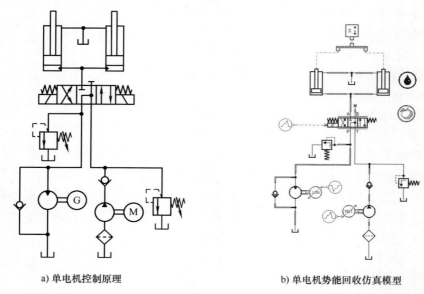

a) 单电机控制原理   b) 单电机势能回收仿真模型

图 6.33　单电机控制方式

（2）主要元件子模型选择　单电机势能回收系统仿真模型是在传统节流控制系统的基础上发展而来。因此，对于重复元件采用一样的子模型，在此主要介绍几个新增元件的子模型。

如图 6.34 所示，液压马达子模型采用带容积效率和机械效率的定排量子模型；电磁换向阀子模型采用不带热效应的三位四通电磁换向阀子模型。

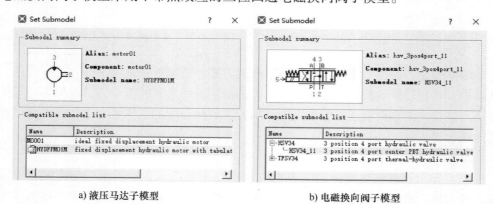

a) 液压马达子模型   b) 电磁换向阀子模型

图 6.34　单电机控制仿真模型主要元件子模型

（3）仿真模型参数设置　同理，仿真模型参数设置部分也是主要介绍新增元件主要更改参数，参数设置如下：

1）三位四通电磁换向阀：通流流量 320L/min，阀口压差 10bar。

2）液压马达：排量 126mL/r，容积效率 0.95，机械效率 0.95。

3）防吸空单向阀：背压 1bar。

4）三位四通电磁换向阀：阀口压差 10bar。

（4）仿真参数设置　在仿真模型元件参数设置完成后，依据节流控制仿真模型，设定相同的仿真时间与采样间隔，然后开始仿真分析。

（5）节流控制模式仿真分析　由图 6.35 可知，前 15s 液压泵供油驱动液压缸上升至 1.663m；后 15s，通过控制液压马达转速进而控制液压缸下降速度，使液压缸下降至 0.611m，整个运动过程与节流控制仿真结果基本一致。

由图 6.36 可知，在第 0～15s 中，液压缸处于举升阶段，与节流控制模式基本相同，初始时刻由于阀芯从关闭到打开，无杆腔压力将产生一定波动；在第 15～30s 内，液压缸处于下降阶段，在阀

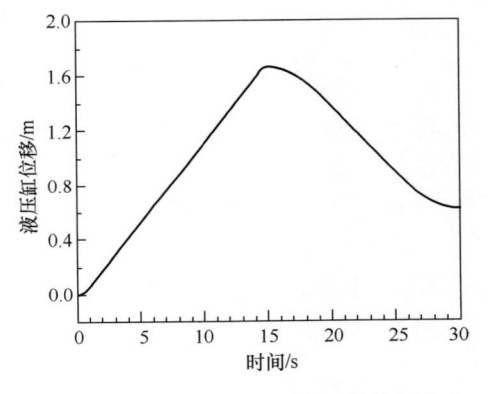

图 6.35　单电机控制液压缸位移曲线

芯打开瞬间，无杆腔压力会出现小范围降低。整个下降过程中，货叉下降速度与目标速度波动幅值为 5.07mm/s，无杆腔压力波动幅值为 1.0bar。相比节流控制模式，下降速度与无杆腔压力均存在一定波动，但波动幅值很小，对系统的操控性能基本不会产生影响。同时，从图 6.37 可知，液压马达进口压力及液压马达转速变化均匀且波动较小，故单电机势能回收系统具有良好的操控性能。

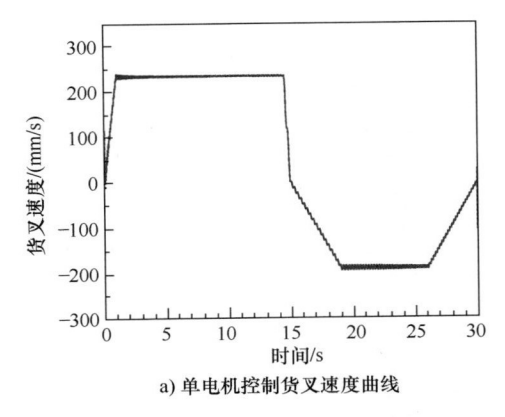

a) 单电机控制货叉速度曲线

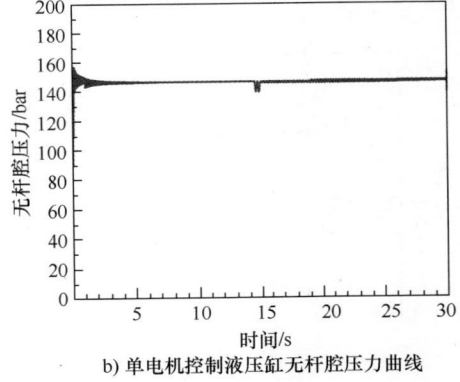

b) 单电机控制液压缸无杆腔压力曲线

图 6.36　单电机控制模式下货叉速度与无杆腔压力变化曲线

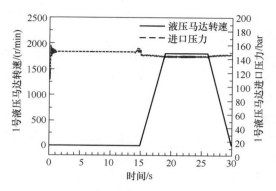

图 6.37　单电机控制模式下液压马达进口压力与转速变化曲线

综上所述，通过单电机控制液压缸下降速度的方式，货叉下降速度和无杆腔压力存在较小波动，但波动幅值小，对系统的操控性能基本没有影响。但通过单电机控制方式可以将无杆腔的高压油所具有的能量以电能的形式给蓄电池充电，降低能耗，减小散热器工作负担，提高蓄电池的续驶时间。

3. 双电机控制模式仿真研究

（1）双电机控制仿真模型　双电机控制原理如图 6.38a 所示。与单电机控制

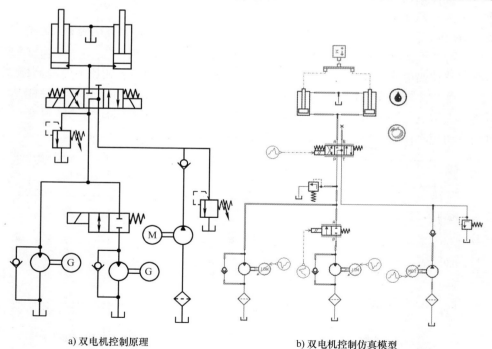

a) 双电机控制原理　　　　　　　　b) 双电机控制仿真模型

图 6.38　双电机控制方式

系统相比，双电机控制通过采用两套小排量液压马达及小功率发电机组替换了原有单个大排量液压马达和大功率发电机组。为实现不同模式切换，需要在 2 号液压马达前增加电磁换向阀。基于 AMESim 搭建了双电机控制仿真模型，如图 6.38b 所示。

（2）主要元件子模型选择　同上节所述，对于重复元件采用一样的子模型，故在此主要介绍新增元件的子模型。

如图 6.39 所示，2 号液压马达前的电磁换向阀采用不带热效应的二位二通电磁换向阀子模型。

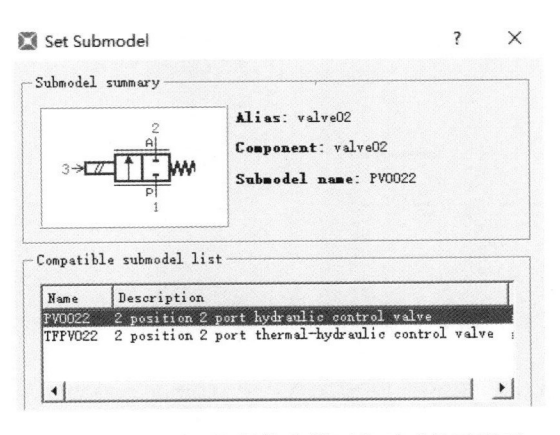

图 6.39　双电机控制仿真模型主要元件子模型

（3）仿真模型参数设置　同理，仿真模型参数设置部分也是主要介绍新增元件主要更改参数，参数设置如下：

1）二位二通电磁换向阀：通流流量 320L/min，阀口压差 5bar。

2）液压马达：排量 63mL/r，容积效率 0.95，机械效率 0.95。

（4）仿真参数设置　在仿真模型元件参数设置完成后，依据节流控制系统和单电机控制系统，设定相同的仿真时间与采样间隔，然后开始仿真分析。

（5）双电机势能回收仿真分析

1）响应及跟随性。由图 6.40 可知，在双电机势能回收系统中，前 15s，由液压泵供油驱动液压缸上升至 1.663m；后 15s，通过控制双液压马达转速进而控制液压缸下降速度，使液压缸下降至 0.61m。

由图 6.41 可知，在第 0～15s 中，液压缸举升阶段与节流模式和单电机控制模式基本一致；在第 15～30s 内，液压缸处

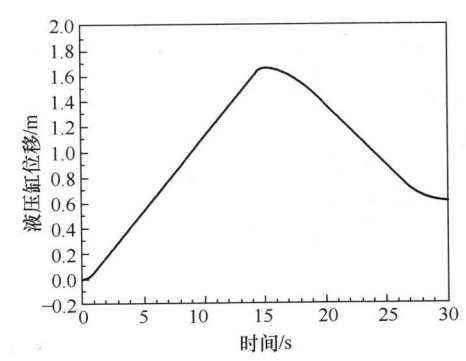

图 6.40　双电机控制液压缸位移曲线

于下降阶段，在阀芯打开瞬间，无杆腔压力出现小范围波动。随着手柄信号增大，系统进入双电机控制模式，在整个下降过程中，货叉下降速度与目标速度平均波动幅值为 8.96mm/s，无杆腔压力平均波动为 1.75bar。与节流控制模式和单液压马达发电机势能回收模式相比，下降速度与无杆腔压力存在相对较大波动，但与系统的高压高速相比，对系统的操控性能没有产生太大影响。

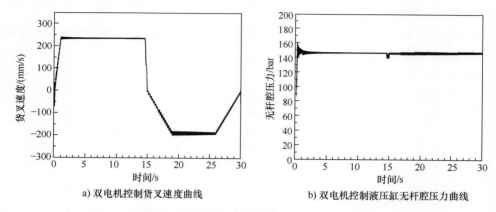

a) 双电机控制货叉速度曲线　　　　　b) 双电机控制液压缸无杆腔压力曲线

图 6.41　双电机控制模式下货叉速度与无杆腔压力变化曲线

除了通过举升液压缸下降速度和无杆腔压力波动来判断系统的操控性能，还可以通过两个液压马达的转速和进口压力来综合判断系统的操控性能。由图 6.42 可知，在第 15～30s 内，液压缸处于下降阶段，液压马达按照对应的控制策略运行，两个液压马达入口压力随着转速增大而略微下降。在转速 1800r/min 时，2 号液压马达入口压力比 1 号液压马达入口压力低 1.5bar 左右，这是由 2 号液压马达前的电磁换向阀所带来的压力损失而引起的，符合实际情况。

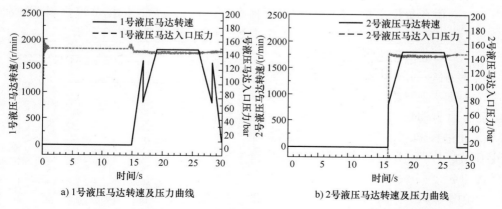

a) 1号液压马达转速及压力曲线　　　　　b) 2号液压马达转速及压力曲线

图 6.42　双电机控制模式下液压马达入口压力与转速变化曲线

2）模式切换特性。其中，在第 15s 和第 27s 时，系统分别由单电机模式进入双电机模式、双电机模式进入单电机模式，从曲线可以看出在模式切换点的压力、速度均无明显波动，证明控制策略具有可行性。整体下降过程中液压马达入口压力较为平缓，进一步验证了双电机势能回收系统具有良好的操控性能。

3）低速稳定性。此外，低速稳定性也是重型叉车一个常见参考指标，特别是带着精密仪器低速下降时，对系统的操控性和稳定性则提出更严格的要求。系统最小工作转速为 300r/min，但手柄信号处于停机模式和单电机模式分界点，因此取 400r/min 作为低速性能测试转速。

由图 6.43 和图 6.44 可知，无杆腔压力在从停机模式到单电机模式切换时同样存在较小波动，随着举升液压缸下降，无杆腔压力趋于稳定。待电机转速稳定在 400r/min 附近，无杆腔压力稳定在 146.3bar，波动范围 0.64bar 左右，整体压力波动小。

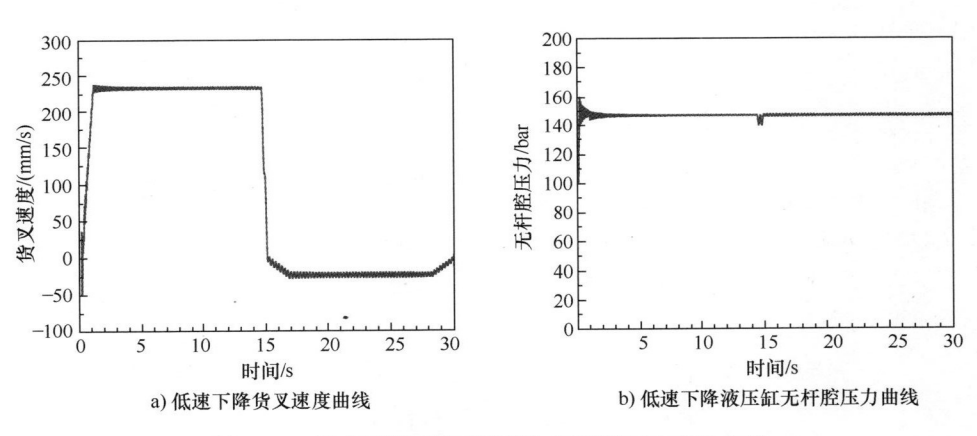

a) 低速下降货叉速度曲线　　　　b) 低速下降液压缸无杆腔压力曲线

图 6.43　低速下降时货叉速度与无杆腔压力变化曲线

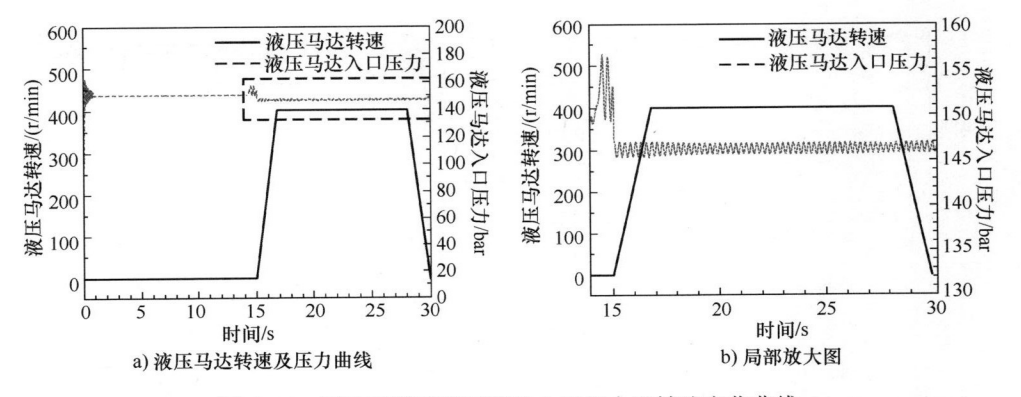

a) 液压马达转速及压力曲线　　　　b) 局部放大图

图 6.44　低速下降时液压马达入口压力和转速变化曲线

不同模式液压缸位移如图 6.45 所示，在三种模式下液压缸位移随时间的变化基本一致。在相同的液压缸位移下，不同模式下货叉速度和无杆腔压力对比曲线如图 6.46 和图 6.47 所示。由图 6.46 和图 6.47 可知，液压马达实际转速与目标转速（400r/min）基本一致，液压马达入口压力在146.2bar，波动范围 0.58bar 左右，整体速度控制的稳定性较好。为了详细对比三种不同控制模式的操控性能，将三种模式的仿真数据整合在一起进行对比。

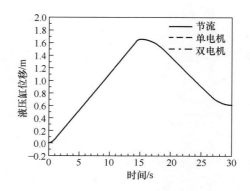

图 6.45　不同模式液压缸位移曲线

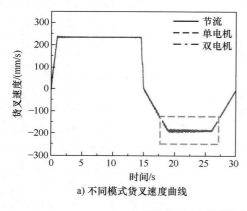

a) 不同模式货叉速度曲线

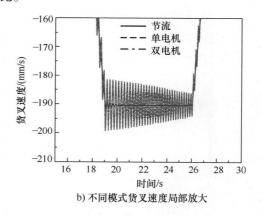

b) 不同模式货叉速度局部放大

图 6.46　不同模式下货叉速度对比曲线

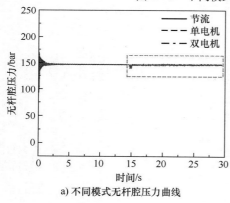

a) 不同模式无杆腔压力曲线

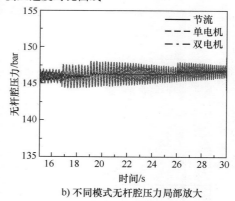

b) 不同模式无杆腔压力局部放大

图 6.47　不同模式下无杆腔压力对比曲线

如图 6.45 所示，三种不同控制模式下的位移曲线基本一致，曲线变化趋势一致，未出现较大波动。由图 6.46 和图 6.47 可以看出，在下降过程中，节流控制模式、单电机控制模式和双电机控制模式下货叉速度与目标速度波动范围分别为 1.2mm/s、5.07mm/s 和 8.96mm/s，无杆腔压力波动范围分别为 0.20bar、1.00bar、1.75bar（见表 6.12）。

表 6.12　不同模式下货叉速度与无杆腔压力波动

不同模式	货叉速度波动/(mm/s)	无杆腔压力波动/bar
节流控制	1.2	0.20
单电机控制	5.07	1.00
双电机控制	8.96	1.75

综上所述，综合货叉速度波动与无杆腔压力波动情况可得出系统操控性能排序顺序，节流控制 > 单电机控制 > 双电机控制，同时说明了双电机控制策略在仿真中是可行的，系统的响应及跟随性、切换特性和低速稳定性都有较好的保证，整体操控性能良好。

此外，针对双电机控制模式的势能回收效率问题，其中涉及能量转换环节较多，每个环节的效率随着工况的差异而不断变化，元件效率模型及整机系统效率模型难以搭建且准确性难以保证。因此，对于双电机势能回收效率的研究，将采用整体为研究对象，从外负载到锂离子电池充电量作为势能回收效率计算依据。同时这部分工作将直接依据整机试验测试，分析试验数据并得出可提升势能回收效率的改进方式，通过优化控制策略来提升势能回收效率，对整机能量的回收利用将更有实际意义。

6.4.6　试验分析

1. 试验平台搭建

（1）试验平台方案设计　为了研究双电机控制模式的势能回收系统在整机上的实际效果，在本章设计了双电机控制模式的势能回收系统试验原理图，如图 6.48 所示。在强电和基础件部分，试验系统采用磷酸铁锂电池作为能源，采用电机控制器驱动液压马达-发电机单元实现变频调速，进而控制液压缸下降速度；以举升液压缸为试验对象，设计了举升液压缸控制阀块，电磁换向阀由整机控制器 DO 端口控制；系统压力采用米科压力传感器采集并传输至整机控制器 AI 端口。

整车电控系统主要包括液压缸下降速度控制单元、双电机调速单元和数据采集单元，如图 6.49 所示。其中数据采集单元主要用于采集压力信号和电磁铁信号；双电机调速单元主要包括三个电机控制器；液压缸下降控制单元指的是 CAN 手柄。液压缸下降速度控制单元是整个控制系统的核心，通过检测系统手柄信号、无杆腔压力信号和当前 SOC 状态，按照整机控制器内已编写对应的控制策略，发送电机和电磁换向阀控制信号，实现液压缸下降速度控制。双电机调速单元是执行部分，

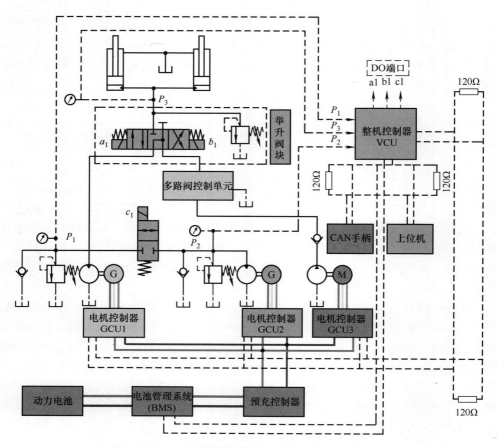

图 6.48　双电机控制模式的势能回收系统试验原理图

电机控制器接收到整车控制器发出的电机控制模式和电机转速请求值,控制电机进入对应的控制模式和正确的转速。数据采集单元主要是通过 PCAN(CAN 转 USB接口设备)实现系统中压力信号、电机转速、电池状态等数据的采集和整机状态监测。上述三部分之间的数据交互都是通过基于 J1939 协议 CAN 总线实现。双电机势能回收系统试验平台主要元件实物图如图 6.50 所示,系统主要元件性能参数见表 6.13。

(2)试验平台硬件设计　根据整机功能,统计整机开关量输出、开关量输入、模拟量输入等端口需求数量。其中,开关量输出端口至少需要 28 个,开关量输入端口至少需要 8 个,模拟量输入端口至少需要 12 个。根据端口数量及现成产品,选择派芬 TTC60 控制器作为整机控制器。因为开关量输出需求量太大,一个控制器的端口不足以满足需求,所以整机电控箱需要两个控制器,其中一个为辅控制器,通过 CAN 总线来通信。

根据整机功能设计,综合考虑整机功能区域分布和可靠性,合理分配开关量输

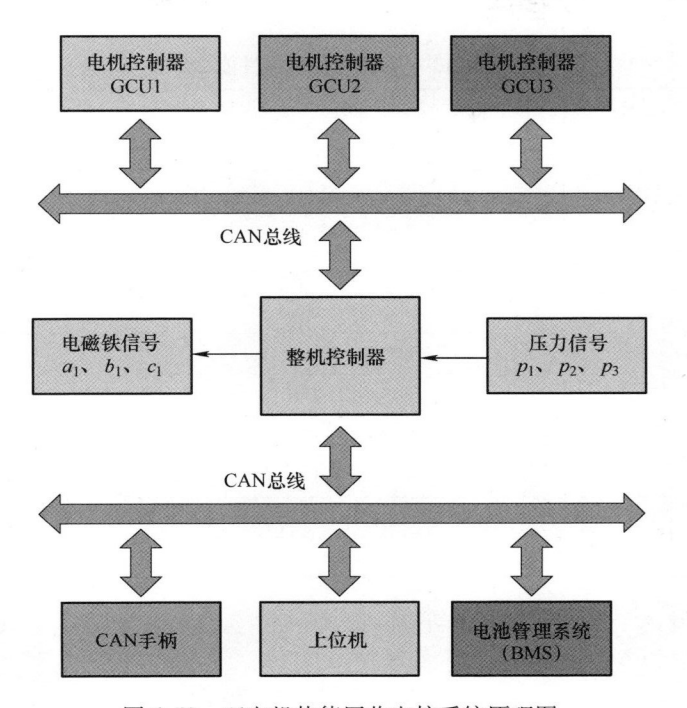

图 6.49　双电机势能回收电控系统原理图

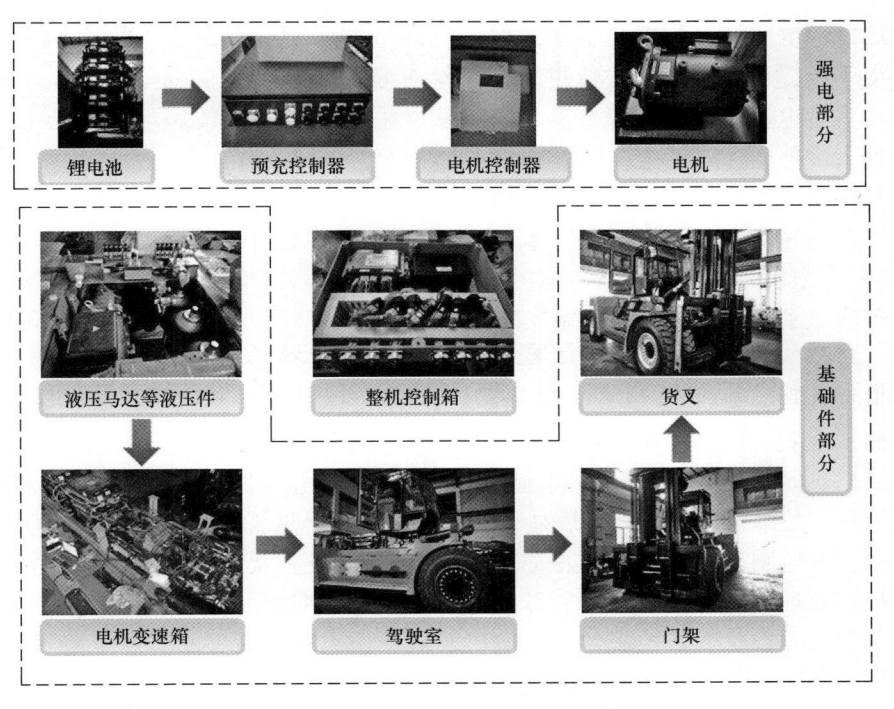

图 6.50　双电机势能回收系统试验平台主要元件实物图

表 6.13 系统主要元件性能参数

主要元件	数量	参数	数值
举升液压缸	2	行程/mm	1750
		活塞直径/mm	160
		活塞杆直径/mm	100
液压马达	2	排量/(mL/r)	63
		压力等级/MPa	31.5
电机	2	额定转速/(r/min)	1800
		额定功率/kW	46.5
电机控制器	3	额定电压/V	540
		额定功率/kW	60
锂离子电池	1	额定电压/V	541
		额定容量/Ah	404

出、开关量输入、模拟量输入等端口。依据 CAN 节点数量和电子元件的波特率不同，合理安排整机 CAN 总线网络，设计整机控制系统的电气原理图。计算每个支路工作功率的大小，选用匹配的电线和允许电流合适的保险丝为整套弱电系统提供保障。为方便更换保险丝与继电器，将继电器和保险丝设计为一个模块，采用市场上成熟的保险丝盒，如图 6.51 所示。考虑电控箱是应用在叉车上的，因此电控箱在加工制作时，在防水、防火、防震等方面都进行了特定设计。

图 6.51 整机电控箱实物图

（3）试验平台软件设计 CoDeSys 是一款支持多种 PLC 编程语言的编程工具，具备编辑显示器界面等强大功能。整机主程序框架主要包括测试模块、整机上下电模块、故障诊断与处理模块、基本功能模块和通信模块。主程序框架设计及主程序实际框架分别如图 6.52 和图 6.53 所示。

测试模块主要包含计数器（图中已绘出）及整机落地前的虚拟信号模拟（图中未给出）。整机上下电模块是主程序的重要部分，包含整机的上下电流程及整机睡眠流程。故障诊断与处理模块是整机安全运行的重要保障，对各元部件的生命信号进行实时监测，对发生信号丢失等故障进行故障类型及故障等级判断，并做出对应的故障处理。基本功能模块主要负责整机基本功能的实现，根据 CAN 手柄信号判断驾驶人操作意图，控制对应的电机及液压阀组实现货叉举升、下降（或势能回收）、上倾、下倾、左移、右移、合拢和分离等基本功能，控制行走电机、变速器操纵阀组，实现整机正常行走。通信模块主要包含了各元器件的 CAN 通信、I/O

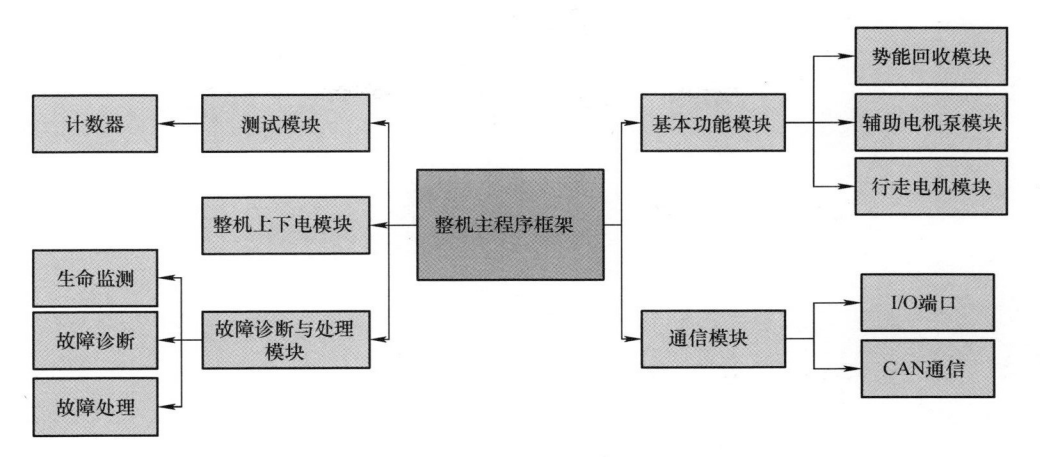

图 6.52　主程序框架设计

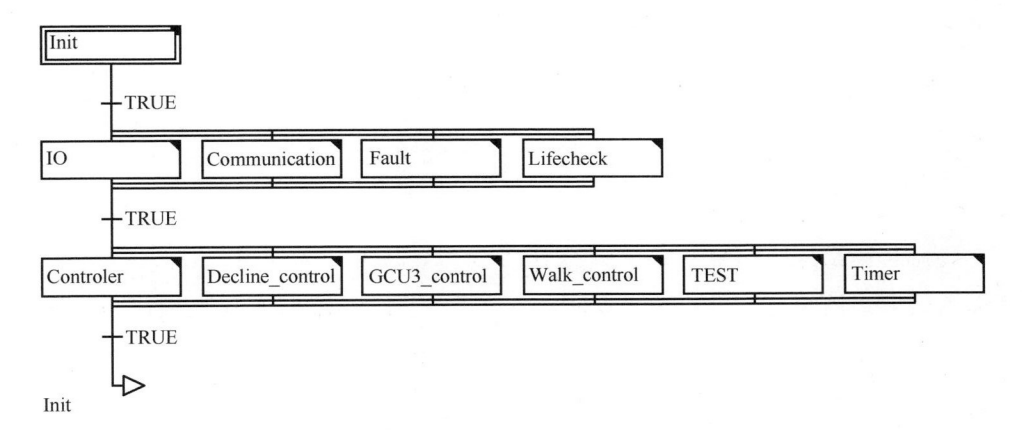

图 6.53　主程序实际框架

端口接收来自数据采集卡采集的压力传感器等模拟量信号和电磁阀的开关量信号，负责信号的传输与执行。

为了使主驱和辅驱控制功能划分明确，将辅驱程序单独控制。辅驱程序主要是四合一电源的控制，即 DC/DC 模块、变速泵模块和散热模块，辅驱程序框架设计及辅驱程序实际框架分别如图 6.54 和图 6.55 所示。出于保密原则，每个功能块具体程序不再详细展开。

（4）试验平台测控采集系统设计

1）测控平台设计。为了方便在试验时监测和控制整机运行状态信息，开展整机控制界面设计工作。整机控制界面主要包含驾驶室信号控制界面、液压系统控制界面和行走系统控制界面。

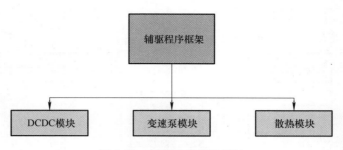

图 6.54　辅驱程序框架设计

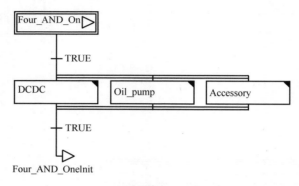

图 6.55　辅驱程序实际框架

驾驶室信号控制界面主要包含了钥匙开关、锂离子电池基本状态信息、整机上电状态及安全锁状态，即叉车工作前的基本状态，如图 6.56 所示。液压系统控制

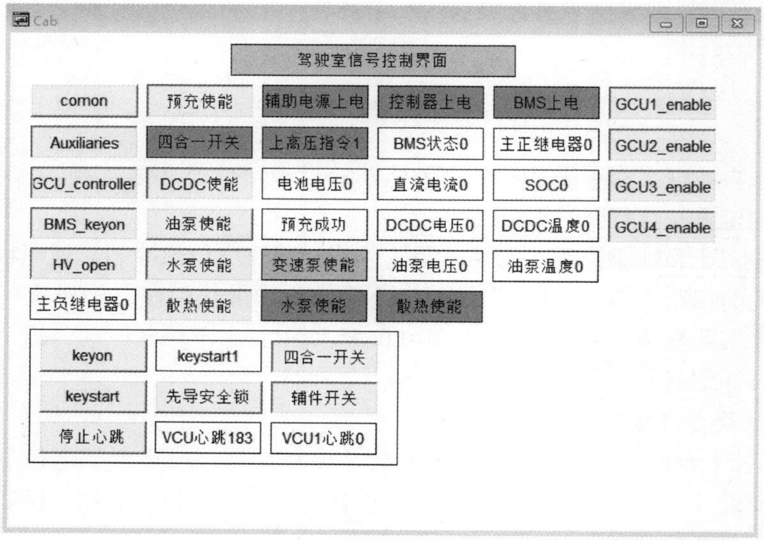

图 6.56　驾驶室信号控制界面（离线仿真模式）

界面主要包含了三大电机及电机控制器的基本工作状态信息、所有电磁阀的基本信息、压力传感器的压力值及当前货叉高度等参数，如图 6.57 所示。行走系统控制界面主要包含行走电机的基本状态信息、变速器挡位操纵阀基本情况、变速泵压力、整机行驶速度、制动压力和电子加速踏板信号等参数，如图 6.58 所示（图片为离线仿真模式下的状态，部分参数异常是因为尚未和整机通信，为正常情况）。

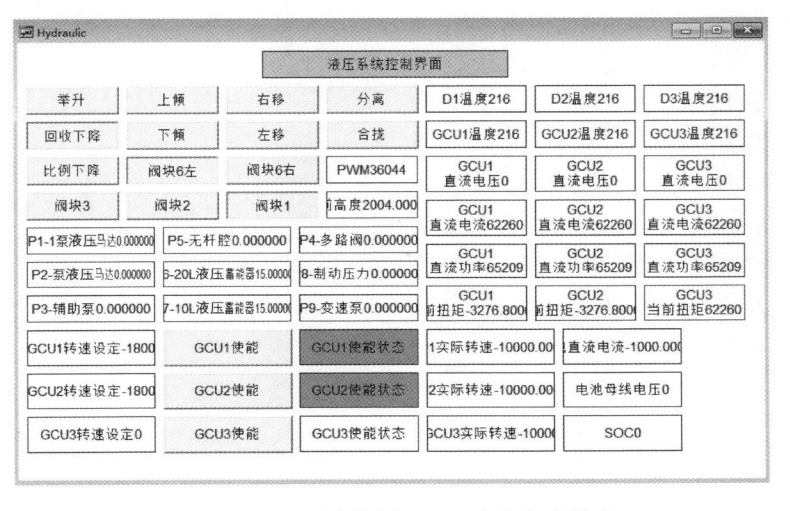

图 6.57　液压系统控制界面（离线仿真模式）

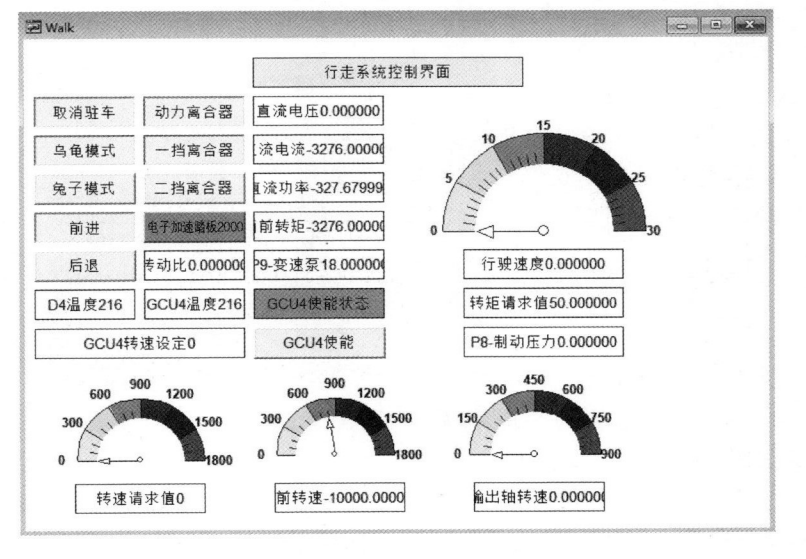

图 6.58　行走系统控制界面（离线仿真模式）

2）采集平台设计。在整机测试过程中，上位机以 PCAN 作为数据采集工具，如图 6.59 所示。PCAN-View 通过 PCAN 从 CAN 总线将采集报文以 txt 格式存储起来。图 6.60 所示的 PCAN-Explorer 是一款专用的 CAN 报文采集分析软件，根据报文协议编辑报文解析文件，可以将每一个变量的数据采集并显示，更有利于数据筛选，在数据处理中发挥着很大的作用，既方便看出曲线趋势，又方便数据处理，是一个非常方便的 CAN 报文采集和处理工具。

图 6.59　PCAN 实物图

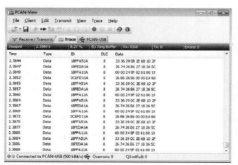

a) PCAN-View 采集界面

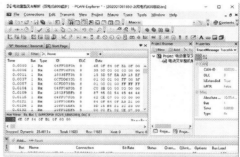

b) PCAN-Explorer 采集界面

图 6.60　数据采集界面

整机数据采集系统实物如图 6.61 所示，整机试验数据采集主要包含以下几个步骤：①将 PCAN 两端分别连接计算机与整机 CAN 总线通信口；②打开计算机端软件 PCAN-View，选择正确的 CAN 总线波特率，实现计算机端与整机的通信；③打开计算机端软件 PCAN-Explorer 并采集数据。

2. 试验工作模式研究

图 6.62 所示试验过程的 SOC 和无杆腔压力变化图，从图中可以看出，试验

图 6.61　数据采集系统实物图

前的 SOC 为 70.0%，无杆腔压力为 14.5 MPa 左右，由上述章节可知满足势能回收条件。因为电机实际转速为负数，为了使手柄信号与转速趋势一致，将手柄信号统一取反，实际控制信号与文字描述都取有效值，即为正值，后续不再重复解释。

图 6.63 所示为举升液压缸下降过程中电机转速与手柄信号的关系。整个测试

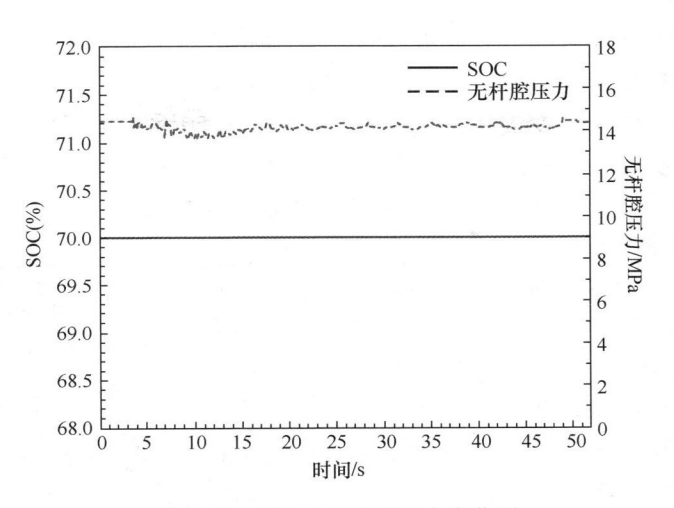

图 6.62　SOC 和无杆腔压力变化图

时间为 52s，整机控制器随手柄信号先增大后减小，系统按照势能回收控制策略分别经历停机、单电机模式、双电机模式、单电机模式、停机五个阶段。

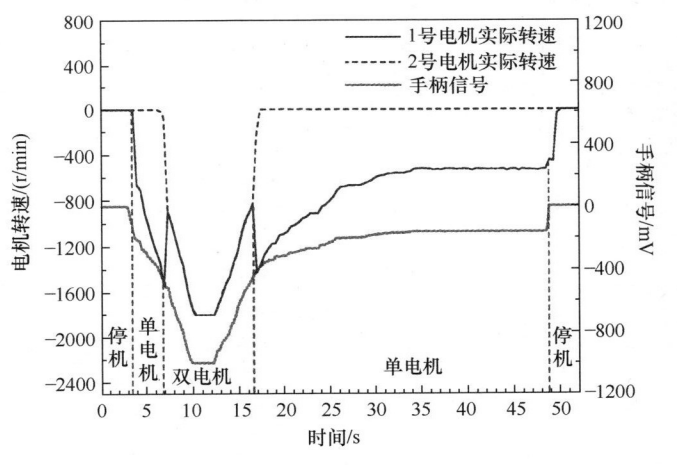

图 6.63　电机转速与手柄信号关系

　　在第 2.9s 处，手柄信号从 0mV 开始增加，系统处于停机状态；在第 3.3s 处，手柄信号增加至 100mV，1 号电机开始工作，系统进入单电机模式；随着手柄信号增大，在第 6.65s 处，手柄信号增大至 455mV，1 号电机转速接近 −1600r/min，系统进入双电机模式，2 号电机开始工作。由表 6.11 可知两个电机转速请求值相同，因此两条曲线基本重合在一起；待手柄到最大开度之后，手柄缓慢回中位，手柄信号逐渐减小，目标下降速度逐步减小。在第 16.5s 处，手柄信号减小至 455mV，2 号电机停止工作，电机转速随惯性降为 0，1 号电机转速迅速提升至目标转速，系统再次进入单电机模式；在第48.7s处，手柄信号小于100mV，系统进入停机状态，1号电机转速随惯性降为0r/min，举升液压缸不再下降。

由上述试验结果可知，所提出的双电机势能回收工作模式判别规则可行，整个过程包含停机模式、单电机控制模式和双电机模式，每种模式都能达到相应的控制目的。在系统调试成功后，接下来将从系统操控性能和系统回收效率展开研究。

3. 操控性能试验研究

双电机势能回收系统操控性能研究主要围绕速度阶跃响应及跟随性、模式切换特性和低速下降稳定性进行分析，整机操控性能试验现场如图6.64所示。

图6.64　整机操控性能试验现场照片

（1）速度响应及跟随性　图6.65所示为货叉下降速度与手柄信号变化曲线，手柄信号从最小开度逐步增加至最大开度，再逐步变为最小开度，货叉下降速度曲线与货叉理论下降速度曲线非常接近，与手柄信号趋势一致，整体跟随性好。但可以看出，与理论下降速度相比，实际下降速度存在一定的滞后，不过时间差较小，约370ms。这部分时间主要来自电机响应时间设置，通过调整电机响应时间可以提高系统响应。但电机响应速度并非越快越好，响应太快也会造成液压系统响应速度跟不上的问题。因此，该系统的动态响应相对良好，下降过程跟随性较好。

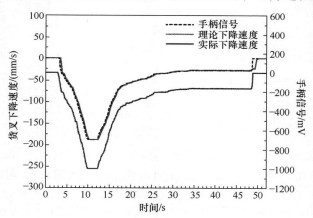

图6.65　货叉下降速度与手柄信号变化曲线

（2）模式切换特性　模式切换特性研究主要围绕两个切换点的转速跟随及压力波动。在第6.65s处，系统由单电机模式切换到双电机模式，由图6.66可知，无杆腔压力虽然出现5bar左右的波动，比仿真中的压力波动值1.75bar大，但对于高压系统影响相对可以接受。在实际操作中，对系统造成的振动不易感受，系统整体操作感良好。由图 6.67 可以看出，1 号电机实际转速、2 号电机实际转速与各自目标转速存在较小的偏差与滞后，但波动幅度均较小。

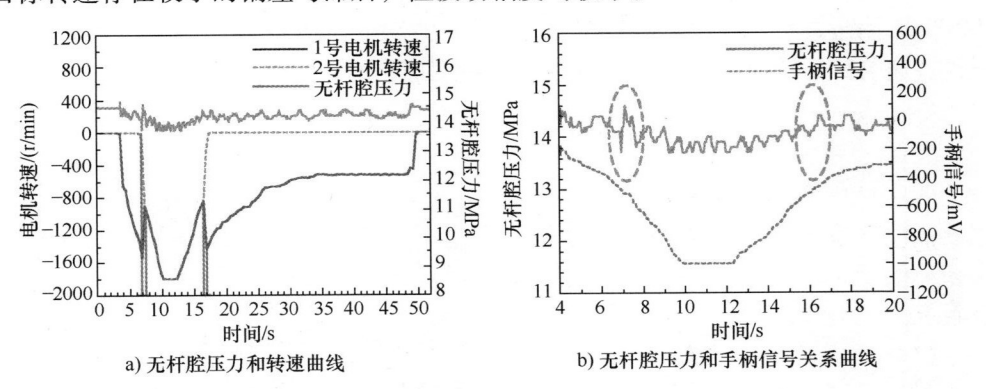

图 6.66　模式切换下无杆腔压力与电机转速变化曲线

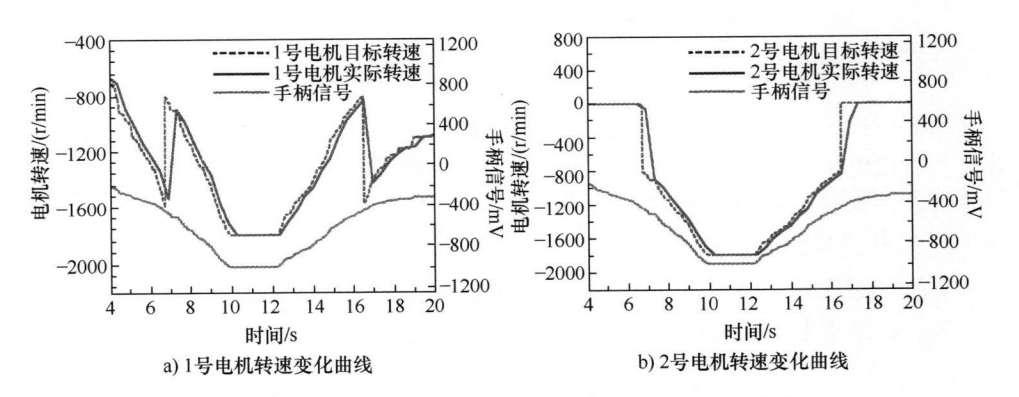

图 6.67　模式切换下电机实际转速与目标转速变化曲线

在第 16.5s 处，系统由双电机模式切换至单电机模式，压力波动为 2bar 左右，1 号电机实际转速略有波动但幅值较小，2 号电机此时进入停机状态，因此可以判断系统模式切换时的操控性能仍然具有较高保障。实际操作中，除了能够感受 1 号液压马达转速提高的声音，基本感受不到系统振动。从图 6.65 对应时间点同样可以看出，在货叉下降过程中，模式切换点对应的货叉下降速度并未发生明显变化。

综上所述，从单电机模式切换至双电机模式，液压马达转速和无杆腔压力存在一定小幅度波动，但对系统影响不明显，系统操控性能良好。从双电机模式切换至单电机模式，液压马达转速与无杆腔压力波动很小，基本感受不到振动，模式切换顺畅。由此可见，双电机势能回收系统的模式切换具有较好的顺畅度和稳定性。

（3）低速下降稳定性　系统最小的工作转速为 300r/min，但该转速所对应的手柄信号为 100mV，处于停机模式和单电机模式分界点，为了避免因操作抖动引起模式来回切换，因此取 400r/min 作为低速性能测试转速。由图 6.68 可知，无杆腔压力在从停机模式到单电机模式切换存在较小波动，一方面是开关阀引起的波动，另一方面是初始手柄信号较大引起目标转速较高导致的。待电机转速稳定在 400r/min 附近，无杆腔压力稳定在 13.9MPa，波动范围 0.1MPa，整体压力波动小。电机转速与目标转速 400r/min 非常接近，速度控制的稳定性较好。

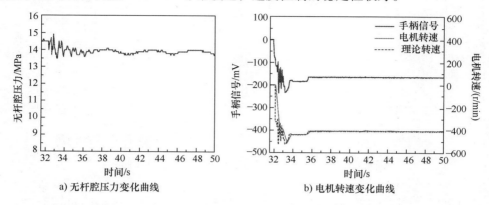

a) 无杆腔压力变化曲线　　　　b) 电机转速变化曲线

图 6.68　低速下降时无杆腔压力与电机转速变化曲线

综上所述，通过对货叉速度响应及跟随性、模式切换特性和低速稳定性的试验研究，发现电机转速和无杆腔压力的波动均在可接受范围内，表明双电机势能回收系统能保证良好的操控性能。

4. 能量回收效率研究

节能性能研究主要围绕势能回收效率来衡量，势能回收效率指门架系统带载下降一次，锂离子电池的充电电量与负载和门架重力势能的百分比，即

$$\eta_s = \frac{E_Q}{E_M} \times 100\% \tag{6-98}$$

式中，η_s 为系统势能回收效率；E_Q 为锂离子电池回收电量（J）；E_M 为门架系统及负载下降过程所释放出来的势能（J）。

锂离子电池充电电量为

$$E_Q = -\int_0^t U_b I_b \mathrm{d}t \tag{6-99}$$

式中，U_b 为锂离子电池母线电压（V）；I_b 为锂离子电池母线电流（A）（负值为发电状态）。

负载和门架的重力势能：

$$E_M = M_e g h \tag{6-100}$$

$$M_e = M_L + M_{hc} + M_{hj} + \frac{1}{2} M_{nj} + M_{hs} \tag{6-101}$$

式中，M_e 为负载、货叉、货叉架、内门架和活塞的有效质量（kg）；M_L 为负载质量（kg）；M_{hc} 为货叉质量（kg）；M_{hj} 为货架质量（kg）；M_{nj} 为内门架质量（kg）；

M_{hs} 为活塞有效质量（kg）；h 为负载下降有效高度（m）。

针对举升液压缸下降运动展开研究，通过试验分析负载质量和下降速度对系统势能回收效率的影响。

（1）不同负载质量对势能回收效率的影响　为了研究不同负载质量对势能回收效率的影响，采用单一变量原则，具体要求如下：试验前，将负载举升至同一高度，基于不同负载，采用统一速度下降至同一高度，采集锂离子电池母线电压和母线电流信号，通过计算锂离子电池充电电量和负载及门架下降过程所释放势能的比值，计算系统势能回收效率。由上述章节可知势能回收最小负载应大于 2t，因此主要开展 3t、5t、9t、16t 和 25t 负载下充电电流和势能回收效率研究，部分势能回收试验现场照片如图 6.69 所示。

a) 外负载为5t下势能回收试验

b) 外负载为16t下势能回收试验

c) 外负载为25t下势能回收试验

图 6.69　部分势能回收试验现场照片

锂离子电池的容量为 404Ah，额定电压在 540V 左右，负载下降一次可回收能量较小，所引起的电压上升趋势不明显，因此不详细阐述电压变化趋势。如图 6.70 所示，随着负载下降，发电电流并非为一稳态值，而是在一定范围内波动。负载为 3t、5t、9t、16t 和 25t 的发电电流约分别为 −7.0A、−9.2A、−14.9A、−25.7A 和

-38.3A，从发电过程可以看出，发电电流有效值与负载大小成正相关，即负载越大，充电速度越快。

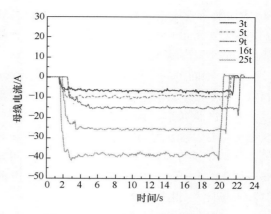

从表 6.14 可知，在相同高度、相同下降速度下，系统损耗能量也在不断增大。因为随着负载增大，液压马达入口压力、泄漏量增大，容积效率下降，因此系统损耗会有所增加。但系统损耗能量占势能变化量的比重逐渐减小，因此系统回收效率随着负载增大而增大。但由于系统存在各种阻尼消耗，故系统回收效率不会无限增大。

图 6.70　发电电流与负载关系曲线

表 6.14　不同负载下的回收效率

负载/t	势能变化量/kJ	势能回收能量/kJ	系统损耗能量/kJ	回收效率（%）
3	148.09	74.1	73.99	50.04
5	181.1	102.7	78.4	56.71
9	254.65	160.58	94.07	63.06
16	373.32	264.45	108.87	70.84
25	528.32	390.59	137.73	73.93

此外，由表 6.14 和图 6.71 可以看出，当负载为 25t 时，系统回收效率接近

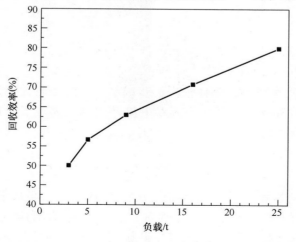

图 6.71　回收效率与负载关系曲线

74%；负载为 3t 时，系统回收效率为 50% 左右，这一数据也再次说明势能回收系统适合重载工况，小负载工况不是最佳回收工况。

（2）不同下降速度对势能回收效率的影响　为了研究不同下降速度对势能回收效率的影响，同样采用控制单一变量原则，具体要求如下：试验前，将 16t 负载举升至距离地面 2000mm 处，通过控制不同下降速度至距离地面 200mm 处，采集锂离子电池母线电压和母线电流信号，通过计算锂离子电池充电电量和负载及门架下降过程所释放势能的比值，计算系统势能回收效率见表 6.15。

表 6.15　不同下降速度的势能回收效率

n_1/（r/min）	n_2/（r/min）	下降速度/（mm/s）	势能变化量/kJ	势能回收能量/kJ	系统损耗能量/kJ	回收效率（%）
400	0	20.90	373.53	222.41	151.12	59.54
600	0	31.35	371.67	257.14	114.53	69.19
800	0	41.80	373.32	271.11	102.21	72.62
1000	0	52.25	368.39	272.01	96.38	73.84
1200	0	62.70	373.32	276.75	96.57	74.13
1400	0	73.15	376.82	280.27	96.55	74.38
1600	0	83.60	366.5	271.9	94.6	74.19
900	900	94.05	373.32	264.45	108.87	70.84
1000	1000	104.50	370.03	259.68	110.35	70.18
1200	1200	125.40	381.96	264.27	117.69	69.19
1400	1400	146.30	371.68	249.49	122.19	67.12
1600	1600	167.20	380.32	243.74	136.58	64.09
1800	1800	188.10	381.97	230.84	151.13	60.43

由表 6.15 和图 6.72 可知，当货叉下降速度小于 83.6mm/s 时，系统处于单电机势能回收模式，随着下降速度增大，电机转速增大，电机效率增大，同时液压马达容积效率减小，整体损失逐步减小，系统回收效率逐步增加，回收效率最大可达 74.38%。当系统进入双电机模式时，随着下降速度增大，两台电机转速也相应增大，电机效率增大，但液压马达容积效率逐步减小且有两套液压马达发电机，故总体损失不断增大，势能回收效率开始逐步减小，但整体回收效率维持在 60% 以上。

综上所述，当由停机切换至单电机模式时，在同一负载下，系统势能回收效率随着下降速度的增大而增大；当由单电机模式切换至双电机模式时，在同一负载下，随着下降速度增大，系统损失不断增大，系统势能回收效率逐步降低。

5. 模式切换点优化研究

控制策略中模式切换点为某一负载下确定的，为研究不同负载是否存在效率更

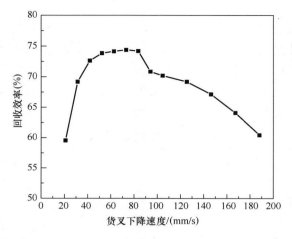

图 6.72　货叉下降速度与回收效率关系曲线

高的切换点，随着系统完成模式切换进入双电机模式，系统将以下降速度为主要指标，且双电机也逐步进入较为高效区，因此模式切换后也依旧保持原有控制策略。同时也明确了试验目标，即在低、中速下放阶段开展试验测试，研究不同负载下回收效率最优的切换点，以此来优化控制策略。

　　在相同负载、相同高度和相同的目标下放速度下，通过与不同的电机转速进行组合，来对单电机和双电机的回收效率进行对比测试。因为电机设置最高转速为额定转速，因此测试双电机转速都为 −900 ~ −400r/min 下的势能回收效率，并分别对比单电机 −1800 ~ −800r/min 的势能回收效率，以此来选择效率更高的模式切换点，进而优化现有的控制策略。单电机控制的势能回收效率和双电机控制的势能回收效率见表 6.16 和表 6.17。

表 6.16　单电机控制的势能回收效率　　　　　　　（%）

n_1/(r/min)	n_2/(r/min)	3t	5t	9t	16t	25t
−400	0	11.48	39.7	50.99	59.54	63.77
−600	0	43.8	53.24	60.97	69.19	71.76
−800	0	46.78	57.83	67.43	72.62	75.99
−1000	0	48.35	59.4	67.22	73.84	78.74
−1200	0	48.82	59.5	69.07	74.13	80.18
−1400	0	47.89	58.46	68.78	74.38	80
−1600	0	44.73	55.71	67.65	74.19	79.78
−1800	0	40.95	53.17	65.7	72.4	78.9

表 6.17　双电机控制的势能回收效率　　　　　　　　　（%）

$n_1/(\text{r/min})$	$n_2/(\text{r/min})$	3t	5t	9t	16t	25t
-400	-400	44.72	51.49	56.48	62.31	68.14
-500	-500	49.8	55.46	60.64	66.59	70.56
-600	-600	51.69	57.99	63.33	69.09	70.56
-700	-700	51.74	58.93	63.61	70.81	72.2
-800	-800	51.62	58.79	63.92	70.81	73.39
-900	-900	50.04	56.74	63.06	70.84	79.93

对比表 6.16 和表 6.17 的数据，可见在目标转速有效值之和不超过 1800r/min 时，单电机的工作系统效率并非最优。具体而言，在 3t 负载，且目标转速和为 -1800r/min 时，相比单电机工作系统 40.95% 的回收效率，双电机工作系统展现出了更高的回收效率（50.04%）。这一现象表明，对于负载小于 9t 的情况，适时提前进行工作模式切换，能有效提升系统的整体回收率。

从现有数据可以看出，单电机模式切换至双电机模式时 1 号液压马达的转速可归纳如下：3t、5t、9t、16t 和 25t 所对应 1 号液压马达转速的有效值大约分别为 1000r/min、1400r/min、1800r/min、1800r/min 和 1600r/min 见表 6.18。

表 6.18　不同负载下的模式切换点转速

负载质量/t	切换点转速/(r/min)
3	1000
5	1400
9	1800
16	1800
25	1600

由于每次举升负载的不确定性，对应模式切换点转速也不一致。因此对于未知负载下所对应模式切换点的转速需要进行推算。考虑整机实际控制方式不易过于复杂，在此采用简单的线性关系进行推算。由以上数据可推算出切换点转速 n_{1s} 与负载质量 M_L 的关系如下：

$$n_{1s} = \begin{cases} 200(M_L - 3) + 1000, & M_L \in [3t, 5t] \\ 100(M_L - 5) + 1400, & M_L \in (5t, 9t] \\ 1800, & M_L \in (9t, 16t] \\ -\dfrac{200}{9}(M_L - 16) + 1800, & M_L \in (16t, 25t] \end{cases} \tag{6-102}$$

由式（6-38）可得出手柄信号大小 Y_{pB} 关于切换点转速的关系：

$$Y_{pB} = \frac{200 + 3n_{1s}}{11} \tag{6-103}$$

结合式（6-102）与式（6-103），可得出模式切换点所对应的手柄信号大小与负载质量的关系如下：

$$Y_{pB} = \begin{cases} \dfrac{600(M_L - 3) + 3200}{11}, M_L \in [3t, 5t] \\[3mm] \dfrac{300(M_L - 5) + 4400}{11}, M_L \in (5t, 9t] \\[3mm] 509.1, M_L \in (9t, 16t] \\[3mm] \dfrac{-200(M_L - 16) + 16800}{33}, M_L \in (16t, 25t] \end{cases} \tag{6-104}$$

综上所述，由式（6-102）和式（6-104）即可根据外负载计算出模式切换点所对应的手柄信号大小和 1 号液压马达转速。因此，可根据不同负载，计算出势能回收效率更高的模式切换点，从而完成对势能回收控制策略的优化。

此外，综合分析势能回收试验数据可发现，随着负载和液压缸下降速度的变化，势能回收效率在 11.48% ~ 80.18% 变化，绝大多数情况下回收效率可达 45% 以上。根据实际工况可知，叉车基本工作在半载与满载之间，系统回收效率基本保持在 60% ~ 80%，平均功率可达 65% 以上。

6. 节能估算

重力势能回收能量为

$$E = \frac{M_L g h_A N_t \eta_e}{3.6 \times 10^6} \tag{6-105}$$

式中，M_L 为负载质量（kg）；h_A 为举升高度（m）；N_t 为 8h 回收次数；η_e 为系统平均回收效率。

通过以上试验分析，系统回收效率在 11.48% ~ 80.18% 之间，选取平均回收效率为 65%；电动叉车正常一个工作循环时间为 120s 左右，举升系统上下运动各两次，一天工作 8h 共回收 480 次；上升高度取最大高度的一半，即 1.75m；负载质量一般为半载（12.5t）或者满载（25t）。代入数据可知，工作一天半载可回收 10.83kW·h 能量，满载可回收 21.67kW·h 能量，续驶时间分别可增加 0.5h 和 1h 左右。

第7章 电动叉车发展趋势

7.1 系统构型

传统电动叉车采用铅酸蓄电池或锂离子电池供电，充电时间较长，且一般采用集中式电液驱动系统驱动行走、举升和倾斜系统等进行作业，存在耦合能量损失。为进一步提高电动叉车的能量利用率，在系统构型上主要有分布式全电动叉车和氢燃料电池叉车等。

7.1.1 分布式全电动叉车

当前叉车电动化仍处于起步阶段，一般直接采用电机驱动原有的液压系统。但现有的叉车液压系统特性主要与发动机特性相匹配，并没有结合电机的特性进行专门匹配。与动态响应较慢（几百毫秒）的发动机相比，电机具有更好的转矩和转速控制特性、更快的动态响应（几毫秒到几十毫秒）和灵活的四象限控制等特性。传统的液压系统直接应用在电动工程机械的主要技术瓶颈为叉车一般采用单泵多执行器的集中式供油系统，举升、倾斜和转向系统的压力流量相互耦合，导致系统的能耗较高并影响操控性。尽管国内外针对液压系统节能技术开展了大量研究，但受限于原系统本身的流量压力匹配特性，其节能效果十分有限，发展已进入瓶颈，若要进一步节能，唯有打破原有系统的驱动构型，重新探索系统架构。叉车电动化并采用高能量密度电机，为叉车新构想的研究提供了新思路，使多执行器的分布式独立驱动控制成为可能。

一种基于伺服电动缸与电动/发电-液压泵/马达的分布式全电动叉车系统如图7.1所示，其包括电池供电系统、液压升降系统、电动缸倾斜系统、电动缸转向系统、行走系统。系统将对功率输出需求较小的倾斜液压缸与转向液压缸变更为独立的且效率更高的集成式伺服电动缸，保留在频繁动作且大功率输出工况下可靠性更高的升降液压缸，并采用液压泵/马达和电动/发电机进行驱动，从而实现升降、倾斜、转向的解耦。同时以高能量密度动力电池为动力源，行走则依靠电动/发电机进行驱动。通过分布式驱动系统能够有效减少升降、倾斜、转向三者之间的系统耦合引起的能量损失，同时也降低了整车布置的难度，优化了整车内部空间利用，并且在保证功能与安全的基础上实现了对电动叉车势能及动能的回收再利用。这种分布式驱动系统大大增强了势能回收单元在实际工况中的有效性，延长了单班续驶时长，提高了工作效率，满足了未来绿色节能高效的发展要求。

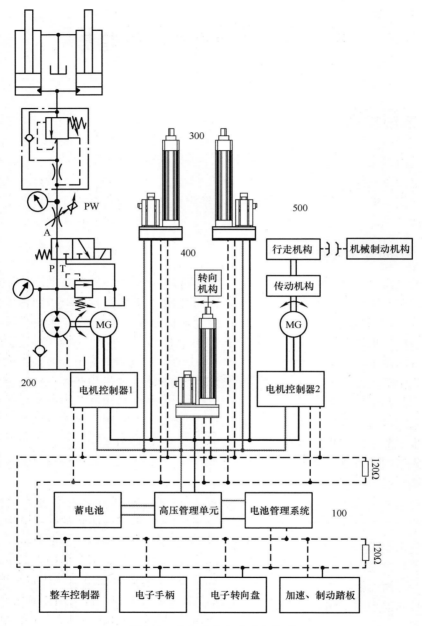

图 7.1 分布式全电动叉车构型

分布式构型较之传统电动叉车存在以下优势：

1）通过将原本效率较低、耦合能耗高的倾斜液压缸与转向液压缸替换为效率更高、寿命更长、可靠性更高、安装更方便且速度更加精确平稳的伺服电动缸以实现对原本的液压系统进行解耦。

2）保留了传统的升降液压缸，保证了在长时间、高负荷工作状态下升降系统的可靠性，并在此基础上对叉车的势能展开回收，且基于解耦实现复合动作下的能量回收，无须新增元器件，也无须更大的安装空间。

3）采用了分布式的驱动系统，减少了传统叉车由于驱动系统耦合带来的耦合能量损失，与此同时还减小了液压系统管路布置的难度，对空间的利用变得更加灵活，这对小吨位、空间紧凑型叉车尤其关键。

4）实现了对叉车动能的回收，大大延长了叉车的单班续驶时长，工作效率更高。

7.1.2　氢燃料电池叉车

铅酸蓄电池作为传统电动叉车的电源，由于其污染问题，近几年逐步被锂离子电池所取代，同时，锂离子电池系统的充电时间由铅酸蓄电池的 6～8h 大幅缩短至 2～3h，大大提升了工作效率；但对于大型仓储物流而言，叉车的工作量往往为"三班倒"制的 24h 工作时间，2～3h 的充电时间也是一个不短的时间，而燃料电池零排放、加氢快、输出功率恒定等特点同时弥补了内燃机叉车和电动叉车的短板，同时，叉车所需最大输出功率仅是乘用车的十分之一，对电池的技术水平没有过高要求，因此燃料电池叉车的造价将低于乘用车和其他商用车辆，除此之外，与其他车用场合相比，电动叉车通常仅在小范围内作业，工作场地范围固定且具备一定的数量规模，因此加氢站可集中建设，方便管理。

表 7.1 所示为铅酸蓄电池叉车、锂离子电池叉车及燃料电池叉车的对比，在满足同等工作时间的前提下，从表中可以明显看出，将燃料电池应用于叉车，在零排放、低噪声、免维护的同时，充气时间仅需要 1.5～3min，通过 1.5～3min 的气体补充即可完成锂离子电池叉车同样时间的工作量，同时还可以保持输出功率的恒定。

表 7.1　铅酸蓄电池叉车、锂离子电池叉车及燃料电池叉车的对比

项目	铅酸蓄电池叉车	锂离子电池叉车	燃料电池叉车
能量补充时间	充电：6～8h	充电：2～3h	充气：1.5～3min
排放	酸雾	无排放	无排放
维护	需定期维护	免维护	免维护
叉车配套电池数	2～3 个	1～2 个	1 个
功率输出能力	随着电量的不足而下降	随着电量的不足而下降	保持不变

根据表 7.2 从寿命周期内的能量利用、使用寿命、维护费用、空间成本、燃料成本等全方位的成本对比可以看出，燃料电池叉车的经济性也优于锂离子电池叉车。

表 7.2　燃料电池叉车和蓄电池叉车经济性对比

项目	燃料电池叉车	蓄电池叉车
维护费用	1250～1500 美元/年	2000 美元/年
燃料/电力成本	6000 美元/年	1300 美元/年
加注燃料/充电劳动力成本	1100 美元/年	8750 美元/年
资本成本的净价值	12600 美元	14000 美元
成本的净价值（包括燃料）	52000 美元	128000 美元

7.2　关键零部件

7.2.1　新型电机

在追求"碳中和"的今天，人们越来越重视节能减排，环保观念深入人心。电动/发电机—液压泵/马达系统作为一种新型电液复合驱动与再生系统，具有较高的节能前景，对发展智能化、绿色、低碳、低噪声运行装备极具研究前景和应用价值。随着该领域研究的不断深入，将会取得更多的技术突破。

（1）驱动电机研究　电机驱动回转系统的节能性研究表明，根据系统运行工况设计宽高效区的驱动电机，对进一步降低运动能耗具有积极的意义。此外电机在低速区尤其是零速附近的转矩控制和速度控制研究，对系统操作性的提高有很大帮助。

（2）性价比　国内外研究机构已经验证了电动/发电机—液压泵/马达系统在挖掘机和叉车上应用的可行性，实现了部分能量的回收和再利用，取得了一定的节能效果。还应继续研究提高系统的节能效果，降低成本，达到在工程机械不同工况下的平稳性及操作的顺畅感。

（3）复合工况　目前研究多集中在单动作工况，未考虑工程机械的复合作业情况，在工程机械实际作业时，均为多执行器复合动作，动作多样、工况复杂，在不同工况下的运行特性和能耗特性尚未展开研究。因此，在后续研究中需要对工程机械各执行器复合运动时系统的运行及能耗特性进行研究。

（4）能量效率　液压泵/马达的能量转换效率较低是节能研究的主要限制因素之一。如何减少各元件进行能量转换过程中的能量损失，提高能量传递效率是将来工作中重要的考虑因素。

7.2.2　直线型液电能量转化单元 EHA

电动静液作动器（Electro-Hydrostatic Actuator，EHA）是一种新型伺服作动器，由于其集成度高、功重比大、可靠性高、效率高、安装维护性好等优点，可以替代传统集中油源阀控液压作动系统，现在被广泛应用于飞机、舰艇、机器人等移动平台的重载场合。

目前，EHA 多采用闭式泵控系统控制液压缸或液压马达。其工作原理是通过定转速/变转速电机调速，直接驱动定量/变量泵，控制泵的转速和转向，从而控制液压泵输出的压力和流量，最终达到控制作动器位移输出的目的。目前在飞机上（见图 7.2），EHA 以容积调速的方式来完成对作动器的控制。EHA 通过电子控制器和驱动电路控制永磁无刷直流电机旋转，电机的主轴和柱塞泵的主轴通过调速机构连在一起，柱塞泵的传动轴转动时，泵中的柱塞在弹簧的作用下伸出和收缩，完成柱塞泵的吸油和出油动作，液压油进入液压管路后在作动筒部位将液压能转换为机械能，以容积调速的方式完成对功率输出装置的位置控制。为完成作动筒的伸出和收缩运动，要求柱塞泵双向都可以旋转，此功能要靠电机的正反转来完成。电机采用 PWM 调速方式来调节主轴转速，一般采用排量一定的定量泵，这样可以通过功率驱动电路来控制电机的主轴转速，继而控制液压管路中液压油的输送量，最后完成对作动筒运动速度的控制。

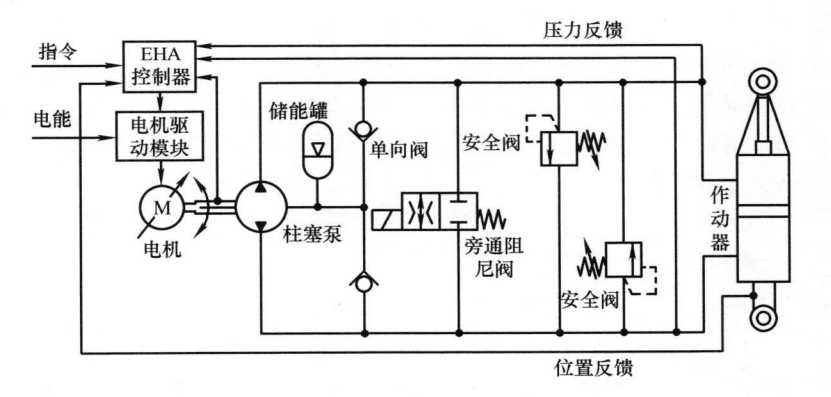

图 7.2　飞机用 EHA 原理图

EHA 结构分为机械、电子电路和液压元件三个部分。机械部分包括无刷直流电机、作动筒等；电子电路部分包括数字控制器、功率驱动电路等；液压元件部分包括双向定量柱塞泵、单向阀、过滤器、安全阀、储能罐、液压管路和液压油等。

1. EHA 工作原理

目前 EHA 有三种典型的工作原理：

（1）变转速定排量工作原理　变速电机 + 定量泵：变转速定排量的 EHA（见图 7.3）通常是由转速可调的伺服电机、定排量的泵、液压缸及液压辅件等构成，通过调节伺服电机的转速从而达到调节系统流量的目的，实现系统位移、速度的调节。这种 EHA 配置方案由于其具有结构简单、效率高的特点，在目前的容积控制液压系统中使用最为广泛。但是由于定排量变转速的 EHA 最大频率宽度较低，故不适用于高频响的应用场合，如军事、重型机械等用途。
另一方面，定排量变转速 EHA 的电机在输出恒定的情况
下仍然会消耗能量，从而会导致系统的刚度较低。

（2）定转速变排量工作原理 恒速电机＋变量泵：
由转速恒定的电机、变量泵、液压缸及液压辅件等组成
（见图 7.4）。驱动电动机为变量泵提供恒定转速，由伺
服阀和变量液压缸组成的变量机构用来改变液压泵的斜
盘倾角，实现排量调节，最终使系统流量满足负载的要

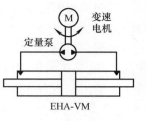

图 7.3 变转速定
排量工作 EHA

求。相比于变转速定排量工作的 EHA 结构，变排量定转速 EHA 更适合用于大功率
场合，其系统性能高且响应速度更快。但采用这种方式，即使在空载或小负载运行
时，电机依然会保持很高的转速，造成大量能量浪费，故效率不高，此外变排量机
构相对复杂，还会带来额外的可靠性隐患。

（3）变转速变排量工作原理 变速电机＋变量泵：由转速可调节的伺服电机
及变量泵等构成（见图 7.5）。在变排量变转速模式下，泵的排量和电机的转速可
以同时调节，因此，它可以结合其他两种 EHA 的优点。同时，由于该系统的控制
自由度比其他两种系统多了一个自由度，故可以通过双变量控制实现系统动态响应
和能量损失的优化，可以改变电机转速比及变量液压泵的排量控制 EHA 的流量，
以达到控制系统位移、速度及力输出的目的。这种方案可以提高系统的性能，但控
制难度大且结构较为复杂。

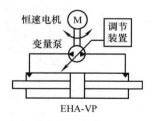

图 7.4 定转速变排量工作 EHA

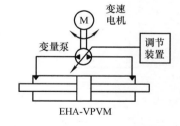

图 7.5 变转速变排量工作 EHA

2. EHA 的分类

闭式泵控系统因为末端执行机构的结构形式不同，分为闭式泵控对称缸系统和
闭式泵控非对称缸系统两大类。其中闭式泵控对称缸系统由于液压缸的两工作容腔
的作用面积相同，有效避免了流量不对称问题。目前，无论是国内还是国外，对于
这种对称缸的建模理论已经相对成熟。这种系统因其精确性，已成为高精度应用场
合的首选执行机构，特别是在航天领域，被广泛应用在作动器上。对于非对称液压
缸，由于两腔的作用面积不同，在两个运动方向上，需要解决有杆腔和无杆腔的流
量不平衡问题。但是由于其在节能和结构紧凑方面的独特优势，闭式泵控系统的控
制方法和建模方式现在越来越受到国内外研究学者的关注。

　　闭式泵控对称缸系统和闭式泵控非对称缸系统的唯一区别在于液压缸的两个工作容腔的作用面积是否相同，是否需要考虑流量补偿问题。下面以典型泵控非对称缸系统组成为例进行介绍，如图 7.6 所示。

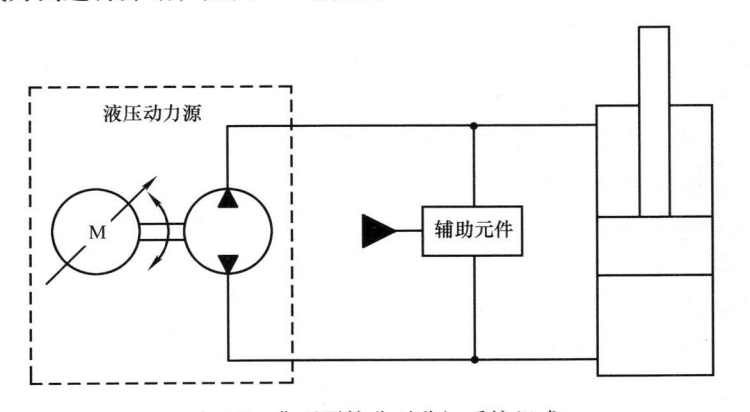

图 7.6　典型泵控非对称缸系统组成

　　（1）非对称缸　具有安装空间小、输出力大的优点，液压线性执行器中超过 80% 采用的是非对称缸。但由于差动缸两腔有效面积的差异会导致进出口流量不相等的问题，而一般液压泵的进出口流量要求相同，所以一直以来泵控非对称缸系统研究中的首要问题始终是平衡不对称流量。

　　（2）辅助元件　包括平衡流量元件和安全阀等，平衡流量元件有多种类型，如液压变压器、液控单向阀、梭阀等。安全阀限制了系统的最高压力，一般为溢流阀。根据性能需要还可以添加辅助元件，如液压锁、平衡阀等。

　　（3）液压油源　补充或吸收差动缸进出口的差异流量、泄漏流量等。形式有闭式带压力油箱或液压蓄能器，或由补油泵、溢流阀、液压蓄能器、过滤器等组成的小型供油系统，当液压泵为变量泵时将同时作为驱动变排量装置的油源。

　　（4）液压动力源　由原动机（内燃机、电动机等）和液压泵（定量泵或变量泵等）组成，为系统提供压力油。

　　泵控非对称缸系统可以从回路类型、平衡流量方式和液压动力源类型三个层面进行分类。

　　（1）回路类型　根据执行器出口与液压泵进口的连接情况，回路类型分为开式回路和闭式回路。开式回路液压泵进口与执行器出口都与油箱连通，闭式回路液压泵进口直接与执行器出口相连。闭式回路至少需要一个能够四象限工作的泵，可以方便地回收能量。

　　（2）平衡流量方式　平衡差动缸进出口的不对称流量有多种方法，大致分为三种：一是采用多泵，使用双泵直接为差动缸的两腔提供所需流量，多为一个原动机驱动双联泵或两个原动机分别驱动两个泵的形式，两个泵的排量或转速之比等于差动缸两腔有效面积比，具有多种不同的回路连接形式，这种方式既起到平衡流量的作用，又起到提供液压动力源的作用；二是采用辅助阀，辅助阀根据差动缸两腔压力信号控制油源与差动缸两腔的通断，吸收或补充多余流量，这种方法多用于闭式单泵系统；三是通过改变泵的配流结构，这种特殊类型的泵称为非对称泵或三端口泵，三个进出口流量与缸两腔有效面积比有关，必须专门加工制造，应用和研究较少，但此种方式极大地简化了回路，具有良好的发展前景。

（3）液压动力源类型　根据改变输出流量的方式不同，可以分为定转速变排量、变转速定排量和变转速变排量三种组合形式。

3. EHA 的四象限工况

图 7.7 所示为变转速定排量单泵控非对称缸系统原理图，系统采用电机驱动双向定量泵/马达，双向定量泵/马达的 2 个油口直接与非对称缸的两腔相连，通过改变电机的转速与方向来实现对非对称缸速度和方向的控制。由于非对称缸有杆腔和无杆腔面积不同会造成流量不对称，为平衡此不对称流量及液压泵和液压马达的泄漏，增加了流量补偿单元和大流量液控单向阀。

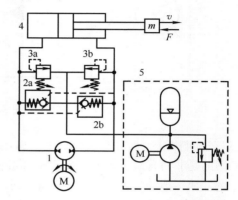

图 7.7　变转速定排量单泵控非对称缸系统原理图
1—双向定量泵/马达　2a、2b—液控单向阀
3a、3b—溢流阀　4—非对称缸　5—流量补偿单元

如图 7.8 所示，将液压缸伸出的运动方向作为正方向，将阻碍液压缸伸出的力方向作为正方向，根据系统做功或者能量回收可以将系统工作分为 4 个工况，即四象限：

（1）第一象限　液压缸伸出，力的方向与液压缸伸出方向相反，液压缸无杆腔为高压腔，液控单向阀 2b 打开，由于无杆腔面积比有杆腔面积大，所需流量多，所以流量补偿单元通过 2b 向有杆腔回路补油来平衡此不对称流量。

（2）第二象限　负载力方向与液压缸伸出方向相同，液压缸有杆腔为高压腔，液控单向阀 2a 打开，流量补偿单元通过 2a 向无杆腔补油，并且在负载力的作用下定量泵/马达带动电机转动，电机处于发电状态。

（3）第三象限　液压缸缩回，负载力的方向与液压缸缩回方向相反，液压缸有杆腔为高压腔，液控单向阀 2a 打开，由于无杆腔与有杆腔面积差导致无杆腔排出流量较多，故会通过 2a 向流量补偿单元排油。

（4）第四象限　负载力方向与液压缸缩回方向相同，无杆腔为高压腔，液控单向阀 2b 打开，无杆腔多余流量通过液控单向阀 2b 流进补油单元，且在负载力的作用下定量泵/马达带动电机转动，电机处于发电状态。

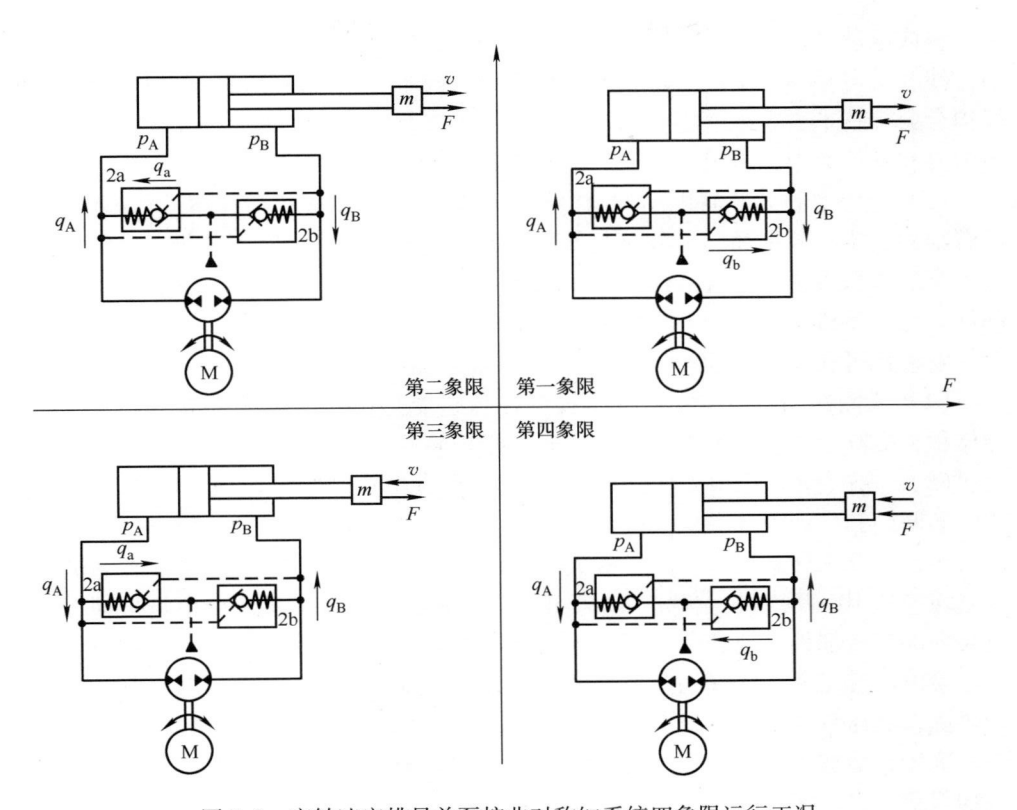

图 7.8　变转速定排量单泵控非对称缸系统四象限运行工况

4. EHA 的关键技术

国外从 20 世纪 60 年代就开始了 EHA 相关研究，主要包括：美国的 Moog 公司、Parker 公司、Lookheed Martin 公司、TRW 公司、MPC 公司、美国空军研究实验室等；欧洲的 Goodrich 公司、Liebherr 公司、Lucas 公司、Smith 公司，德国汉堡-哈尔堡工业大学，法国国立图卢兹应用科学学院，英国谢菲尔德大学，瑞典林雪平大学，瑞典皇家理工学院（KTH）等，以及加拿大、日本等国家的研究机构。其中 Moog 、Parker、Goodrich 和 Liebherr 等公司已形成 EHA 和 EMA 作动器系列产品。同时 Moog 公司为联合攻击战斗机 F35 提供了起落架用 EMA，Parker 公司提供了主飞控舵面所有的 EHA，包括襟副翼、水平尾舵和方向舵等。与采用传统集中液压能源功率管传的方案相比，使电液作动器装置的 F35 飞机的飞控系统整体减重达 40%，减轻大约 320 kg，项目的寿命期成本可降低 2%~3%，表现出了非常优良的减负增载特性。国内对于 EHA 的研究起步较晚，对于电液作动技术的研究以科研单位和高校为主，中国航天科技集团有限公司第一研究院第十八研究所、北京航空航天大学、浙江大学、哈尔滨工业大学等在理论研究、试验样机方向取得了很多成果，但目前仍存在许多需要解决的问题和需要攻破的关键技术。

集成电动静液作动系统是一种必须按照安装位置进行非标设计的集成一体化产品，涉及机电一体化集成设计技术、加工制造技术、软件编程技术、流场温度场磁场耦合分析技术、电磁兼容技术、试验技术等多行业技术，如果想要设计出满足控制需要和硬件要求的电液作动器，需要攻破多项关键技术。

（1）电液泵技术　将电动机与液压泵共转子、共支撑和共壳体进行高度集成，具有结构紧凑、效率高、无外泄和低噪声的优点，能够大大降低同等功率的电动机液压泵的体积重量，符合液压传动发展趋势，将其作为局部液压能源和 EHA 核心部件，对于飞机液压系统的多电化具有革命性发展，具有巨大的应用前景和研究价值。电液泵可有多种可能的集成型式、集成结构和变量方式。

（2）检测作动集成技术　液压缸位移传感器与作动杆集成可以有效减小传感器体积，提高检测传感的可靠性，且安装维护简便，具有很多优势。

（3）热平衡解决技术　因为高度集成、没有中央油箱等原因，EHA 的散热问题成了制约其广泛应用的主要问题。EHA 密闭狭小的腔体内，柱塞泵与电机重量、尺寸小，但要求转速极高、功率极大，一般所采用的 270V 高压无刷直流电机要求输出转速达 10000r/min，额定功率要求 10kW 以上。在如此高速的电机带动下，柱塞泵内部旋转部件高速转动，各柱塞副摩擦加剧，同时 EHA 内压强高达 20MPa 以上，泵内旋转组件产生搅动损失，油液泄漏产生泄漏生热，综上 EHA 内部存在多个热源，液压系统解决热量堆积的普遍方法是添加油箱或散热冷却装置。但在飞机上，这势必增加飞机重量与体积，所以热量堆积成为目前制约 EHA 发展、应用的关键因素。

（4）液控单向阀技术　非对称缸具有安装空间小、输出力大的优点，液压线性执行器中 80% 以上采用的是差动缸。但由于差动缸两腔有效面积的差异，会造成进出口流量不相等，而一般液压泵的进出口流量要求相同，因此自从对泵控差动缸系统研究以来，平衡不对称流量始终是首要问题。而目前解决非对称缸流量补偿问题最有效的装置即是在液压系统中使用液控单向阀装置，让液压蓄能器通过液控单向阀与回路压力控制始终与低压侧保持连通状态，以完成储油补油过程。这使液控单向阀成为研究非对称缸电液作动器绕不开的门槛。

5. EHA 的优缺点

EHA 是一种新型的电液传动系统，不同于传统的阀控液压系统，EHA 舍弃了庞大繁杂的中央油源系统，去掉了复杂的管路和机械结构，采用容积控制技术，使电机直接控制泵的转动从而控制流量来实现对执行机构的控制。因此 EHA 系统具有体积极小（电动静液作动器体积小，可以在有限的空间内随控布局），效率高（电动静液作动器功率密度大，是机电作动器的 10 ~ 30 倍，节约能源），集成度高（电动静液作动器的电机和泵可以做成一体，泵的泄漏油液可直接对电机润滑、冷却，相比 EMA 能更好地解决系统发热问题），功率密度大，噪声低，易于维护等优点。

但 EHA 因为体积小向高压和高速方向发展中，伴随而来的是 EHA 的散热问题。电机发热、摩擦副摩擦生热、柱塞泵内高速搅拌生热、容积损失等使 EHA 内部能量损失增大。在 EHA 工作过程中，存在能量的传递和转换，会不可避免地产生功率损失，而功率损失往往会以热量的形式表现出来。在 EHA 整体结构中，不存在大型的液压油箱，液压系统结构简单，液压油循环回路短，散热面积小，导致发热后传递到液压油中的热量很难通过液压油和液压管路散发出去。又因为 EHA 的体积小，使系统产生的热量通过 EHA 外壳只能散发出去一部分，剩余部分会存留在 EHA 非常小的密闭空腔内，可能造成 EHA 整体和液压油温度上升。内部温度过高，EHA 可能会失去原有的功能，严重时可能导致失效产生安全问题，这是制约 EHA 发展与应用的重要因素。

7.2.3　电液复合缸

电液复合驱动缸是一种新型机电液一体化的驱动装置，它将液压驱动的高功率密度特性与电机驱动的高精度运动控制特性相结合，突破了传统驱动装置的局限性，解决了控制精度和输出功率不可同时兼顾的矛盾，改善了系统的能效利用。

1. 工作原理

图 7.9 所示为电液复合驱动缸工作原理图。电液复合驱动缸系统主要由动力单元、传动单元及执行单元三大部分组成。动力单元包含伺服电机 1 及液压驱动单元 5，其中液压驱动单元 5 包含电磁换向阀、溢流阀、油箱、液压泵和电机。当电液复合驱动缸系统工作时，伺服电机 1 通过传动装置 2 将转速与转矩转化为直线运动传递给液压缸 3 的活塞杆带动负载 4，同时，液压驱动单元系统提供压力和流量进入液压缸 3，与电机驱动单元共同驱动负载 4 进行运动，液压驱动单元提供的最高压力由 5 中的溢流阀设定。

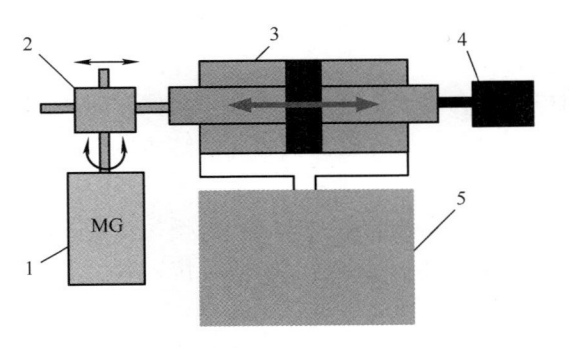

图 7.9　电液复合驱动缸系统工作原理图

1—伺服电机　2—传动装置（滚珠丝杠）　3—执行装置（液压缸）　4—负载　5—液压驱动单元

图 7.10 所示为电液复合驱动缸系统四象限工作原理。当电液复合驱动缸处于第一象限和第三象限，即负载力 F_L 和负载运动速度 v 方向相反，电液复合驱动缸

系统承受正值负载，伺服电机处于电动状态，电磁换向阀根据电机转速状态调整工位，实现液压驱动力与电机驱动力方向一致；当电液复合驱动缸处于第二象限和第四象限，即负载力 F_L 和负载运动速度 v 方向相同，电液复合驱动缸承受负值负载，伺服电机处于发电状态。

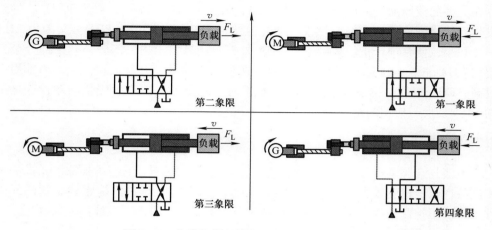

图 7.10　电液复合驱动缸系统四象限工作原理

2. 关键技术

由电液复合驱动缸的工作原理可知，电液复合驱动缸动力驱动单元包括电机驱动和液压驱动。电液复合驱动缸可以采取多种控制方式，其中以位置控制、速度控制、力控制作为典型控制方法。在电液复合驱动缸的实际工作过程中，电机驱动系统和液压驱动系统若分别采用典型控制方法，则两个驱动单元之间的输出力和运动状态存在相互耦合并互相干扰，会产生较大的内力，导致系统输出状态不稳定，内部能耗损失严重。因此，为解决电液复合驱动缸系统因耦合而产生的负面影响，需要对系统进行解耦分析。

为了更好地对电液复合驱动缸进行解耦，采取位置闭环控制的电机驱动单元和液压驱动单元作为分析对象，建立电液复合驱动缸的数学模型，研究两个驱动单元之间的作用机理。

由于液压驱动单元和电机驱动单元之间的频响相差倍数较大，当电液复合驱动缸的负载工况发生变化时，电机驱动单元响应较快，对于大负载阶跃突变容易达到峰值转矩，即进入过载状态，因此，电机驱动单元的伺服电机一般选取永磁同步电机，以兼顾电机驱动单元对于过载能力及调速特性的需求；位置闭环的液压驱动系统采用阀控系统，以减少液压系统的响应时间，缩减两个驱动单元之间的频响差异性，同时，利用比例环节作为位置环对系统输出位移进行控制，为保证液压驱动单元与液压驱动单元之间速度相同需要对位置环输出值进行限幅。

为简化分析，在建立电液复合驱动缸数学模型之前，先做出以下假设：

1）供油压力 p_s 恒定，回油压力 $p_r = 0$。

2）换向阀的四个节流窗口配做且对称，采用矩形阀口，阀口处流动为紊流。

3）不考虑管道损失和管道的动态。

4）温度和密度均为常数。

5）忽略温度变化和频率变化对电机参数的影响。

6）不计转子损耗与绕组漏感。

7）忽略铁芯饱和效应。

8）转子永磁体材料的电导率为零。

9）定子三相绕组在空间上完全对称。

10）忽略转子上的阻尼绕组。

换向阀的流量方程：

$$q_L(s) = q_m - K_c P_L(s) \tag{7-1}$$

式中，q_L 为通过换向阀的流量，即负载流量（L/min）；K_c 为换向阀流量压力系数 $[L/(min \cdot MPa)]$；P_L 为换向阀出口压力（MPa）。

液压缸活塞腔的流量连续性方程：

$$q_L(s) = A_P s X_P(s) + C_{tp} P_L(s) + (V_t/4\beta_e)s P_L(s) \tag{7-2}$$

式中，A_P 为液压缸活塞面积（m²）；X_P 为液压缸的运动位移（m）；C_{tp} 为液压缸的泄漏系数 $[L/(min \cdot MPa)]$；V_t 为液压缸的工作容积（L）；β_e 为液压油的体积弹性模量（MPa）。

液压缸力平衡方程：

$$A_P P_L(s) = F_C(s) = m_t s^2 X_P(s) + B_P s x_P(s) + K x_P(s) + F_L(s) \tag{7-3}$$

式中，F_C 为液压缸推力（N）；m_t 为液压缸活塞杆质量（kg）；B_P 为活塞杆阻尼系数 $[N/(m/s)]$；F_L 为负载力（N）。

在上述假设条件下，永磁同步电机的两相旋转 $d\text{-}q$ 坐标系下的电压方程为

$$\begin{aligned} u_d &= R_s i_d + p\Psi_d - \omega_r \Psi_q \\ u_q &= R_s i_q + p\Psi_q - \omega_r \Psi_d \end{aligned} \tag{7-4}$$

磁链方程：

$$\begin{aligned} \Psi_d &= \Psi_f + L_d i_d \\ \Psi_q &= L_q i_q \end{aligned} \tag{7-5}$$

式中，u_d、u_q、i_d、i_q、Ψ_d、Ψ_q 分别为电机电压、电流和磁链在 d 轴和 q 轴的分量，Ψ_f 为永磁体磁链，R_s 为定子电阻；L_d 为 d 轴电感；L_q 为 q 轴电感；ω_r 为转子角速度；p 为微分算子。

若三相系统中变量严格按照正弦变化，变换后的 d、q 变量将会是直流，进而可以简化交流电机的控制。

电磁转矩方程：

$$T_e = \frac{3}{2}P_n\left[\Psi_f i_q - (L_d - L_q)i_d i_q\right] \qquad (7\text{-}6)$$

式中，P_n 为极对数。

针对电液复合驱动缸系统需求过载能力强，力矩线性度高、动态性能好，伺服电机一般采用 $i_d = 0$ 的矢量控制方法，同时，针对表面永磁体结构 $L_d = L_q = L_a$，其中 L_a 为永磁体电感因此电磁转矩方程：

$$T_e = \frac{3}{2}P_n\Psi_f i_q = K_t i_q \qquad (7\text{-}7)$$

式中，K_t 为电机转矩系数（N·m/A）。

同时，为了实现 $d\text{-}q$ 的单独控制，针对 $i_d = 0$ 的矢量控制方法，对于 d 轴的补偿电压为

$$u_d = -\omega_r L_a i_q \qquad (7\text{-}8)$$

根据式（7-1）～式（7-8）则有：

$$u_q = R_a i_q + L_a\frac{\mathrm{d}i_q}{\mathrm{d}t} - k_e\omega \qquad (7\text{-}9)$$

式中，k_e 为电机的反电动势系数（V·s/rad）；ω 为电机的旋转角速度（rad/s）。

电机运动方程为

$$T_e - T_l = J\frac{\mathrm{d}\omega_r}{\mathrm{d}t} \qquad (7\text{-}10)$$

式中，T_e 为电机产生的转矩（N·m）；J 为电机转子的转动惯量（kg·m²）。

电机输出转速 n 与输出角速度 ω_r 之间的关系方程：

$$n = \frac{30\omega_r}{\pi} \qquad (7\text{-}11)$$

电机输出转速经过滚珠丝杠变换成线速度 v 的关系方程为

$$v = \frac{np}{60} \qquad (7\text{-}12)$$

式中，v 为线速度（m/s）；n 为电机转速（r/min）；p 为丝杠的升程（m/r）。

位移与线速度之间的关系为

$$v = sx(s) \qquad (7\text{-}13)$$

为了保证电机驱动单元与液压驱动单元控制方式的一致性，永磁同步电机采用三闭环控制，即电流环为最内环，转速环串级于电流环，位置环再串级于转速环，三闭环控制方式可以在满足跟随最外环位置控制的同时，保证内部转速和电流的动态特性及稳态性能。

$G_n(s)$ 为速度控制器采用 PI 控制，$G_{iq}(s)$ 为电流控制器采用 PI 控制，$G_x(s)$ 位置控制器采用 P 控制。

电流控制器 $G_{iq}(s)$ 传递函数：

$$G_{iq}(s) = K_{ip} + K_{ii}\frac{1}{s} \tag{7-14}$$

式中，K_{ip}、K_{ii} 分别为电流控制器的比例增益和积分增益。

速度控制器 $G_n(s)$ 传递函数：

$$G_n(s) = K_{np} + K_{ni}\frac{1}{s} \tag{7-15}$$

式中，K_{np}、K_{ni} 分别为速度控制器的比例增益和积分增益。

位置控制器 $G_x(s)$ 传递函数：

$$G_x(s) = K_{xp} \tag{7-16}$$

式中，K_{xp} 为位置控制器的比例增益。

综合上述所述传递函数方程，得到如图 7.11 所示的电液复合驱动缸传递函数框图。从传递函数框图可以得知，当两个驱动单元耦合后，电液复合驱动缸输出力及运动状态由两个驱动单元共同决定，但由于两个驱动单元之间各项特性差异较大易发生相互干扰。

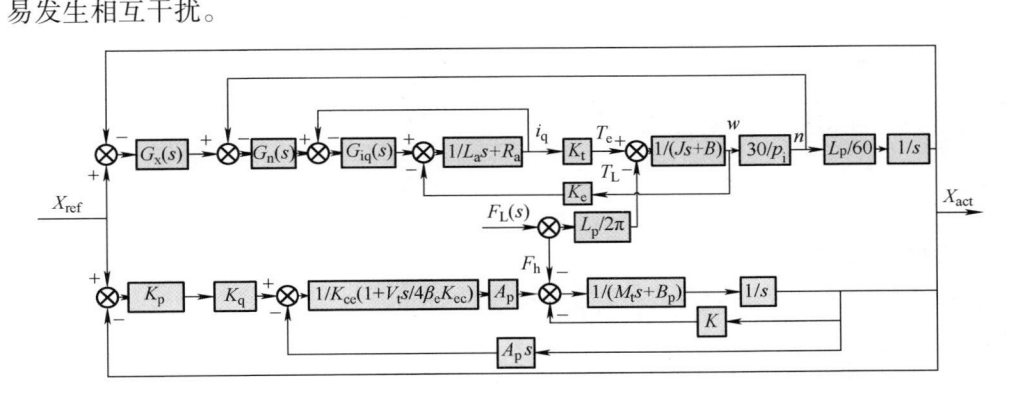

图 7.11　电液复合驱动缸系统传递函数框图

为了降低电液复合驱动缸两个动力单元之间的耦合影响，一般的解决方法是采用电机驱动单元作为主动控制，即电机驱动单元直接采用位置闭环控制，提供转速和转矩以驱动和控制电液复合驱动缸系统的输出速度及位置，充分发挥了伺服电机的高精度运动控制特性；液压系统被动控制，即液压驱动单元直接采用开环控制液压系统的输出力，为电液复合驱动缸提供了克服负载的大部分推力，充分发挥了液压驱动系统大功率输出特性。图 7.12 所示为电液复合驱动缸系统整体控制方案，将电液复合驱动缸进行解耦后，系统的运动状态只受电机驱动单元的影响，输出力仍处于耦合状态。

根据电液复合驱动缸系统整体控制方案，需要对液压驱动单元的数学模型进行优化。在电液复合驱动缸系统中，液压驱动单元作为被动控制，其主要任务是提供驱动负载力，削弱电机驱动单元的负载干扰。因此，液压驱动单元仅需采用开环力控制。

转矩指令与压力变换函数：

$$T_g = \frac{D_m}{2\pi} P_L(s) \tag{7-17}$$

式中，T_g 为电机的转矩（N·m）；D_m 为液压泵的排量（cc/r，$1\text{L/min} = 1000\text{cc/r}$）；$P_L$ 为负载压力（MPa）。

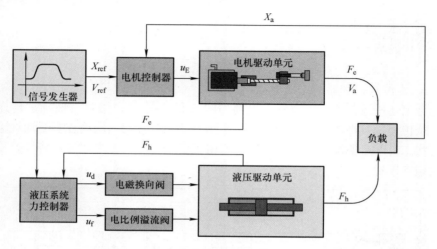

图 7.12　电液复合驱动缸系统整体控制方案

电机的转矩传递函数：

$$T_g = J_r \frac{d\omega_m}{dt} = J_r s\omega_m(s) \tag{7-18}$$

式中，ω_m 为电机的旋转角速度（rad/s）；J_r 为电机的转动惯量（kg·m²）。

液压泵输出流量传递函数：

$$q_m = \frac{q_m \omega_m}{2\pi} \tag{7-19}$$

式中，q_m 为液压泵的输出流量（L/min）。

换向阀的流量方程：

$$q_L(s) = q_m - K_c P_L(s) \tag{7-20}$$

式中，q_L 为通过换向阀的流量，即负载流量（L/min）；K_c 为换向阀流量压力系数 [L/(min·MPa)]。

液压缸的连续性方程：

$$q_L(s) = A_P s X_P(s) + C_{tp} P_L(s) + (V_t/4\beta_e) s P_L(s) \tag{7-21}$$

根据整体控制方案优化后得到电液复合驱动缸系统传递函数方块图，如图 7.13 所示。

综上所述，电液复合驱动缸系统特点在于通过伺服电机良好的控制特性实现负

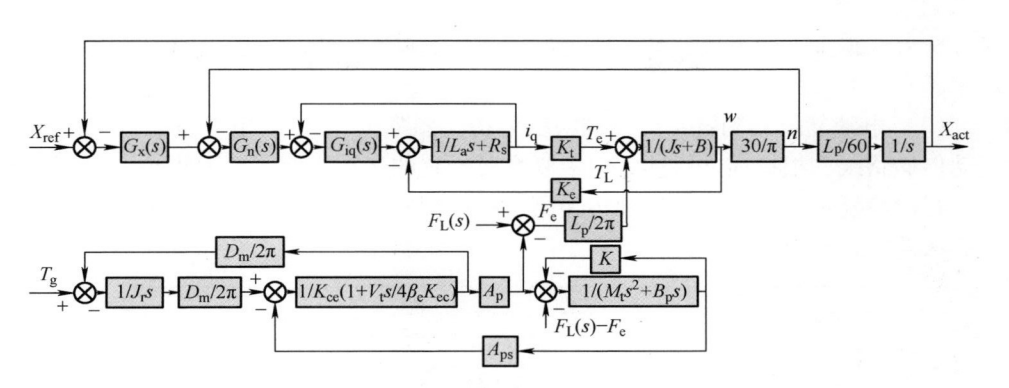

图 7.13　电液复合驱动缸系统传递函数方块图

载的高精度运动控制，加以液压驱动系统的辅助，能够在与电机驱动单元重量基本相等的条件下，实现高功率密度输出。

3. 最优驱动力分配的确定

电液复合驱动缸系统与传统驱动系统所面临的负载工况基本相同，但由于电液复合驱动缸由两个驱动单元组成，在不同的工况下，若两驱动单元驱动力保持恒定不变，系统则无法处于最优的运行状态甚至无法工作。

当负载很小时，若液压动力单元提供的压力能过大，则伺服电机的实际转矩很小，甚至可能出现负转矩的情况，使伺服电机无法正常工作，能量损失严重。当负载很大时，若液压动力单元提供的压力能过小，伺服电机可能会出现过载的情况。无论是低转矩还是过载状态，都会使伺服电机无法发挥最佳性能，使系统效率低下。因此，需要根据电液复合驱动缸系统的特性制定合适的驱动力分配方法，以发挥两驱动单元的最大特性。

（1）电液复合驱动缸系统能效利用最优分析　以系统最优能效利用为目标，设定电机驱动力为 F_e，液压驱动力为 F_h，电机驱动效率为 η_e，液压驱动效率为 η_h，负载运行速度为 v，则电液复合驱动缸系统的能效利用率：

$$\eta = \frac{F_L v}{F_e v / \eta_e + F_h v / \eta_h} \qquad (7\text{-}22)$$

设定约束条件：

$$
\begin{aligned}
&0 < F_e < F_{emax} \\
&0 < F_h < F_{hmax} \\
&0 < F_L < F_{Lmax} \\
&F_L = F_e + F_L
\end{aligned}
\qquad (7\text{-}23)
$$

式中，F_{emax} 为电机最大驱动力（N）；F_{hmax} 为液压系统最大驱动力（N）；F_{Lmax} 为最大负载力（N）。

一般情况下电机驱动效率远大于液压系统的驱动效率，通过对式（7-22）简单分析可以得知，当电机驱动系统分配率占比越高时，电液复合驱动缸系统能效利用率越高。

（2）电液复合驱动缸系统控制精度分析　图 7.14 所示为电液复合驱动缸系统运动传递路线。根据前文所述，电液复合驱动缸的运动控制主要取决于电机驱动单元，在电液复合驱动缸系统运动传递路线中，伺服电机控制负载运动主要经过的环节有滚珠丝杠环节和液压缸，但由于液压缸与负载相连，可以视作等同负载。

图 7.14　电液复合驱动缸系统运动传递路线

因此，电液复合驱动缸系统的控制精度主要取决于伺服电机良好的运动控制及滚珠丝杠的运动状态，而在机械传动角度，作为分析控制精度的出发点，伺服电机的控制特性主要取决于其控制策略与机械传动相关性较小，滚珠丝杠本身即存在反向间隙、螺距间隙及形变误差，其中形变误差 Δ 与电机驱动单元所承受负载力关系为

$$\Delta = KF_L \tag{7-24}$$

式中，K 为滚珠丝杠形变系数；F_L 为负载力。

注：原本滚珠丝杠受力分析应当包含丝杠、安装轴承等一系列受力分析所造成的误差，但为了简化分析此处直接将其所有误差之合等效于刚度系数。

滚珠丝杠所造成的精度误差关系：

$$\Delta = KF_L + \Delta_{反向间隙} + \Delta_{螺距间隙} \tag{7-25}$$

通过对式（7-25）简单分析可知，在电液复合驱动缸系统，滚珠丝杠所造成的总体误差不仅与本身存在的反向间隙、螺距间隙相关，还与其所承受的外负载力存在正比例关系。

（3）最优驱动力分配方案　综合电液复合驱动缸系统能效利用最优分析及控制精度分析可知：在电液复合驱动缸系统中，电机驱动单元所提供的驱动力越大，整个系统的能效利用率越高，但是随着电机驱动力所承受的负载越大，系统的控制精度会有所下降。因此，电液复合驱动缸系统驱动力最优分配一般会划分成两部分，即轻负载工况和重负载工况，划分界限则根据实际应用中精度的需求。

当电液复合驱动缸的外部负载完全由电机驱动单元承受时，若该负载工况造成的控制精度误差仍满足实际需求，则为轻负载工况；若电机驱动单元所承受的负载工况造成的系统误差精度不能满足实际需求时，则为重负载工况，此时，电机驱动单元仍承担最大能承受的轻负载，剩余负载则由液压驱动单元进行驱动。

4. 主要参数

根据前文所述，电液复合驱动缸动力单元包括电机驱动单元及液压驱动单元。电机驱动单元将电能转化为机械能，通过传动装置和执行装置带动负载进行运动，同时，液压驱动系统将液压能通过执行装置转化为机械能，与电机驱动单元共同驱动负载进行运动。

设定电液复合驱动缸系统最大负载驱动力为 F_{max}，负载运动的最大速度 V_{max}，则系统所需驱动功率：

$$P_{max} = F_{max} V_{max} \tag{7-26}$$

若液压驱动单元最高压力为 p_{max}（N），液压缸有效面积为 A（m²），则液压驱动单元最大驱动力功率：

$$P_{hmax} = p_{max} A V_{max} \tag{7-27}$$

因此，电机驱动功率 P_e：

$$P_{emax} = P_{max} - P_{hmax} \tag{7-28}$$

设定滚珠丝杠导程为 L，则电机所需转速：

$$n \geqslant \frac{V_{max}}{L} \tag{7-29}$$

5. 电液复合驱动缸的类型

电液复合驱动缸按结构形式，可以分为直联式、折返式两类；按系统所使用的液压驱动单元类型可以分为阀控式电液复合驱动缸、泵控式电液复合驱动缸。电液复合驱动缸的输入为电能和液压能，输出为机械能。

（1）直联式电液复合驱动缸　图 7.15 所示为直联式电液复合驱动缸。直联式电液复合驱动缸通过滚珠丝杠 2 直接将伺服电机 1 与双杆活塞缸 3 相连，减少了中间环节的间隙和惯量，提高了系统的操纵性和控制精度，虽然电液复合驱动缸系统的平台工作范围约为活塞杆有效行程的三倍，但由于滚珠丝杠 2 与伺服电机 1 之间不存在减速器进行转矩放大，直联式电液复合驱动缸系统驱动力受限于伺服电机，且其占地面积大。因此，直联式电液复合驱动缸一般适用于小型机械场合。

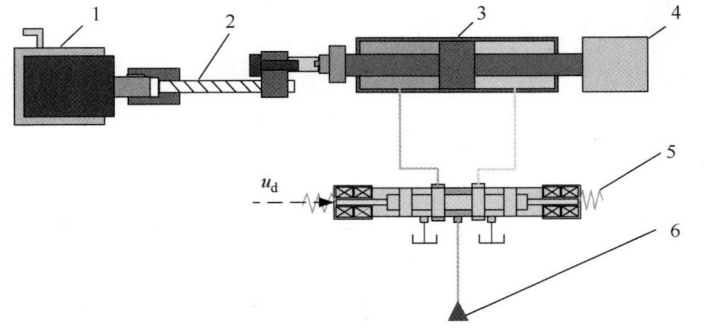

图 7.15　直联式电液复合驱动缸

1—伺服电机　2—滚珠丝杠　3—双杆活塞缸　4—负载　5—电磁换向阀　6—液压动力源

（2）折返式电液复合驱动缸　图 7.16 所示为折返式电液复合驱动缸。折返式电液复合驱动缸系统运行时，伺服电机 2 通过减速器 1 将转速及转矩传递至集成化液压缸 3 内的滚珠丝杠，滚珠丝杠通过与丝杠螺母相对转动将旋转运动转化为直线运动；同时，液压动力源6通过电磁换向阀5将压力与流量传递给集成化液压缸3，由于丝杠螺母与液压缸活塞一体化，丝杠螺母不仅受到滚珠丝杠的驱动，同时还受到液压驱动单元的压力，以此达到共同驱动效果。该折返式电液复合驱动缸最大的特点在于采用高度集成化的液压缸，将滚珠丝杠、丝杠螺母及活塞缸高度集成，整体结构紧凑，且伺服电机2的转矩经过减速器1会进行放大，折返式电液复合驱动缸需要的伺服电机体积较小，整体占地面积较小，非常适用于低速重载工况的大型机械场合。

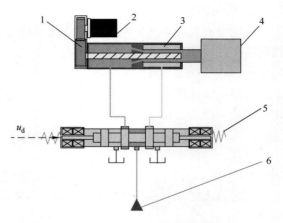

图7.16　折返式电液复合驱动缸
1—减速器　2—伺服电机　3—集成化液压缸
4—负载　5—电磁换向阀　6—液压动力源

（3）阀控式电液复合驱动缸　图7.17所示为阀控式电液复合驱动缸。阀控系统在控制精度及响应速度方面与电机驱动单元差异性较小，但由于系统一般采用定排量、定转速驱动，且出口压力恒定，溢流损失及节流损失严重。因此，采用阀控系统的电液复合驱动缸存在能效利用率低的问题。

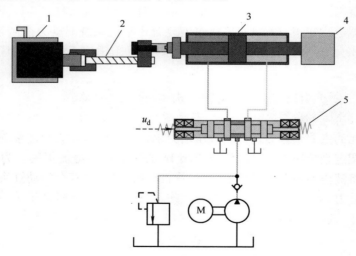

图7.17　阀控式电液复合驱动缸
1—伺服电机　2—滚珠丝杠　3—液压缸　4—负载　5—电磁换向阀

为解决阀控式电液复合驱动缸能效利用率低的问题，目前主要在液压回路引进电液比例控制技术及液压蓄能器作为动力源。

图 7.18 所示为引进电液比例阀控技术后的电液复合驱动缸系统原理图。当电液复合驱动缸工作时，伺服电机 1 按照控制系统的信号输出相应转速，通过滚珠丝杠 2 将旋转运动转化为直线运动，从而驱动液压缸 3 的活塞杆带动负载 4 运动；电机 9 驱动液压泵 7 为系统提供压力，其压力由电比例溢流阀 10 根据系统实际需求进行实时调整。相较于传统阀控系统的压力及流量恒定不变，引进电液比例阀控技术后的电液复合驱动缸系统的压力随负载变化而变化，减少了液压驱动单元的输出功率，故能效利用率获得了一定的提升。

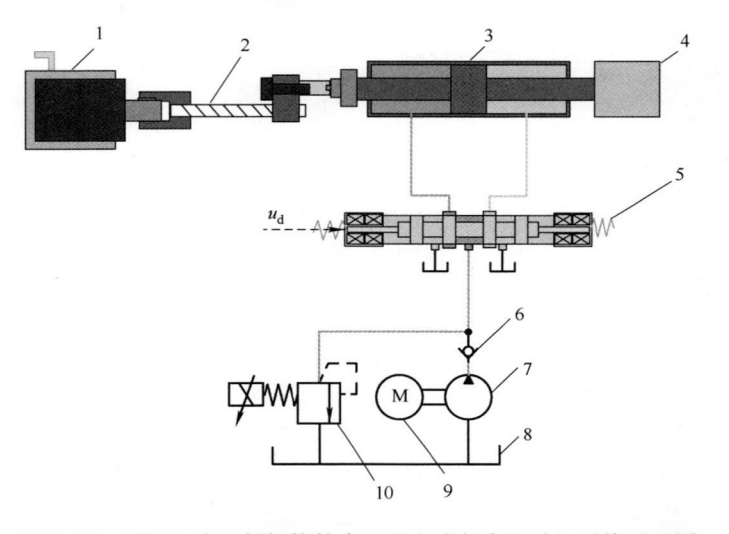

图 7.18 引进电液比例阀控技术后的电液复合驱动缸系统原理图

1—伺服电机 2—滚珠丝杠 3—液压缸 4—负载 5—电磁换向阀
6—单向阀 7—液压泵 8—油箱 9—电机 10—电比例溢流阀

图 7.19 所示为引进储能单元的阀控式电液复合驱动缸系统原理。整个电液复合驱动缸系统主要划分为四个部分，即动力单元、储能单元、传动单元及执行单元。储能单元的主要工作原理：当液压动力单元向电液复合驱动缸系统提供液压动力时，为了调定系统压力，电比例溢流阀 11 必定会产生溢流损失。为了减少溢流损失，可以将液压动力单元提供的能量进行储存，当电液复合驱动缸系统工作时再释放。液压动力单元中电机泵无须一直工作，只在存储的能量低于某一程度时为其补给能量，故可以大大减少溢流损失，提升系统的工作效率。采用液压蓄能器 6 对电液复合驱动缸系统的液压能进行存储和释放，溢流阀 7 限制了液压蓄能器的最高充油压力，从而保护了液压蓄能器，延长了使用寿命。在电液复合驱动缸系统中，液压蓄能器充油为主动过程，液压蓄能器中的油液小于或等于电比例溢流阀 11 的调定压力，随着液压缸的运动，液压蓄能器内油液释放，压力逐渐降低。

（4）泵控式电液复合驱动缸 图 7.20 所示为泵控式电液复合驱动缸。泵控式液压驱动单元相较于阀控式最大的优点在于其能够根据系统需求实时调整系统的排

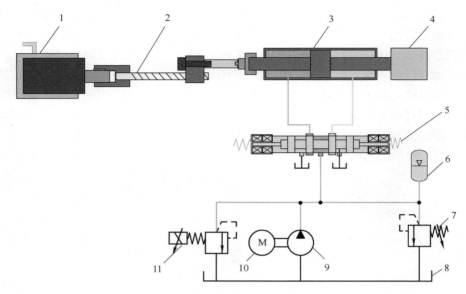

图 7.19　引进储能单元的阀控式电液复合驱动缸系统原理图
1—伺服电机　2—滚珠丝杠　3—液压缸　4—负载　5—电磁换向阀　6—液压蓄能器
7—溢流阀　8—油箱　9—液压泵　10—电机　11—电比例溢流阀

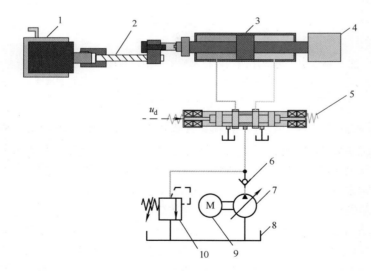

图 7.20　泵控式电液复合驱动缸
1—伺服电机　2—滚珠丝杠　3—液压缸　4—负载　5—电磁换向阀　6—单向阀
7—变量泵　8—油箱　9—电机　10—安全阀

量，控制液压驱动系统的输出压力及流量，实现高效的能效利用。但其响应速度较慢，与电机驱动单元之间的频响差距较大，当电液复合驱动缸外部负载工况变化时，液压驱动单元调整速度缓慢，导致电机驱动单元处于峰值转矩时的输出（即过载状态）时间较长。

除了以上的划分方式之外，根据所采用的液压缸类型电液复合驱动缸还可以划分为对称式电液复合驱动缸及非对称式电液复合驱动缸。

本小节内所阐述的电液复合驱动缸系统基本上都是采用对称式电液复合驱动缸（除图 7.16 折返式电液复合驱动缸系统）。对称式电液复合驱动缸的优势在于不存在进出口流量不对称问题，消除了系统进行换向工作需要补油的过程，抑制了液压系统换向过程中的速度突变，但是对称式电液复合驱动缸由于是双出杆结构，导致其所占空间较大，容易受限于安装位置。

而图 7.16 所示的折返式电液复合驱动缸系统所采用的即是非对称液压缸。非对称电液复合驱动缸通常存在进出口流量不相等问题，容易造成换向速度冲击，一般需要另设一条补油回路，液压系统结构较为复杂。

6. 未来发展及研究方向

电液复合驱动缸虽然解决了传统驱动缸运动控制精度和功率密度不可兼得的矛盾，但是相较于目前成熟的电机驱动系统及液压驱动系统，电液复合驱动缸系统起步时间较晚，研究时间较短，在控制精度、能效利用等诸多方面还有很大的提升空间。

（1）提高系统精度　随着高端装备制造对于驱动装置的控制精度需求不断提升，传统的液压驱动和电机驱动通过采用不同的控制策略来提升系统的控制精度，但限于自身特性的影响，其在未来可能会被逐渐淘汰，而电液复合驱动缸的控制精度虽然目前能够适用于大部分工程机械领域，但对于精密制造领域而言仍有所不足。根据前文对控制精度的分析，可知电液复合驱动缸系统控制精度的提升及速度响应的改善主要取决于伺服电机的控制特性及传动装置的传动精度和传动效率。

（2）改善系统能效　电液复合驱动缸系统的动力单元包括电机驱动单元和液压驱动单元。电机驱动单元基本上采用的是机械传动方式进行能量传递，整体能效利用较高；液压驱动单元由于存在管道压力损失、溢流损失、节流损失等多种能量损失，故整体能效利用较低。

设定伺服电机效率：

$$\eta_1 = \frac{2\pi n T}{60\sqrt{3}\,UI\cos\varphi} \tag{7-30}$$

式中，n 为伺服电机输出转速（r/min）；T 为伺服电机输出转矩（N·m）；U 为伺服电机输入线电压（V）；I 为伺服电机输入线电流（A）；$\cos\varphi$ 为伺服电机的功率因数。

设定滚珠丝杠效率：

$$\eta_2 = \frac{60 F_0 v}{2\pi n T} \tag{7-31}$$

式中，F_0 为滚珠丝杠的输出力（N）；v 为滚珠丝杠的直线速度（m/s）。

设定液压缸机械效率及容积效率：

$$\eta_{3v} = \frac{60vA}{q} \tag{7-32}$$

式中，A 为液压缸的有效作用面积（m^2）；q 为流入液压缸的流量（L/min）。

将以上公式进行整合，电液复合驱动缸系统的总效率为

$$\eta = \frac{F_L v}{\dfrac{p_1 q}{60} + \sqrt{3}UI\cos\varphi} \tag{7-33}$$

式中，F_L 为系统的负载（N）；p_1 为液压缸进油腔的压力（MPa）。

由电液复合驱动缸系统的总效率公式分析可知，提升电液复合驱动缸系统能效利用的关键在于改善液压驱动单元的能效利用。

（3）集成化 电液复合驱动缸系统主要可以划分为动力单元、传动单元和执行单元等多个组成单元，系统结构较为复杂。前文所述电液复合驱动缸系统所采用的执行装置均为滚珠丝杠，滚珠丝杠虽然传动精度及传动效率较高，但是对于大行程需求，滚珠丝杠需要通过增大直径来提高承受动载荷和静载荷的能力，从而确保电液复合驱动缸能够安全稳定运行，导致在实际工程应用中往往需要花费更高的经济与时间成本进行安装调试。

当前电液复合驱动缸集成化技术针对折返式已经采取将液压缸活塞杆与滚珠丝杠一体化，如图7.16所示，将传动装置与执行装置高度集成化对于直联式电液复合缸具有重要的借鉴意义。同时，诸如齿轮齿条传动、凸轮、曲柄连杆等机械传统方式均适用于将旋转运动转化为直线运动，不同传动装置与执行装置之间的高度集成化会成为一体化电液复合驱动缸的主要研究点之一。

（4）轻量化 电液复合驱动缸的实际负载工况复杂且多变，面对重载工况往往需要采取更高功率的电机以保证系统安全稳定运行，但由于伺服电机受导磁材料的磁饱和性能影响，功率越大体积越大，不仅导致电液复合驱动缸整体重量上升，功率密度下降，且在实际应用场合中容易受安装空间、经济成本等限制。

7.2.4 电动缸（EMA）

1. EMA 的定义和分类

EMA 主要由永磁同步电机（PMSM）、减速器、滚珠丝杠和缸体组成，原理如图7.21所示。EMA 通过缸体内部的滚珠丝杠将永磁同步电机的旋转运动转化为直线运动，以此推动负载。EMA 利用三相永磁同步电机的伺服特性，可达到精确的推力、速度和位置控制，具有高度集成、节能性好、安装方便、维修费用低、系统刚度高等优点。现发展迅速，但主要应用范围还是在飞机等高端大型设备。随着工程机械领域的不断发展，对节能和控制需求的提高，EMA 也逐渐在挖掘机、装载

机等机械上进行探索应用。EMA 在实际应用中存在的主要问题有：

1）系统刚度高，吸收冲击的能力很低。

2）高效工作范围有限，面对工程机械复杂多变的工况，不能保证一直在高效区域工作，脱离高效区域后效率下降很快。

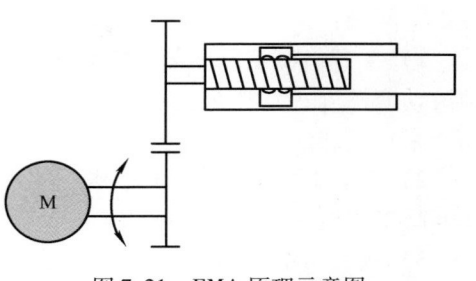

图 7.21 EMA 原理示意图

3）成本高，EMA 的使用几乎都是根据实际需求进行定制。

EMA 可分为折返式、直线式和垂直式三类，见表 7.3。

表 7.3 电动缸布置形式

布置形式	折返式	直线式	垂直式
特点	电机与丝杠平行安装	电机与丝杠在同一直线上	电机轴线与丝杠轴线垂直
示例			

与液压缸相比，EMA 直接由永磁同步电机驱动，不需要液压油作为介质来传递动力，因此其性能不易受到温度、压力等的影响。气缸、液压缸、电动缸的性能区别见表 7.4 所示。

表 7.4 气缸、液压缸、电动缸的性能区别

项目	气缸	液压缸	电动缸
传动介质	气体	液压油	丝杠（机械传动）
结构复杂度	需要气泵，占用空间较大，结构较复杂	需要发动机、泵、液压管路、占用空间大，结构复杂	电机和机械传动一体化设计，占用空间小，结构简单
传动效率	低	低	高
速度	慢	一般	快
位置精度	低	一般	高
推力	一般	高	一般
环境污染	噪声大	易泄漏	清洁无污染
工作维护量	大	很大	小

2. EMA 应用于电动叉车的挑战

EMA 采用电机直驱，具有高效和高控制特性，但 EMA 在电动叉车中的应用存

在以下问题：

1）工程机械工况复杂，负载波动剧烈，现有的 EMA 均采用滚珠丝杠（或其他滚动摩擦方式）作为机械传动单元，与负载刚性互联，其在传动过程中将直接面对来自负载的强冲击。长时间的工作将直接导致 EMA 的可靠性和寿命降低。

2）现有 EMA 多应用于小型数控机床、注塑机等场合，功率等级较低，也无法匹配工程机械大功率的驱动需求。

3）现有 EMA 主要以高精度为设计和控制目标，电机控制主要基于传统矢量伺服控制，难以匹配工程机械保压、力控制等驱动需求。

7.3　控制

7.3.1　能量管理与控制策略

如何进行能量分配，需要采用合理的控制策略，才能在保证良好的系统控制特性和提高系统能效的前提下，使行走系统、液压系统等能够同时进行协调动作，从而进一步改善系统的起动特性，提高起动响应速度，并改善整机运行的动态特性。尤其是叉车采用能量回收系统后，如何协同能量回收和动力源，以及整体上采用分布式构型后，各执行器的功率如何分配和管理等。

7.3.2　自动换挡技术在叉车领域的应用

由于工程车辆经常在水利、矿山、港口、车站、大型货场、物流中心等工作场地崎岖不平的路面上作业，而且在室外高温或极寒的变化多端的环境下，长期不间断地使用，条件极为恶劣，且为了提高对随机变化的外载荷的适应能力，常采用具有混合透过性能的液力变矩器和带有动力换挡的湿式离合器结构，这种液力传动装置提高了车辆随负载变化的适用能力，但却降低了系统的传动效率，由于液力变矩器的效率不高，最高仅 85% 左右，且经常工作在效率低于 75% 的低效区域，尤其是遇到重载需要传动系统输出较大功率时，液力变矩器的传动效率反而大幅度下降，比如重载爬坡或铲运物料，变矩器的速比大约为 0.2 ~ 0.3，效率降到 20% ~ 40%；在高速轻载下，如不及时转入较高挡位工作，也会因为液力损失而增加燃油消耗率。为了改善车辆使用的经济性能，保证液力变矩器在高效区工作，需要不断更换变速器挡位。另外，工程车辆使用的场地经常比较狭小，搬运、堆垛等操作也需要频繁更换挡位，这使操作人员的劳动强度大，容易疲劳，易出现安全隐患。针对这些情况，国内外的厂家主要通过设计双泵轮、双导轮、双涡轮等措施来提高液力变矩器的传动效率，这些方法虽取得了一定效果，但并没有从根本上解决重载工况下传动效率低的难题，其根本原因是车辆对重载的适应完全依靠液力变矩器的混合穿透性来完成的，具有很大的局限性。为了解决上述问题，可以增加动力换挡变速器的挡位数，并采用自动换挡技术，当负载变化时，通过自动换挡来保证液力变矩器工作在高效率区域。

针对存在的不足，需要对工程车辆自动变速自身的性能进行完善，从而提高传动系统的效率，使液力变矩器经常工作在高效区，降低燃油消耗率，同时，改善其操纵性能、提高作业生产率、减轻操作人员的疲劳程度，有资料表明：熟练驾驶人与非熟练驾驶人之间的平均燃油消耗水平相差达 10% 以上。改善工程车辆的燃油消耗率不仅能够降低使用成本，从环保的角度来说，自动换挡还可以降低车辆尾气的排放，减少环境污染。

目前国产工程车辆的整体技术性能和同类国外产品相比还有一定差距。国内大多数企业主要还是采用国外关键部件进行组装的方式来组装产品，不但产品的价格昂贵，不能像国外一样普遍推广，而且核心技术受制于人，缺乏拥有自主知识产权的高端产品。随着现代化建设步伐的加快，公共基础设施建设、大型工程、城市化改造、水利设施等项目不断增多，以及国家产业计划的不断升级，对重要支柱性产业、重型装备制造业、智能控制机械的技术创新扶持力度加大，无疑将给工程车辆性能的全面提升带来新的机遇。企业必须抓住国家对产业政策的机遇期，通过产学研相结合，不断加强年轻人才的培养，开发出具有自主知识产权的产品和关键零部件，与国外同类产品形成竞争，提高自主产品的市场占有率。在工程车辆行业，突破国外的技术壁垒，自主开发适合我国国情的自动变速器产品，既可以掌握核心的先进控制技术，提高产品综合性能，又可以降低成本，增加核心竞争力。

7.3.3　转向技术

叉车大多用于货物的搬运，而作业场地一般都很小，频繁地转向或原地转向，都会导致叉车对转向系统的更高需求。目前大部分叉车仍使用传统机械转向或液压转向系统，由于其传动比不变或者微变，导致了在叉车速度变化或转向盘转角改变时，叉车的转向特性就会出现很大的改变，这就需要驾驶人按照实际现场工况做出实时补偿，这在加大了不安全因素的同时也给驾驶人带来了极大的精神负担和体能的耗费，也因此相较于一般车辆，叉车对转向的灵敏性和操控稳定性要求更高。叉车的操控稳定性是指当驾驶人操纵方向盘时即使受外界路况干扰，叉车依旧能保持车轮按驾驶人给定的转向转向且稳定行驶的能力。在传统的电动叉车中，转向系统普遍采用机械转向结构或液压助力转向结构。二者各自都存在明显的缺陷，前者所需操作力大，使用者易产生疲劳，而后者能量利用效率很低。截至目前，叉车转向系统已从传统机械和液压转向系统过渡到电动助力和线控转向系统。

电动助力转向的横空出世，很好地解决了传统转向存在的问题，不仅操作力小，跟随性结构简单，无污染，且比液压助力转向消耗能量少。目前，电动叉车电动助力转向系统主要采用转矩反馈式或位置反馈式。国外电动堆高叉车的转向系统已普遍实现电子式，国内则多依赖国外的先进技术。

线控转向系统省去了传统转向盘与转向机构之间的机械连接，由电机直接供给转向动力和路感信号。由于其完全不受机械连接的束缚，故能够比较方便地设计转向系统的传动比，在较大限度上缓解了由于速度改变引起的叉车转向特性的改变，进而带来良好的叉车转向体验，既减轻了叉车驾驶人操作的总体压力，也扩大了叉车驾驶舱的空间，从而大大提高了驾驶舒适度和稳定性，改善了人-车-路闭环系统性能。此外，车辆发生事故时很容易造成车辆的结构变形，采用线控转向系统可以有效降低驾驶人在碰撞事故中由于转向盘和转向管柱冲击带来的伤害，提高了车辆的被动安全性能。同时，线控转向系统作为无人驾驶的核心技术之一，也能够很好地结合防抱死刹车控制系统、汽车电子稳定控制系统及其他的自主安全技术，在未来发展中更有利于底盘一体化的设计。但由于采用总线技术替代了原有的机械部分，因此线控转向系统技术及相关的控制理论研究还不够完善，其研究对象也多以轿车为主，对叉车的研究较少。但线控转向技术作为转向系统的发展趋势，深入研究其在电动叉车领域的应用具有重大实际意义和价值，是把握未来技术革新机遇的关键所在。

7.3.4　新型变转速电液控制

变转速技术主要受益于电机变频技术的快速发展。变频技术的发展开始于20世纪80年代，此前，电机只能小范围调速或以固定转速运行。液压传动技术具有调速简便、传动平稳、功率密度大等优势，因此被应用到许多领域。但由于其能量利用率和整体效率较低，所以节能技术一直是其主要的研究方向。随着变频技术的发展，电机能通过改变电源频率实现对执行机构的转速调节，同时能使电机始终工作在高效状态。将此技术应用到液压系统中可以简化液压回路，降低液压系统能量损失，提高液压系统的效率。

变转速电液控制技术是一种新型的整体节能的传动方式，与传统变排量容积调速相比具有以下优点：去掉了具有复杂变量机构的变量泵，采用变频交流电机驱动定量泵的形式；定量泵相比变量泵可以有效降低噪声；变频电机相比变量泵有更大的调速范围；电机与液压系统匹配可以带来更好的节能效果；变频器可以实现制动能量回收；变频器可以内置高效控制算法，实现更好的控制精度和控制效果。

从目前的研究情况来看，变转速液压技术仍然存在一些缺陷，包括动态响应慢、低速时调速特性差及调速精度比较难以保证等，其主要原因如下：

首先，传统液压泵的低速工作特性差。当液压泵速度过低时，自吸能力降低，容易因吸油不足而引起气蚀，导致噪声和流量脉动，影响低速稳定性。

其次，变频调速系统一般通过改变电动机转速来改变液压系统流量，由于常用的电动机惯性大于液压泵转动惯量并且逆变器的过载能力受到了限制（仅允许50%的过载且持续时间不能超过1min），因此加速性能会受到影响，减速时也不能太快。故一般的变频调速液压系统在响应速度方面要弱于传统的变排量容积调速。

变频调速系统在调速精度方面主要的影响因素包括速度刚度和液压系统慢时变效应。执行器的速度受负载变化的影响程度被定义为速度刚度。然而液压系统中某些参数会随着时间和环境因素的影响呈现非线性变化，因此会对速度刚度和输出特性造成一定的影响。

为了提高变频液压系统的响应速度和调速精度，可以采取以下措施：

1）设计细长型电机泵，减小转动惯量，提高系统的响应速度。

2）从控制系统的结构出发，减少控制环数以提高系统响应速度。在既要求响应速度又需要大范围调速的应用领域，可以采用综合调速控制，不仅可以结合变频液压系统变转速容积调速的节能优势和调速范围优势，同时可以整合阀控系统高响应的优点组成联合调速系统。

3）选择适当的控制算法去改善电机调速系统的动态特性，以提高系统响应速度。

参 考 文 献

［1］陈海斌．基于双液压马达发电机的电动重型叉车势能回收系统研究［D］．厦门：华侨大学，2019．

［2］陈俊屹．高压锂电电动叉车行走动力总成控制系统［D］．厦门：华侨大学，2022．

［3］李志洪．电动/发电-泵/马达阀口压差控制的电动叉车举升节能系统［D］．厦门：华侨大学，2022．

［4］任新豪．电动叉车举升系统液电复合势能回收研究［D］．厦门：华侨大学，2023．

［5］中国机械工业联合会平衡重式叉车 整机试验方法：JB/T 3300—2010［S］．北京：机械工业出版社，2010．

［6］MINAV T A，LAURILA L I E，IMMONEN P A，et al. Electric energy recovery system efficiency in a hydraulic forklift［C］//IEEE EUROCON 2009. St. Petersburg：IEEE 2009：758-765.

［7］LIANG X，VIRVALO T. An energy recovery system for a hydraulic crane［J］. Proceedings of the Institution of Mechanical Engineers，Part C：Journal of Mechanical Engineering Science，2001，215（6）：737-744.

［8］江明辉，萧子渊．电动叉车的能量回收控制［J］．流体传动与控制，2005（2）：29-30.

［9］李云霞，王增才．基于 AMESim 的电动叉车液压起升节能系统的仿真研究［J］．机床与液压，2009，37（11）：211-213＋238.

［10］张克军，陈剑．电动叉车势能回收系统控制策略研究［J］．中国机械工程，2015，26（6）：844-851.

［11］夏苗苗．基于二次调节技术的叉车起升液压系统节能技术研究［D］．广州：华南理工大学，2015．

［12］武叶，高有山，师艳平，等．叉车举升系统能量回收利用研究［J］．液压气动与密封，2016，36（3）：1-4.

［13］钱宇，王海波，蒋毅．电动叉车举升系统的能量回收研究［J］．机床与液压，2018，46（4）：61-64.

［14］童水光，官建宇，童哲铭，等．电动叉车货叉下降控制策略研究［J］．机电工程，2020，37（11）：1288-1292＋1350.

［15］谭丽莎．工程机械液压势能再生系统能效及控制策略研究［D］．长沙：长沙理工大学，2022．

［16］李仕林．电动叉车势能回收能量管理策略研究［D］．西安：长安大学，2021．

［17］杨恒，李严，董青，等．基于工作特征的电动叉车能量联合回收方法研究［J］．机床与液压，2023，51（21）：156-162.

[18] 刘姿甫，柯坚，李前坤，等．静液压叉车制动能量回收系统设计与仿真研［J］．机床与液压，2021，49（22）：97-102.

[19] 汪内利．电动叉车举升系统的节能设计及能效研究［D］．杭州：浙江工业大学，2019.

[20] 负海涛，徐煜超，苏俊龙．燃料电池混合动力叉车能量控制策略研究［J］．新疆大学学报（自然科学版），2018，35（2）：137-142，202.